配电网实用技术丛书

配网自动化技术与应用

陕西省地方电力（集团）有限公司培训中心　编

中国能源研究会城乡电力（农电）发展中心　审

中国电力出版社

CHINA ELECTRIC POWER PRESS

内 容 提 要

为加快高素质技能人才队伍培养，提升配电网技术人员职业技能水平，陕西省地方电力（集团）有限公司（简称集团公司）按照四支人才队伍建设总体思路，由陕西省地方电力（集团）有限公司培训中心组织集团公司系统的管理、技术、技能和培训教学等方面的专家，立足地电实际，面向未来发展，策划编写了《配电网实用技术丛书》。丛书包含配电、变电、自动化、试验等分册，每本书涵盖了单一职业种类的基础知识、专业知识和专业技能。

本书为《配电网实用技术丛书 配网自动化技术与应用》分册，全书共分八章，分别是概述、10kV 配网及一次设备、10kV配网继电保护、配网自动化系统、配网自动化通信技术、配网地理信息系统及信息交互、配网自动化系统工程实例、配网自动化系统维护实例。

本书适用于供电企业有关专业技术人员、生产一线配网作业人员自学阅读，也可作为电力企业配网岗位技能培训和电力职业院校教学参考之用。

图书在版编目（CIP）数据

配网自动化技术与应用 / 陕西省地方电力（集团）有限公司培训中心编. —北京：中国电力出版社，2020.7
（2024.12重印）
（配电网实用技术丛书）
ISBN 978-7-5198-4597-1

Ⅰ. ①配… Ⅱ. ①陕… Ⅲ. ①配电系统–自动化技术 Ⅳ. ①TM727

中国版本图书馆 CIP 数据核字（2020）第 065511 号

出版发行：中国电力出版社
地　　址：北京市东城区北京站西街 19 号（邮政编码 100005）
网　　址：http://www.cepp.sgcc.com.cn
责任编辑：赵　杨（010-63412287）
责任校对：黄　蓓　朱丽芳
装帧设计：王红柳
责任印制：石　雷

印　　刷：北京天泽润科贸有限公司
版　　次：2020 年 7 月第一版
印　　次：2024 年12月北京第四次印刷
开　　本：787 毫米×1092 毫米　16 开本
印　　张：17.25
字　　数：406 千字
印　　数：4001—4500 册
定　　价：80.00 元

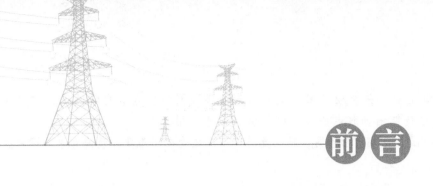

前　言

党的十九大报告提出，建设知识型、技能型、创新型劳动者大军，弘扬劳模精神和工匠精神，营造劳动光荣的社会风尚和精益求精的敬业风气。为加快高素质技能人才队伍培养，提升配电网技术人员职业技能水平，陕西省地方电力（集团）有限公司（简称集团公司）按照四支人才队伍建设总体思路，由陕西省地方电力（集团）有限公司培训中心组织集团公司系统的管理、技术、技能和培训教学等方面的专家，立足地电实际，面向未来发展，策划编写了《配电网实用技术丛书》。丛书遵循简单易学、够用实用的原则，依据规程规范和标准，突出岗位能力要求，贴近工作现场，体现专业理论知识与实际操作内容相结合的职业培训特色，以期建立系统的技能人才岗位学习和培训资料，为电力企业员工培训提供参考。

《配电网实用技术丛书》包含配电、变电、自动化、试验等分册，每本书涵盖了单一职业种类的基础知识、专业知识和专业技能。本书为《配网自动化技术与应用》分册。

陕西省地方电力（集团）有限公司致力于一流配电网建设，在配网自动化方面积累了丰富的建设、运行和管理经验，特别是因地制宜形成了独具地电特色的"市县一体化"配网自动化系统，并在全国率先开展了 10kV 配网自动化系统、GIS 平台、营销系统、客服系统等多系统信息交互深度融合的实践，对配网自动化建设的同行来说，具有借鉴作用。

本书介绍了配网自动化的概念、构成、功能等基本理论和关键技术，以及陕西省地方电力（集团）有限公司所辖部分市公司的工程实例。对配网自动化理论重点、技术难点、建设实践进行了较系统的阐述和总结，对如何更恰当、更全面地认识配网自动化技术路线、实施方案、组织管理，以及如何提高配网自动化实用化程度、提高企业经营效益和管理水平，继续探索和走好符合国情的配网自动化发展道路，做了较好的回答。

本书共分八章，其中第 1 章由张笑娟编写，第 2、7 章由张利军编写，第 3 章由赵召编写，第 4、5、8 章由杨蕾编写，第 6 章由张宇翔编写。

本书在编写过程中，得到了陕西省地方电力（集团）有限公司及所属各分公司的大力支持，中国能源研究会城乡电力（农电）发展中心及全国地方电力企业联席会议各兄弟单位对本书的编写提出了许多宝贵的意见和建议，在此一并表示衷心感谢！

本书适用于供电企业有关专业技术人员、生产一线配网作业人员自学阅读，也可作为电力企业配网岗位技能培训和电力职业院校教学参考之用。

由于编者水平有限，编写时间仓促，书中疏漏和不足之处在所难免，敬请专家和读者朋友批评指正。

编　者

2020 年 3 月

前言

第1章　概述 1

1.1　配网自动化的概念 1

1.2　配网自动化的作用 5

1.3　配网自动化的发展现状 6

第2章　10kV 配网及一次设备 13

2.1　配网系统 13

2.2　配网线路 16

2.3　典型配网设备 23

2.4　配电变压器 29

2.5　配网典型接地方式 31

第3章　10kV 配网继电保护 33

3.1　10kV 配网故障简介 33

3.2　10kV 配网线路短路电流近似计算 36

3.3　10kV 配网继电保护技术 39

3.4　10kV 配网小电流接地选线 48

第4章　配网自动化系统 57

4.1　概述 57

4.2　配网自动化系统组成 58

4.3　配电终端 65

4.4　馈线自动化 76

第5章　配网自动化通信技术 90

5.1　概述 90

5.2　配网自动化通信方式 92

5.3　配电网通信架构与协议 106

第6章　配网地理信息系统及信息交互 127

6.1　电力 GIS 系统 127

6.2　GIS 平台架构 129

6.3　配网 GIS 功能 ……………………………………………………………130

6.4　数据采集 ……………………………………………………………………134

6.5　配网 GIS 发展展望 …………………………………………………………138

6.6　信息交互 ……………………………………………………………………138

第7章　配网自动化系统工程实例 ……………………………… 150

7.1　配网自动化系统配电终端安装 ……………………………………………150

7.2　配网自动化系统建设 ………………………………………………………152

7.3　配网自动化系统与负控采集系统融合应用 ………………………………196

第8章　配网自动化系统维护实例 ……………………………… 210

8.1　配电终端接入配网自动化系统 ……………………………………………210

8.2　配网自动化系统的数据建立 ………………………………………………213

8.3　FA 配置 ………………………………………………………………………236

8.4　配网自动化系统设备调试 …………………………………………………243

8.5　配网自动化系统常见问题 …………………………………………………263

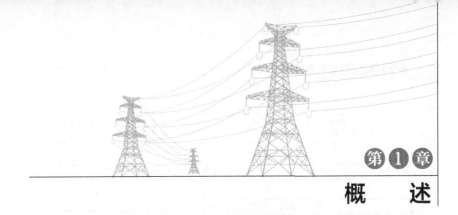

第 ① 章

概　述

　　配网自动化通常作为继电保护的后备，在继电保护无法发挥作用时应用。本章主要介绍配网自动化的概念、作用及其发展现状。目前配网自动化在 10kV 配网中应用最为广泛，因此本书中配网自动化主要针对 10kV 配网介绍。

1.1　配网自动化的概念

1.1.1　配网的作用

　　配网是以地区一次变电站变压器的低压侧为分界，将电能分配到用户的电网。配网将电能分配到配网变电站后再向用户供电，也有一部分电能不经过配网二次变电站，直接分配到大用户，再由大用户的配网装置分配电能。

　　我国配网系统的电压等级主要包括 220V（380V）、6kV、10kV（20kV）、35kV、63kV、110kV。其中，63kV（110kV）配网的主要作用是连接区域高压电网。

1.1.2　配网的分类

　　（1）按电压等级分类，通常分为高压配网系统（35、63、110kV），中压配网系统（6、10、20kV）；低压配网系统：220（380）V。

　　（2）按供电区域分类，通常分为城市配网、农村配网、工厂配网。

1.1.3　配网自动化的定义

　　配网自动化系统：以一次网架和设备为基础，以主站系统为核心，综合利用多种通信方式，实现对配网系统的监测与控制，并通过与相关应用系统的信息集成，实现配网系统的科学管理。

　　配网自动化系统又被称为 SCADA/DMS 系统，其中，采集与监视控制系统（supervisory control and data acquisition，SCADA）是配网自动化系统的基础；配电管理系统（distribution management system，DMS）是配网自动化系统的核心。配网自动化系统主要涵盖馈线自动化（feeder automation，FA）和故障定位（fault location，FL）两种系统的应用功能。

　　图 1−1 所示为配网自动化系统总体架构。配网自动化系统主要由配网主站、配电终端、远程工作站以及通信通道等组成。

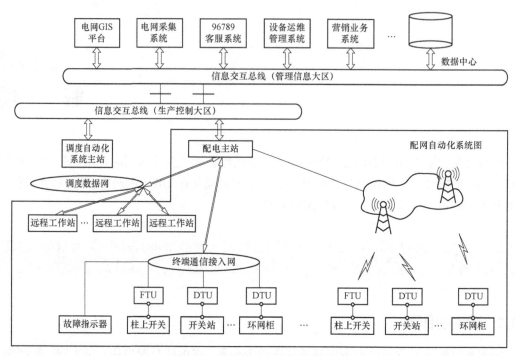

图 1-1　配网自动化系统总体架构

配网正常运行时，配网自动化系统起到监视配网运行状况和遥控改变运行方式的作用；配网发生故障时，配网自动化系统可以及时察觉并定位故障，通过系统或人工干预的方式隔离故障区域并恢复非故障区域的供电，指导维护人员准确到达现场排除故障。

1.1.4　配网自动化建设模式

在配网自动化系统的建设过程中，主要采用五种建设模式：简易型模式、实用型模式、标准型模式、集成型模式、智能型模式。

1.1.4.1　简易型模式

简易型模式是基于就地电故障信息（电压、电流），利用故障指示器采集配网故障信息，通过人工现场巡视故障指示器的翻牌信号来定位故障。此外，也可以通过无线通信方式向配网主站上报故障信息，由主站确定故障位置，配网重合器（自动开关）按照时序配合实现故障的隔离、定位以及恢复非故障区域供电。

简易型模式的结构比较简单、成本较低且易于实施。主要适用于农村单辐射配网和城市中无通信条件地区的配网。

1.1.4.2　实用型模式

实用型模式采用无线、载波、光纤等多种通信方式，可以实时监测配网系统的运行状态，其具备"遥信""遥测"功能，可以远程控制配网开关。实用型模式的主站通常具有 SCADA 功能，可以实时监测并采集重要电气设备（配网线路、开关站、环网柜等）的数据。

　　根据配电终端的数量以及通信方式的需要，该模式可以合理增加配网子站。此外，对于部分不具备通信条件的配网线路，可以采用简易型模式。

　　实用型模式的特点在于结构相对简单，其以监测为主并具备简单的控制功能，对通信系统的要求不高，投资比较节约且实用性强。该模式主要为配网运行管理部门和配网调度服务，适用于中等规模配网且已设立或准备设立配网调度机构的供电企业。实用型模式结构图如图 1-2 所示。

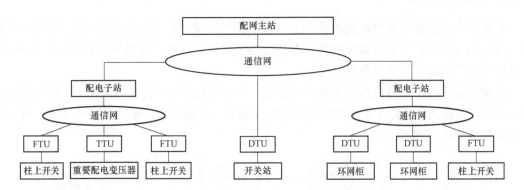

图 1-2　实用型模式结构图

1.1.4.3　标准型模式

　　标准型模式是在实用型模式的基础上增加基于主站控制的馈线自动化功能，有条件的区域还可以实现网络重构功能。该模式对通信系统的要求比较高，通常采用光纤通信。建设标准型配网自动化系统要求配网具有完善的一次网架，并且相关的配网设备要具备电动操动机构和受控功能。标准型模式结构图如图 1-3 所示。

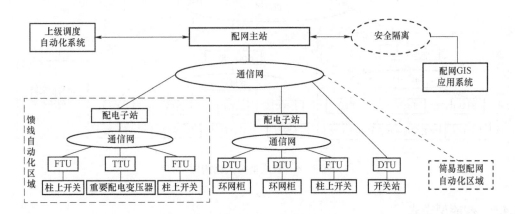

图 1-3　标准型模式结构图

　　标准型模式主站增加了馈线自动化 FA 功能。当配网线路出现故障时，配网主站与配电终端相互配合实现故障的定位、隔离以及恢复非故障区的供电。

　　通过与上级调度自动化系统（dispatching automation system，DAS）和配网地理信息系统（geographic information system，GIS）的互联，标准型配网自动化系统的配网模型更加完善，配网数据也更加丰富，因此支持全网拓扑的配网应用系统。

标准型模式的特点在于结构相对完整、自动化程度较高、成本较高。其适用于多电源、多分段的城市配网自动化系统的建设，其中馈线自动化系统建议在新区或电缆化程度较高的区域里实施。

1.1.4.4　集成型模式

集成型模式是在标准型模式的基础上增加了配网管理功能和综合应用功能，通过信息集成总线实现与各类相关实时系统和管理系统（如生产管理系统、营销管理系统等）的连接，并具有配网的高级应用分析软件功能。

集成型模式的主要特点在于系统结构完整、自动化程度高、管理功能完善、运行方式灵活，但是投资较大。其适用于大中型城市中较大规模、结构复杂的配网自动化建设。集成型模式结构图如图1-4所示。

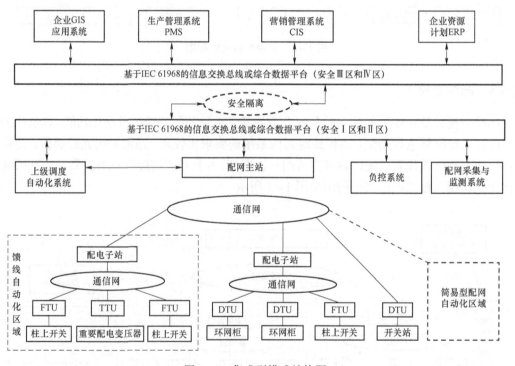

图1-4　集成型模式结构图

1.1.4.5　智能型模式

智能型模式是在集成型模式的基础上增加了分布式电源、微网以及储能装置等设备的接入功能，可以实现：

（1）馈线自动化的智能自愈功能。

（2）与智能用电系统的互动功能。

（3）与输电网的协同调度功能。

（4）多能源互补的智能能量管理网分析软件功能。

智能型模式的主要特点在于系统结构完整、功能完善、智能化程度高、运行方式灵活、综合效益好，但是其管理相对复杂且投资大。其适用于配网一次网架结构完善、已完成集成型配网自动化系统建设的供电企业。智能型模式结构图如图 1-5 所示。

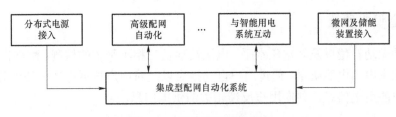

图 1-5　智能型模式结构图

1.2　配网自动化的作用

我国从 20 世纪 90 年代开始实施配网自动化系统的建设，由于认识上的不足以及技术水平的欠缺，导致配网自动化系统的投资效益一直不能体现出来，制约了配网自动化系统的技术研究和应用。随着技术水平的不断提高，配网自动化系统进入快速发展阶段。

有关实践表明，使用配网自动化系统可以大幅提高配网的安全运行水平、提高供电质量、降损节能、降低人力劳动强度并充分利用现有设备物力。配网自动化系统带来的效益主要体现在以下几个方面：

1.2.1　提高供电可靠性

配网自动化实施后，可以缩短故障停电时间，提高配网的供电可靠性。配网发生故障时，可以快速定位并隔离故障、制订非故障区供电方案、恢复非故障区域的供电，缩短了用户的停电时间。此外，配网自动化可以实现远程控制倒闸、线路切换等操作，能显著缩短开关操作时间。

1.2.2　提高管理水平

通过配网自动化系统，运行人员可以实时监测配网设备的运行状态，可以远程操作开关，不仅提高了工作效率，也减轻了作业人员的工作强度。配网自动化系统可以实现配网系统运行状态分析，实现事故的报警及记录。通过将配网运行图与实际地理位置准确对应，可以快速、准确地确定设备位置，并提供所需的运行数据，提高维护和事故抢修水平。通过无功经济调度、运行配网重构计算等方式，优化了配网的运行，减少了线损，提高了配网运行经济水平。

1.2.3 扩大配网系统监控范围

电力系统自动化的监控范围仅限于发电厂及变电站，调度运行人员仅能监控厂站的设备，而无法实时掌握配网电气设备的实际运行情况。利用配网自动化系统，调度员不仅能监测到厂站的设备，还能实时监测配网设备的运行情况，进一步提高了配网运行的安全性和可靠性。

1.2.4 提高服务质量

通过自动无功补偿以及对电压水平、电压波动及三相不平衡的检测，配网自动化系统可以改善用户端供电的电能质量。通过用户自动抄表以及对用户投诉电话的处理等方式，可以及时掌握用户的用电信息，并向用户反馈相关的供电信息。

1.2.5 提高供电经济性

通过配网自动化系统可以及时、准确地分析电能数据，实时计算线损，设置最佳开断点，有效控制配电网损耗。通过无功网络重构分析计算，合理投切无功补偿容量，优化配网运行、减少线损、改善电压、优化无功、降低线损、压缩备用。

1.3 配网自动化的发展现状

1.3.1 国外配网自动化的发展现状

1.3.1.1 法国配网自动化系统

法国配电公司负责管理法国区域配网调控中心，担负全境 95%配网的运行维护工作。法国配电公司非常重视配网自动化系统的建设，已完成配网自动化系统的全面覆盖，实现了配网故障的诊断分析、故障定位、故障区域隔离以及网络重构及供电恢复。

图 1-6 所示为法国配电公司配网自动化系统结构图。按照对供电可靠性要求的不同，法国配电公司将供电区域划分为：

（1）大城市核心区。要求用户年均停电时间小于 15min，采用双环网四分段结构，分段开关全部实现遥控功能，负荷点安装故障指示器，方便了查找故障。其配网自动化系统结构如图 1-6（a）所示。

（2）大城市郊区。要求用户年均停电时间小于 30min，采用单环网四分段结构，分段开关全部实现遥控，用户通过环网柜接入，环网柜安装故障指示器。其配网自动化系统结构如图 1-6（b）所示。

（3）农村地区。要求用户年均停电时间小于 345min，采用单环网四分段结构，只有中间的联络开关实现遥控，其配网自动化系统结构如图 1-6（c）所示。

法国配电公司在配网自动化系统建设过程中，遥控开关率比例为 8.2%（2010 年数据），因此采用调度员遥控开关与现场人员就地操作开关相结合方式来隔离故障。

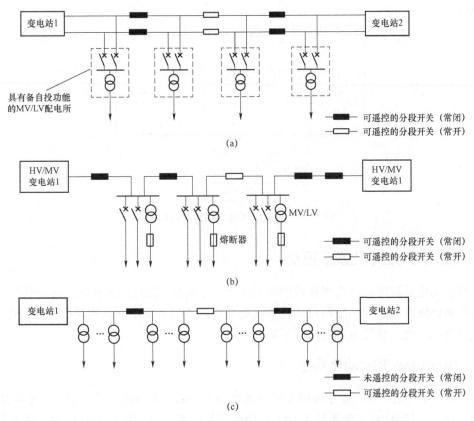

图1-6　法国配电公司配网自动化系统结构图
（a）大城市核心区；（b）大城市郊区；（c）农村地区

1.3.1.2　英国配网自动化系统

为了满足监管部门对供电可靠性的要求，伦敦电力公司开始实施配网自动化系统的建设。1998年建成中压配网远程控制系统，其配网主站为独立控制，不与SCADA系统相连接。为了减小资金的投入，只在供电可靠性要求较高区域建设自动化。截至目前，其大部分配网自动化覆盖区域可以在故障后3min内恢复供电。故障自动恢复率平均达到50%。

1.3.1.3　日本配网自动化系统

日本东京电力公司配网自动化技术领先。1988年东京电力公司开始了配网自动化系统的一期建设，采用分段开关顺序重合方法实现故障的隔离与恢复供电。架空线路采用载波通信，电缆线路采用光纤与载波通信。截至目前，其配网自动化系统覆盖率达到90%以上，年平均停电次数在0.1次左右，平均停电时间在3min以内。

为了解决载波通信速率低的问题，实现更多更高级功能，进一步提升供电可靠性，2005年东京电力公司在一期配网自动化系统的基础上，建设了高级配网自动化系统。与一期相比，高级配网自动化系统采用光纤通信，通信速率高，可实时传输大量数据。图1-7所示为高级配网自动化系统结构图，其中，PD 为电容分压器；TA 为相电流互感器；ZCT 为零序电流互感器。

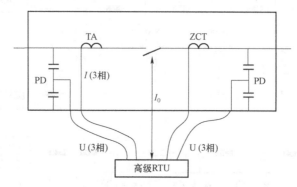

图 1-7　高级配网自动化系统结构图

1.3.2　我国配网自动化发展现状

配网自动化是我国目前电网建设的薄弱环节，与欧美等发达国家相比，我国配网自动化系统覆盖率仍然较低。推动配网自动化系统的建设，可以提高配网供电可靠性和供电质量、提高管理效率，也为智能电网建设打下基础。

1.3.2.1　国家电网配网自动化系统

预计到"十三五"末，国家电网配网自动化覆盖率将达到 90% 以上，其中，东部地区省（市）公司配网自动化覆盖率不低于 95%，中西部地区省（市）公司配网自动化覆盖率不低于 90%。

1. 实施方案

（1）2017 年，推广建设新一代配网自动化主站系统。30 个重点城市城网实现 10kV 配网线路自动化全覆盖，农网 10kV 配网线路自动化覆盖率达到 50%。

（2）2018 年，配网自动化主站系统覆盖所有地市，城农网 10kV 配网线路自动化覆盖率整体达到 65%。

（3）2020 年前，按照配网线路"关键点覆盖"的原则，实现城农网 10kV 配网线路自动化覆盖率 90% 以上的目标。

2. 发展模式

根据供电用户不同的特点，国家电网分别采用三种配网自动化系统的建设模式：高端模式、常规模式、简易模式。

（1）高端模式。模式特点：以高可靠性目标网架为基础，主要采用光纤通信方式，综合运用光纤纵差保护、云（系统）保护等先进技术。适用对象：针对北京、上海、天津等国际化城市新区、园区等部分 A+ 类区域。

（2）常规模式。模式特点：对配网线路的关键节点进行自动化升级改造，实现配网故障的就地定位与隔离。电缆线路主要采用光纤通信方式，架空线路或者混合线路主要采用无线公网。适用对象：针对大部分 A+、A、B 类和部分 C 类供电区域。

（3）简易模式。模式特点：综合运用配网线路接地故障定位装置以及远传型故障指示器等检测设备，主要采用无线公网，实现配网线路故障区间的定位。适用对象：针对部分 C 类和 D、E 类供电区域。

1.3.2.2　南方电网配网自动化系统

根据《南方电网"十三五"电网规划》要求，到 2020 年，南方电网城市配网自动化覆盖率将达到 80%，近几年，广东电网大力推进配网自动化建设，因地制宜开展配网通信网建设，加快智能电表的普及。结合近三年配网线路故障停电情况，优先将故障率较高、线路长、用户密集的线路列为主要建设或改造对象。南方电网部分配网自动化主站建设工程见表 1–1。

表 1–1　　　　　　　　　　南方电网部分配网自动化主站建设工程

单位	建设开始时间	验收投运时间
广州	2008 年	2010 年
深圳	2008 年	2009 年
佛山	2011 年	2012 年
东莞	2012 年	2015 年
江门	2013 年	2013 年
中山	2009 年	2010 年
珠海	2013 年	2014 年
南宁	2011 年	2015 年
桂林	2016 年	2017 年
柳州	2016 年	2017 年
昆明	2011 年	2012 年
曲靖	2013 年	2016 年
贵阳	2010 年	已停运
遵义	2014 年	2015 年
海口	2011 年	2018 年
三亚	2012 年	2016 年

1.3.2.3　陕西地方电力（集团）有限公司配网自动化系统

陕西省地方电力（集团）有限公司（简称陕西地电）是省属大型供电企业，承担全省 9 市 70 县（区、开发区）的生产和生活供电任务，供电面积 14.25 万 km²，供电人口超 2000 万人，分别占到全省供电营业区面积 76%、全省人口的 53%，用电客户达到 638 万户。

陕西地电开展以"智能化、信息化＋坚强电网"为特点的一流配网建设，大力推进配网自动化系统的建设，明确了配网自动化建设的目标，即提高配网运行监测、控制能力，实现对配网实时可观可控，变"被动报修"为"主动监控"，缩短故障恢复时间，提升服务水平。

1. 建设目标

到 2020 年，配网智能化水平得到进一步提升，完善以"信息化、自动化、互动化"为特征的智能配电网。实现的总体目标：

（1）配网自动化覆盖率整体达到 80%，其中 A 类区域达到 100%，B 类区域达到 100%，C 类区域达到 80%，D 类区域达到 60%。

（2）A 类区域供电可靠率提高到 99.994%，B 类区域供电可靠率提高到 99.989%，C 类区域供电可靠率提高到 99.99%，D 类区域供电可靠率提高到 99.92%。

（3）A 类区域 10kV 配网综合线损率降低到 5.45%，B 类区域 10kV 配网综合线损率降低到 5.7%，C 类区域 10kV 配网综合线损率降低到 6.00%，D 类区域 10kV 配网综合线损率降低到 6.65%。

2. 重点解决问题

（1）建设配网自动化主站系统，具备配网 SCADA、配网调度管理和馈线自动化等应用，实现责任区分流、解合环操作分析、负荷转供决策与优化、状态估计、潮流计算、调控一体化管理等功能，达到配电调控一体化的应用要求。

（2）建设配电信息交互总线，实现地理信息系统（geographic information system，GIS）、能量管理系统（energy management system，EMS）、停电管理系统（outage management system，OMS）、能量管理系统（power management system，PMS）、用电信息采集系统以及营销系统的多系统信息集成，支持配电调度、生产和运行的闭环管理，满足配电调控一体化需求，为数据交互与共享、业务集成整合与互动化应用提供基本技术支撑。

（3）根据实际的网架结构、设备状况和应用需求，合理选用"三遥"自动化终端。对网架中的关键性节点（如架空线路联络开关，进出线较多的开关站、配电室和环网柜）采用"三遥"配置。对网架中的一般性节点（如分支开关、无联络的末端站室）可采用"两遥"配置。

（4）完善配网主站至变电站的骨干通信网，并建设变电站至 10kV 配电站点的接入通信网，实现配网自动化信息传输。

3. 建设方案

根据各地区经济发展情况和现有配电网规模，并科学评估今后的发展趋势，建成一套适合当地的配网自动化系统，面向市区配网和各县域城区配网，并满足未来 5～10 年配网发展规模及信息接入量需求。

（1）小型。对主站系统实时信息接入量小于 10 万点的区域，选用"基本功能"构建系统，实现完整的配电 SCADA 功能和馈线故障处理功能。

（2）中型。对主站系统实时信息接入量在 10 万～50 万点的区域，选用"基本功能＋扩展功能（配电应用部分）＋信息交互功能"构建系统，通过标准化的信息交互实现配网调度自动化系统与相关应用系统的互联，实现基于配电网拓扑的部分扩展功能。

（3）大型。实时信息接入量大于 50 万点的区域，选用"基本功能＋扩展功能（配电应用及智能化部分）＋信息交互功能"构建系统，通过标准化的信息交互整合信息，实现部分智能化应用，为配网安全、经济运行提供辅助决策。

1.3.3　配网自动化建设存在的问题

我国在配网自动化系统建设中取得了一系列成果，供电质量明显改善。通过现场调研发现，配网自动化发展中主要存在以下几个方面的问题：

（1）盲目追求新设备。在配网自动化系统建设过程中，普遍缺乏整体考虑和长远考虑，盲目追求最新的设备，而忽视了配网系统的实际运行情况，造成新老设备难以整合到一起，从而无法达到整体最优的效果。

（2）结构设计不合理。在配网自动化系统功能设计过程中，普遍缺乏统筹兼顾，出现控制端与主站功能不匹配、通信通道容量不足等问题。此外，把先进的配网自动化系统应用于陈旧的配网架构上，难以发挥其作用。

（3）管理体制不合理。配网自动化技术覆盖多个部门，传统管理方式强调垂直专业管理，缺乏分工协作措施。也普遍存在"重形式、轻实效"的思维定式，导致技术缺失以及管理漏洞，无法满足一流配电网的要求。

1.3.4　配网自动化发展趋势

随着配网自动化技术的不断发展，配网自动化系统朝着"智能化、自动化、信息化、互动化"的方向发展，其未来的发展趋势具有以下特征。

（1）采用综合型受控终端。综合型受控终端基于高速 SCADA 系统，可以快速采集配网信息并进行综合处理，进而减少了受控端的数量，并使系统规模得以简化。综合型受控终端具有传统终端的功能，还可以实时监测系统的潮流分布和电压情况，检测频率是否满足要求等。此外，这些受控终端之间可以相互通信，进一步提高了数据的精确度。

（2）采用新型通信技术。中低压配网系统的终端数目较多，对通信的要求很高。如果要满足系统潮流实时监测和频率控制等需求，必须依赖大容量的高速载波通信系统。光纤通信具有容量大、抗干扰能力强、传输速率快、误码率低等优点。随着光纤成本的降低，光纤通信在配网自动化系统中得到更加广泛的应用。近几年来，基于城市光纤网的 IP 通信技术充分发挥了光纤通信技术优点，有望成为配网自动化系统的前沿通信技术。

（3）发展定制电力技术。定制电力技术是柔性配网系统的实际应用，它将智能电网技术、柔性送电技术、云计算技术等高新技术用于中低压配网，用以消除谐波并防止电压闪变，保证各相的对称性，提高供电可靠性和经济性。主要由电压稳定器、快速无功补偿器、频率检测器、高速断路器等设备组成。当系统出现负荷突然增大或者瞬间丢失大负荷时，该技术可以瞬间检测到系统的变化，并满足极限情况下系统的稳定，该技术应用于配网自动化系统中，可以实现实时优化，满足高层次用户的需求。

（4）应用新型 FA 系统。新型馈线自动化 FA 系统可以根据负荷特点就地提供合适的电源，减小线路传输的损耗，提高了能量利用率。根据国家电网未来发展方案，未来我国将把输配网系统分离，并在用户端设立电网提供者的信息，用户可以根据实时电价选择供电方。新型 FA 系统应用于配网自动化系统也存在分布式电源位置不确定、配网的运行方式多变等问题，从而导致二次设备难以满足要求。

（5）实施配网集中化管理。传统配网系统中用户是分散的，各用户之间难以进行通信交流。集中化管理的配网系统，即利用先进的通信网络将配网控制中心与各用户连接在一起，这样可以最大限度地利用用户原有的软硬件资源，保护用户的投资，实现实用化管理和多厂家产品共享。

10kV 配网及一次设备

本章主要介绍 10kV 配网及常见一次设备的特点和运维要求。配网一次设备是直接配送和转换电能的设备，是配网自动化系统建设和应用的基础。配网自动化依赖配网一次设备（含回路、辅助设施等）配套、产品的质量保障和良好的运行维护管理支撑。强化配网一次设备在配网自动化中的关联关系，是一次设备及辅助设施在配网自动化系统实用化应用中的重要工作。

2.1 配 网 系 统

配网通常是指从输电网接受电能，再分配给终端用户的电网，是电力系统向用户供电的最后环节，直接关系到用户安全可靠供电及满足负荷增长需要，是电力系统的重要组成部分，一般简称为配网。配网由配网线路、配电变压器、断路器、负荷开关等配电设备，以及相关辅助设备组成，配网及其相关的自动装置、测量和计量仪表，以通信和控制设备共同构成配网系统。

高压配网由高压配网线路和变电站组成，其功能是从上级电源接受电能后，直接向高压用户供电，也可以通过变压后，为下一级中压配网提供电源。

中压配网由中压配网线路和配电室（配电变压器）组成，其功能是从输电网或高压配网接受电能后，向中压用户供电，或向各用电小区负荷中心的配电室（配电变压器）供电，再经过变压后为下一级低压配网提供电源。

低压配网由低压配网线路及其附属电气设备组成，其功能是以中压（或高压）配电变压器为电源，将电能通过低压配网线路直接配送给用户。

2.1.1 配网与配网自动化

配网正常运行时呈辐射状的拓扑结构，线路功率具有单向流动的特性，分支线路多。由于配网经常发生变更，其参数信息一般保存在配网 GIS 系统及生产管理系统中，需要保证配网的实际情况和配网自动化系统数据一致性。

配网自动化系统以配网生产运维、抢修和配电网调控管理为应用主体，满足规划、运护、营销、调控等横向业务协同需求。配网自动化的实施，给传统配网在建设规划、运行维护、调度控制、事故处理等各个方面带来了巨大的提升，配网自动化的应用是智能配电网的必经之路，是提升配电网信息化水平、精细化管理、高质量发展的重要手段，随着应用的深入，配网自动化与传统配网在各方面日益融合，两者逐步成为密不可分的统一整体。

（1）建设规划。利用配网自动化系统，实现了配网的数据化、可视化。利用长期积累的配网数据进行大数据分析，对系统运行的可靠性、电网薄弱环节进行全面评估，并以此为依托，提出针对性的配网优化方案，实现对配网规划建设的精细化管理。

（2）运行维护。因为缺乏足够的状态检修支撑手段，运维检修通常采用事后检修。如今配网运维管理人员可以依托配网自动化系统，实现配网状态的实时监测和控制，极大提升配网运维管理水平，从而提升供电企业的管理效益。

（3）调度控制。传统方式下，调度作业的主要手段是图纸和电话，工作效率低下。配网自动化系统结束了配网调控员难以监控 10kV 配网的历史，实现了配网运行状态、异常信号的实时监测；大量现场倒闸操作被遥控操作取代，极大节约了人力物力成本。

（4）故障处理及抢修。传统方式下，抢修人员需逐杆、逐段排查事故点，效率低下也不安全。配网自动化系统可为配网事故的判断和处理提供自动化、信息化措施，提高事故处理效率。即使单相接地故障目前尚难准确定位，也在可期的时间表内提高判断能力，如采用逐级推拉隔离的方式，排查出接地区段；线路跳闸时，馈线自动化功能将故障处理的时间由小时级降到分钟级，缩短故障定位、隔离和非故障区段的供电恢复时间，社会经济效益明显。

2.1.2 配网设备在配网自动化系统中的应用

配网设备大多数安装在户外，运行工况受外界环境因素影响较大。而配网自动化要求配网设备不仅满足免维护、无油化、小型化、高可靠性的要求，同时还应满足频繁操作性和智能化的要求，因此，配网自动化开关设备还需要特别关注以下几个方面。

1. 实现少维护

由于配网直接面向用户，因此，配网柱上开关设备和电缆设备也遍布到每个用电角落，如此广泛的地域和巨大的设备数量，使任何户外作业、维护工作量和费用的累计都是巨大的，因此，少维护配电开关设备就显得尤其重要。配网自动化的实施使配网一、二次设备数量成倍增加，尤其是增加了大量智能化的配电开关成套设备，如重合器、分段器、自动配电开关（柜）、用户分界开关（柜）等。由于户外运行条件相对恶劣，将有可能进一步扩大高空、路边作业范围，这将更进一步增加了运行维护成本。为此必须采用高可靠性、少（免）维护的产品，否则供电企业将会承担大量的维护成本。

从少（免）维护的角度看配网自动化开关（柜），首先，外箱可采用喷涂材料耐受能力强的钢材或不锈钢材料，使户外耐腐蚀性好；操动机构设计尽量简洁，寿命不低于万次，可密闭在箱体内，避免传动障碍和裸露带来的生锈、腐蚀等问题；由于真空灭弧室开断技术在 10kV 领域已成熟并且是一种免维护的器件，因此，可以选用真空灭弧室作为灭弧、开断的核心元件；可采用表压下 SF_6 气体作为外绝缘，使配电开关（柜）设备既可以小型化设计同时又避免 SF_6 气体形成压力泄漏；架空配网设备出线可以采用全密封瓷套电缆方式，以避免出线电缆长期户外运行，由于静电吸尘带来的绝缘下降而需要擦绝缘子等维护问题；配电开关设备的自动化接口设计要考虑免维护性，如采用专业军品级航空插座保证连接安全等。

2. 户外防凝露能力

配网自动化设备普遍运行在户外露天环境中，气温总在不断变化，当白天日晒强烈时一日之间也会面临早晚巨大的温差变化，可能会使空气中的水分凝结在绝缘件表面，或因密封性能不好形成呼吸效应，从而造成绝缘强度的降低。为防止凝露造成配电开关（柜）设备绝缘失效或配套的电子产品短路而引发事故，可以根据开关（柜）类型采用以下手段防凝露：① 采用全密封出线全绝缘锥形电缆。② 提高绝缘件的爬电距离。③ 全密封箱体内充零表压的 SF_6 气体。④ 箱体放置长效干燥剂。⑤ 做好电缆地沟进出线的防护。从不同类型配电开关设备实际应用结果来看，由于 SF_6 气体比空气重 6 倍，充零表压的 SF_6 气体只有向下重力形成的压力、溢出量少，是一种有效的防凝露措施。

3. 选用低功耗或自动化运行配合型操动机构

配网自动化开关的野外无源运行环境决定了开关设备在自动控制条件下，其控制电源问题比较难解决。而一般配电开关设备较多采用电磁机构或弹簧储能机构，日常运行需要有大功率电源支持，特别是在电网失电情况下，当配网自动化开关还需要进行自动分合闸操作时，需要提供大功率蓄电池来支持，这成为户外配电开关设备用于自动化时的一个难题。

4. 满足自动化要求的传感器

配网自动化技术的应用，需要监测每台开关的电压、电流及相关运行状态，因此，不同于传统只需实现分、合的配电开关设备，配网自动化开关设备还需要配套采集开关内、外部信息的各类传感装置，基本传感器有：采集线路电压信号的电压传感器、采集电流信号的电流传感器、开关位置信号、储能信号等的行程开关；有些功能还需要配置零序电压传感器、零序电流传感器、控制回路的蓄电池欠压、过充传感器等。然而过多的辅助元器件会给设备可靠运行带来隐患。因此，必须关注配网自动化开关的实际应用要求，合理配置各类满足自动化要求的传感器。与开关配套的电流、电压互感器等附属设备，尽量采用内置方式，减少过多的附属设备，降低设备本身产生的故障点。

5. 有配套自动化控制装置的接口

配网自动化开关（柜）设备的一、二次接口是决定配网自动化系统有效运行的一个重要环节。首先，配电开关（柜）设备的开关侧接口需要解决配网自动化开关（柜）是否能将配网自动化所需的信息准确、可靠引出；其次，接口是连接开关和控制装置的重要桥梁，其可靠衔接决定系统和设备运行的稳定性，因此，选择军用级航空接插头并做好自动化接口的户外防护安全保证，是配网自动化接口可靠性提升的一个重要手段。在配网自动化开关的选择中，需要特别关注。

6. 传统配电开关即时升级

利用系统原有配电开关设备，通过改造、升级，使其满足当前配网自动化的需要，必须注意以下问题：

（1）现场加装电动机构时，因缺乏有效的机构和开关动作配合调试验证手段易带来隐患；直接采用端子排将开关控制信号、位置信号、采样信号引出，送到终端内，密封性能差，长期安全、可靠、稳定运行性能等缺乏论证。由此可能出现故障与检修率太高，从而进一步影响系统稳定运行。

（2）对没有考虑自动化设计的开关设备升级，设备因长期运行尤其是由于环境污染造成空气质量水平下降、运行环境改变以及梅雨季节的潮湿环境等,都会加剧其绝缘水平的下降。因此需要预防自动化带来的频繁动作等引发一系列绝缘事故(如外绝缘对地闪络、内绝缘对地闪络、绝缘子瓷套表面闪络、绝缘杆闪络等绝缘事故)。

(3)开关操动机构寿命问题是在自动化运行中尤其突出的问题。目前,传统的电磁机构、弹簧储能机构的传动部件太多,加上国内制造水平有限,造成的机构工艺一致性较差,开关分合几次后,就容易出现卡住或传动不到位等问题。机构质量已成为制约配网自动化开关设备可靠性的关键问题,因此必须采用专业设计的操动机构对产品进行改造升级。

2.2 配 网 线 路

2.2.1 配网架空线路

配网架空线路主要指主干线为架空线(或混有部分电力电缆)的 10kV 线路。架空线路沿空中走廊架设,需要杆塔支持,每条线路的分段点、联络点设置有柱上开关。为充分利用空中走廊,在负荷密集地区通常采用同杆架设的方式,较普遍的有双回和四回的同杆架设。相对于电缆线路,架空线路具有投资少、易架设、维护检修方便、易于发现故障和排除故障等优点。典型配网架空线路如图 2-1 所示。

图 2-1 典型配网架空线路

(1)架空线路的组成。架空线路由导线、杆塔、横担、拉线、接地装置、绝缘子和金具等元件,以及柱上开关、配电变压器、跌落式熔断器等设备组成。架空导线有钢绞线、铝绞线、铜绞线、钢芯铝绞线等类型,线路按不同的负荷需求通常采用 50、70、95、120、150、185、240mm² 等多种截面的导线。

(2)架空导线的类型。架空导线按照是否有绝缘保护层,分为裸导线和绝缘线。早期架空配网线路常采用裸导线,容易因树枝、抛扔杂物、机械施工、风刮杂物等外力破坏原因发生线路接地、断线、短路故障,造成线路跳闸停电;随着高层建筑增加、绿化面积增大,树与导线矛盾日渐突出,导线对建筑物的安全距离难以保证。因此,配网架空线路采用绝缘导线代替裸导线，提高配网架空线路的供电可靠性已成为城区配网建设的必然趋势。

（3）架空绝缘导线。架空绝缘导线的线芯有铝芯和铜芯两种。10kV 配网中，由于铝材的重量较轻、价格相对便宜被广泛应用，且其对线路连接件和支持件的要求较低，加上原有的 10kV 架空配网也以钢芯铝绞线为主，选用铝芯线便于与原有网络的连接。

架空绝缘导线的绝缘保护层有厚绝缘和薄绝缘两种，厚绝缘导线在运行时允许与树木频繁接触，且有屏蔽层，薄绝缘导线只允许与树木短时接触。绝缘物又分为交联聚乙烯和普通聚乙烯，交联聚乙烯的绝缘性能更优良。

常用 10kV 架空绝缘导线的规格如表 2-1 所示。

表 2-1　　　　　　　　常用 10kV 架空绝缘导线的规格

型号	名称	常用截面（mm²）
JKTRYJ	软铜芯交联聚乙烯绝缘架空导线	35～70
JKLYJ	铝芯交联聚乙烯绝缘架空导线	35～300
JKTRY	软铜芯聚乙烯绝缘架空导线	35～70
JKLY	铝芯聚乙烯绝缘架空导线	35～300
JKLYJ/Q	铝芯轻型交联聚乙烯薄绝缘架空导线	15～300
JKLY/Q	铝芯轻型聚乙烯薄绝缘架空导线	35～300

架空绝缘导线的主要特点：

1）绝缘好。架空绝缘导线由于多了一层绝缘层，有了较裸导线优越的绝缘性能，可减少线路相间距离，提高同杆线路回数，降低对线路支持件的绝缘要求。

2）重量轻。架空绝缘导线由于少了钢芯，比钢芯绞线轻，降低了线路的重力要求，减少了配合件的投资，降低了工人架设时的劳动强度。

3）抗腐蚀。架空绝缘导线的外皮包上了一层绝缘层，比裸导线受氧化腐蚀的程度小，延长了线路的寿命。

4）机械强度高。架空绝缘线路虽然少了钢芯，但加上了坚韧的绝缘层，使整个导线的机械强度增强，达到应力方面的要求。

5）架空绝缘导线的允许载流量比裸导线小。因加上绝缘层后，导线散热较差，根据试验数据和运行经验，架空绝缘导线选型通常应比裸导线提高一个档次。

（4）架空导线的应用。规划 A+、A、B、C 类供电区域、林区、严重化工污秽区，以及系统中性点经低电阻接地地区宜采用中压架空绝缘导线。一般区域采用耐候型铝芯交联聚乙烯绝缘导线；沿海及严重化工污秽区域可采用耐候型铜芯交联聚乙烯绝缘导线，铜芯绝缘导线宜选用阻水型绝缘导线；走廊狭窄或周边环境对安全运行影响较大的大跨越线路可采用绝缘铝合金绞线或绝缘钢芯铝绞线。空旷原野不易发生树木或异物短路的线路可采用裸铝绞线。

（5）导线截面的选择。架空线路导线型号的选择，应按照设施标准化要求，采用铝芯绝缘导线或铝绞线时，各供电区域中压架空线路导线截面的选择如表 2-2 所示。

表 2-2   **中压架空线路导线截面的选择**

规划供电区域	规划主干线导线截面（含联络线，mm²）	规划分支导线截面（mm²）
A+、A、B	240 或 185	≥95
C、D	≥120	≥70
E	≥95	≥50

2.2.2 电缆线路

配电电缆线路主要指主干线全部为电力电缆的 10kV 线路。一般采用交联聚乙烯绝缘电力电缆，并根据使用环境采用具有防水、阻燃、防蚁虫等性能的外护套。

配电电缆线路的优点在于：不易受周围环境和污染的影响，送电可靠性高；线间绝缘距离小，占地少，无干扰电波；地下敷设时，不占地面与空间。缺点在于：成本高，一次性投资费用较大；不易变动与分支；电缆故障测巡与维修较难，专业性较强。

（1）电缆线路的组成。配电电缆线路由电力电缆、终端头、中间接头等组成。电力电缆的基本结构由线芯（导体）、绝缘层、屏蔽层和保护层 4 部分组成。线芯是电力电缆的导电部分，用来输送电能，是电力电缆的主要部分，主要包括铜芯和铝芯两种类型。绝缘层将线芯与大地以及不同相的线芯间在电气上彼此隔离。15kV 及以上的电力电缆一般都有导体屏蔽层和绝缘屏蔽层。保护层的作用是保护电力电缆免受外界杂质和水分的侵入，以及防止外力直接损坏电力电缆。

（2）交联聚乙烯电力电缆。交联聚乙烯绝缘电力电缆问世于 20 世纪 50 年代，具备结构轻便、附件简单、维修容易、使用灵活等优点。由于在世界各国发展迅速，目前国内生产厂家也已能生产出各类型号的交联聚乙烯绝缘电力电缆和相配套的电缆附件。在 10kV 电压等级中，交联聚乙烯绝缘电力电缆已经取代传统的油浸纸绝缘电力电缆。常用交联聚乙烯绝缘电力电缆的规格如表 2-3 所示。

表 2-3   **常用交联聚乙烯绝缘电力电缆的规格**

型号		名称	主要用途
铜芯	铝芯		
YJV	YJLV	交联聚乙烯绝缘聚氯乙烯护套电力电缆	敷设于室内、隧道、电缆沟及管道中，也可埋在松散的土壤中，电缆能承受一定的敷设牵引
YJV 22	YJLV22	交联聚乙烯绝缘钢带铠装聚氯乙烯护套电力电缆	适用于室内、隧道、电缆沟及地下直埋敷设，电缆能承受机械外力作用，但不能承受大的拉力
YJV 32	YJLV32	交联聚乙烯绝缘细钢丝铠装聚氯乙烯护套电力电缆	适用于高落差区，电缆能承受机械外力和相当的拉力

（3）配电电缆的应用：① 依据市政规划，明确要求采用电缆线路且具备相应条件的地区。② 规划 A+、A 类供电区域及 B、C 类重要供电区域。③ 走廊狭窄，架空线路难以通过而不能满足供电需求的地区。④ 易受热带风暴侵袭的沿海地区。⑤ 供电可靠性要求较高

并具备条件的经济开发区。⑥ 经过重点风景旅游区的区段。⑦ 电网结构或运行安全的特殊需要时。

（4）导线截面的选择：① 变电站馈出至中压开关站的干线电缆截面不宜小于铜芯 300mm²，馈出的双环、双射、单环网干线电缆截面不宜小于铜芯 240mm²。② 满足动、热稳定要求下，亦可采用相同载流量的其他材质电缆，并满足 GB 50217—2018《电力工程电缆设计标准》的相关要求。其他专线电缆截面应满足载流量及动、热稳定的要求。③ 中压开关站馈出电缆和其他分支电缆的截面满足载流量及动、热稳定的要求。

（5）敷设方式的选择。电缆通道根据建设规模可采用电缆隧道、排管、沟槽或直埋敷设方式，应符合以下原则：① 直埋敷设适用于敷设距离较短、数量较少、远期无增容的场所，电缆主干线和重要负荷供电电缆不宜采用直埋方式。② 电缆平行敷设根数在 4 根以上时，可采用电缆排管。电缆排管首先考虑双层布设，路面较狭窄时依次考虑 3 层、4 层布设，规划 A+、A 类供电区域沿市政道路建设的电缆排管管孔一般不少于 12 孔，但不超过 24 孔，同方向可预留 1～2 孔作为抢修备用。③ 变电站及开关站出线或供电区域负荷度较高的区域，可采用电缆隧道或沟槽敷设方式。④ 规划 A+、A、B 类供电区域，交通运输繁忙或地下工程管线设施较多的城市主干道、地下铁道、立体交叉等工程地段的电缆通道可根据城市总体规划纳入综合管廊工程，建设标准符合 GB 50838—2015《城市综合管廊工程技术规范》的规定。⑤ 电缆通道建设改造应同时建设或预留通信光缆管孔或位置。⑥ 电缆通道与其他管线的距离及相应防护措施应符合 GB 50217—2018《电力工程电缆设计标准》。

2.2.3　典型网架结构

2.2.3.1　架空线路

配电网的典型网架结构主要有辐射型、多分段单联络和多分段多联络 3 种类型。

（1）辐射型。辐射型线路如图 2-2 所示，接线简单清晰、运行方便、建设投资低。当线路或设备故障、检修时，用户停电范围大，但主干线可分为若干（一般 2～3）段，方便缩小事故和检修停电范围；当电源故障时，则将导致整条线路停电，供电可靠性差，不满足 $N-1$ 要求，但主干线正常运行时的负载率可达到 100%。有条件或必要时，辐射型结构可发展过渡为同站单联络或异站单联络。辐射型接线一般仅适用于负荷密度较低、用户负荷重要性一般、变电站布点稀疏的地区。

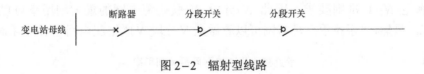

图 2-2　辐射型线路

（2）多分段单联络。多分段单联络即"手拉手"线路，通过一个联络开关，将来自不同变电站（开关站）的中压母线或相同变电站（开关站）不同中压母线的两条馈线连接起来，可分为本变电站单联络和变电站间单联络。3 分段单联络线路如图 2-3 所示。

图2-3 3分段单联络线路

由图2-3可见,"手拉手"环状架空网是指其主干线呈"手拉手"状,但是馈线上仍可存在分支。"手拉手"环状架空网的一条馈线上发生永久性故障后,可将故障区域周边开关分断以隔离故障,然后由故障所在馈线的电源恢复故障区域上游健全部分供电,再令联络开关合闸,由对侧馈线电源恢复故障区域下游健全部分供电。因此,"手拉手"环状架空网的供电可靠性较辐射状架空网要高。

因为"手拉手"环状架空网存在线路故障后的负荷转移问题,因此必须考虑线路的备用容量,为了满足 $N-1$ 安全准则,每条馈线必须留有对侧馈线全部供电能力作为备用容量,因此利用率最高只能达到50%,即每条馈线不能满载运行,主干线导线截面也不能采用由电源向末梢递减策略。

(3)多分段多联络。分段与联络数量根据用户数量、负荷密度、负荷性质、线路长度和环境等因素确定,一般将线路3分段、2~3联络,3分段3联络线路如图2-4所示。

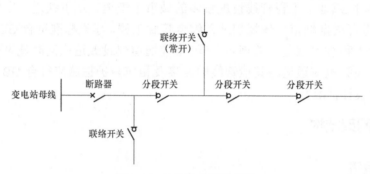

图2-4 3分段3联络线路

对于3分段3联络配电网,若某一个电源点发生故障(这是影响最为严重的一种故障),其故障处理过程为:直接跳开该电源所带线路的变电站出线开关将线路隔离,然后跳开线路上的两个分段开关将线路分为3段,再合上各馈线段对应的联络开关,分别由每个备用电源恢复其中一段线路的供电。因此,3分段3联络配电网中的每一条馈线只需要留有对侧线路负荷的1/3作为备用容量就可以满足 $N-1$ 准则要求,因此3分段3联络配电网的最大利用率可以达到75%。

一般对于 N 分段 N 联络配电网,每条馈线只需要留有对侧线路负荷的 $1/N$ 作为备用容量就可以满足 $N-1$ 准则要求,因此 N 分段 N 联络配电网的最大利用率可以达到 $[N/(N+1)]$ %。显然,"手拉手"环状网可以看做是 N 分段 N 联络配电网当 N 取1时的特例。

表2-4 常见模式化联络配网最大利用率

接线类型	最大利用率(%)	接线类型	最大利用率(%)
"手拉手"	50	4分段4联络	80
2分段2联络	67	5分段5联络	83
3分段3联络	75	6分段6联络	86

2.2.3.2 架空线路规划

规划 A+、A、B、C 类供电区域 10kV 架空线路宜采取多分段、适度联络接线方式；D 类供电区域可采取多分段、单辐射接线方式，具备条件时可采取多分段、适度联络或多分段、单（末端）联络接线方式；E 类供电区域可采取多分段、单辐射接线方式。

典型接线方式按照附录 C 执行，符合以下原则：

（1）架空线路的分段数一般为 3 段，根据用户数量或线路长度在分段内可适度增加分段开关，缩短故障停电范围，但分段数量不应超过 6 段。

（2）架空线路联络点的数量根据周边电源情况和线路负载大小确定，一般不超过 3 个联络点，联络点应设置于主干线上，且每个分段一般设置 1 个联络点。

2.2.3.3 电缆线路

典型接线方式主要有单射式、双射式、对射式、单环式、双环式和 N 供一备 6 种。

（1）单射式。自一个变电站或一个开关站的一条中压母线引出一回线路，形成单射式接线方式。接线方式不满足 $N-1$ 要求，但主干线正常运行时的负载率可达到 100%。

（2）双射式。双射式接线自一个变电站或一个开关站的不同中压母线；或自同一供电区域不同方向的两个变电站（或两个开关站）；或同一供电区域一个变电站和一个开关站的任一段母线引出双回线路，形成双射接线方式，如图 2-5 所示。

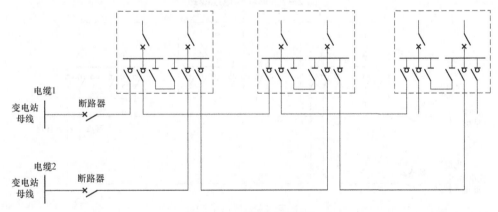

图 2-5 双射式电缆线路

（3）对射式。自不同方向电源的两个变电站（或两个开关站）的中压母线馈出单回线路组成对射式接线，如图 2-6 所示。

（4）单环式。自同一供电区域的两个变电站的中压母线（或一个变电站的不同中压母线）；或两个开关站的中压母线（或一个开关站的不同中压母线）；或同一供电区域一个变电站和一个开关站的中压母线馈出单回线路构成单环网，开环运行，单环式电缆线路如图 2-7 所示。

（5）双环式。自同一供电区域的两个变电站（开关站）的不同段母线各引出一回线路，或同一变电站的不同段母线各引出一回线路，构成双环式接线方式。如果环网单元采用双

母线不设分段开关的模式，双环网本质上是两个独立的单环网，双环式电缆线路如图 2-8 所示。

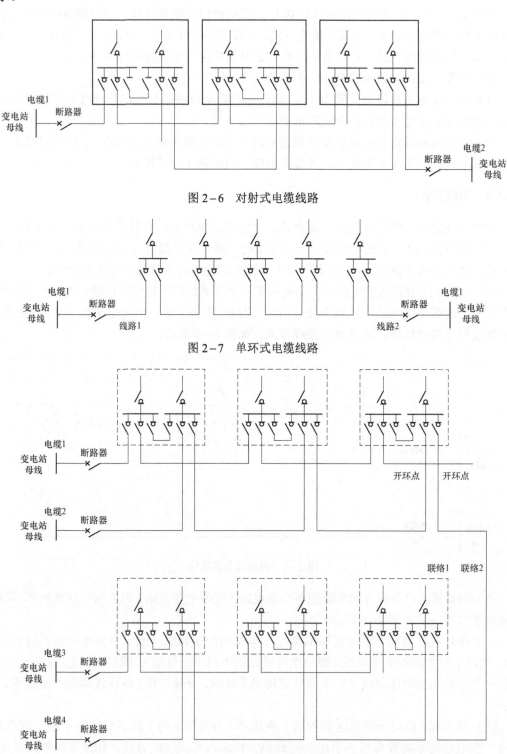

图 2-6 对射式电缆线路

图 2-7 单环式电缆线路

图 2-8 双环式电缆线路

（6）N 供一备。指 N 条电缆线路连成电缆环网运行，另外 1 条线路作为公共备用线。非备用线路可满载运行，若某条运行线路出现故障，则可以通过切换将备用线路投入运行。三供一备电缆线路如图 2-9 所示。

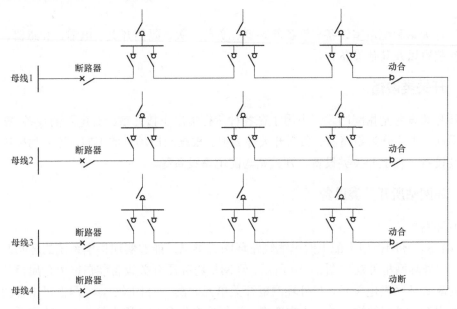

图 2-9　三供一备电缆线路

还有一些复杂的配电网采用了高可靠性配电网接线模式，比如法国巴黎的三环网接线方式、东京的三射网互供接线方式和新加坡的花瓣式接线等，都是根据具体的需要形成的架构形式，总体来讲，不同的网架结构形态对配网自动化建设及其运维技术都会有不同的技术思路和实现要求。

2.2.3.4　电缆线路规划

下列情况可采用电缆线路：

（1）依据市政规划，明确要求采用电缆线路且具备相应条件的地区。

（2）规划 A+、A 类供电区域及 B、C 类重要供电区域。

（3）走廊狭窄、架空线路难以通过而不能满足供电需求的地区。

（4）易受热带风暴侵袭的沿海地区。

（5）供电可靠性要求较高并具备条件的经济开发区。

（6）经过重点风景旅游区的区段。

（7）电网结构或运行安全的特殊需要时。

2.3　典型配网设备

配网设备可以按照应用范围分为以下三类：

（1）变电站配网设备。断路器、隔离开关、电缆、互感器、二次设备（继电保护及二次回路设备）、自动装置以及其他设备。

（2）线路设备。架空线路、电缆线路、配电变压器、电力电容器、自动装置以及其他设备。

（3）开关站和配电室设备。设备断路器、负荷开关、隔离开关、电缆、互感器、二次设备、自动装置以及其他设备。

2.3.1 开关类设备

配网开关设备是指配网线路中用于在各种运行情况下接通或断开电路的设备。根据开断电流的不同，主要分为断路器、负荷开关等类型。根据应用场合的不同，可分为配电环网站所开关类设备、柱上开关类设备、开关站与配电室设备等。

2.3.1.1 环网站所开关类设备

（1）环网柜。

1）概述。环网柜用于配电网电缆线路环网式供电，能够实现供电系统的环网联接和负荷接入，户外环网柜外观如图 2-10 所示。环网柜将高压开关设备装在钢板金属柜体内或做成拼装间隔式环网供电单元，户外环网柜开关单元如图 2-11 所示。环网柜可由各间隔单元灵活安装组合，具有结构简单、成本低廉、运行安全可靠、体积小等优点，特别适用于城市配电系统的电缆线路中，并广泛应用于开关站和配电室，成为配电系统的重要设备之一。

图 2-10　户外环网柜外观

图 2-11　户外环网柜开关单元

目前国内外环网柜绝大多数按照户内金属封闭开关设备的标准设计生产，户外环网柜是在户内环网柜的基础上再加装一个外壳，以满足户外恶劣环境条件下的使用要求。外壳可选用金属或非金属材质，并具备室外环境防护能力。

环网柜应具有防污秽、防凝露功能，二次仪表小室内宜安装温湿度控制器及加热装置环网柜电缆室、控制仪表室和自动化单元室宜设置照明设备。环网柜电缆室应设观察窗，便于对电缆头进行红外测温。

2）结构与特点。环网柜的基本组成部件主要有外箱体（户外设备）、柜（壳）体、母线、负荷开关、负荷开关熔断器组合电器、断路器、隔离开关、电缆插接件、手动及电动操动机构、TV 柜以及互感器（电压和电流）、带电显示器（带二次核相孔）、故障指示器、二次控制回路和信号部件等。环网柜一般设 2 回进线，2、4、6 回出线，每回进、出线作为一个间隔单元。通常进线单元采用负荷开关，出线单元可采用负荷开关、断路器或负荷开关—熔断器组合。具备电动操动机构的环网柜需配置单独的 TV 柜单元，作为电动操动机构和其他二次设备的主供电电源，并另配蓄电池作为后备电源。

根据柜内主绝缘介质，环网柜可分为 SF$_6$ 气体绝缘环网柜、固体绝缘环网柜和空气绝缘环网柜。空气绝缘环网柜一般称为半绝缘环网柜；气体绝缘和固体绝缘环网柜，一般称为全绝缘环网柜。通常 SF$_6$ 气体绝缘环网柜的结构采用共箱式，固体绝缘和空气绝缘环网柜的结构设计采用间隔式。

SF$_6$ 气体环网柜采用 SF$_6$ 气体作为绝缘介质，其绝缘性能远强于空气，运行可靠性高。主开关带电部分安装在充 SF$_6$ 气体的密封金属壳体内，操动机构置于壳体外。早期 SF$_6$ 气体绝缘环网柜多为全封闭整体式，新型的多为模块化混合式结构。环网柜绝缘方式及特点如表 2-5 所示。

表 2-5　　　　　　　　　　　环网柜绝缘方式及特点

绝缘方式	绝缘介质	绝缘性能	结构特点	占地面积	环境适应性	海拔影响
气体绝缘	SF$_6$、N$_2$	强	共箱	小	强	否
固体绝缘	环氧树脂、硅橡胶或其他固体绝缘材料	强	分箱	小	强	否
空气绝缘	空气	一般	分箱	大	一般	是

环网柜进、出线开关类型有负荷开关、断路器和负荷开关—熔断器 3 种，并具备手动和电动操动机构。

a）负荷开关。负荷开关现多为三工位，即同一开关具有闭合—隔离—接地功能，且只有当负荷开关处于接地工位时电缆室的门才可开启。负荷开关主要用以承载、关合、开断运行线路中正常条件下（也包括规定的过负荷条件）的负荷和过载电流，并能关合和承载规定的异常电流（如短路电流），实现配网线路（含环网配电）分段和网络重构功能。配网自动化要求负荷开关具备手动和电动操作功能。

b）断路器。断路器主要采用 SF$_6$ 断路器或真空断路器，可开断短路故障电流，使用与负荷开关结构类似的三工位隔离开关实现接地功能。断路器柜主要用于其负荷侧线路或设备的短路和接地故障保护，可直接快速切除短路故障。

c）负荷开关—熔断器。在负荷开关主回路中串入限流熔断器，代替断路器用于容量较小系统的控制切断，熔断器可以装在负荷开关的电源侧或负荷侧。当熔断器任一相熔断时，熔断器顶端撞针触发机构的脱扣装置，使联动的负荷开关自动跳闸，切断剩余相的故障电流。负荷开关—熔断器在开关处于合闸状态时需为分闸操作弹簧储能。负荷开关—熔断器通常用以开合配电变压器及其配送回路，对配电变电压器中低压回路的短路电流及过载电流进行保护，可在 10ms 以内切故障。

d）操动机构。环网柜各进出线间隔的操动机构应具备手动或手动及电动操作功能。配网自动化要求可遥控的间隔须具备电动操动机构，采用电动操作配置时应同时具备手动操作功能。环网间隔电动操动机构主要依靠电机进行储能，也可手动储能，通过储能后的弹簧和其联动的机构实现对一次开关元件的分合闸操作。断路器操动机构控制回路具有防止跳跃功能，避免断路器故障时出现多次"跳—合"。

3）主要技术参数。目前环网柜的品种较多，参数齐全，且系列化主要技术参数系列如下：

额定电压（kV）：7.2，12，17.5，24，36；

额定电流（A）：200，400，630，1250；

额定短时耐受电流（kA）：16，20，15；

额定峰值耐受电流（kA）：40，50，63。

4）安全防护。环网柜具有高压室和电缆室、控制仪表室与自动化单元等金属封闭的独立隔室。各隔室结构设计上满足正常使用条件和限制隔室内部电弧影响的要求，并能防止因本身缺陷、异常使用条件或误操作导致的电弧伤及工作人员，能限制电弧的燃烧范围。

环网柜应具有可靠的"五防"功能：防止误分、误合断路器；防止带负荷分、合隔离开关（插头）；防止带电合接地开关；防止带接地开关送电；防止误入带电间隔。当线路侧带电时，应有闭锁操作接地开关及电缆室门的装置。

5）主要运行异常与缺陷。环网柜严重缺陷主要包括遥控拒动、开关位置错误或抖动、SF$_6$气体压力低、环网柜操作电源损坏等。遥控拒动原因主要为开关操动机构故障（机构卡涩、电机损坏等）、未储能等；开关位置错误或抖动的主要原因为辅助位置触点损坏、锈蚀等；SF$_6$气体压力低的主要原因为气箱连接设备的密封或焊接处理不严；环网柜操作电源损坏的主要原因为蓄电池老化、壳体开裂及漏液、导线断开或接触不良等。

环网柜一般缺陷主要包括电流误差大、凝露严重等。电流误差大的主要原因为所采用的开口式 TA 安装不正确；凝露严重的主要原因为环网柜箱体底部密封不严、排风不畅等。

（2）电缆分接箱。电缆分接箱是一种用来对电缆线路实施分接、分支、接续和转换电路的设备，多用于户外。针对容量不大的独立负荷分布较集中时，可利用电缆分接箱进行电缆多分支的连接或转接。电缆分接按分支方式分为美式电缆分接箱（采用并联分支方式）和欧式电缆分接箱（采用串联分支方式）。按电气结构分为两大类：一类是不含任何开关设备的，箱体内仅有对电缆接头进行处理和连接的附件，结构比较简单，体积较小、功能单一，可称为普通分接箱；另一类是带开关的电缆分接箱，其箱体内不仅有普通分接箱的附件，还含有一台开关设备，其结构相对复杂，有时也被归类为单间隔环网柜。

普通电缆分接箱进线和出线在电气上连接在一起，电位相同，用于分接或分支接线，通常习惯将进线回数加上出线回数称为分支数。此类电缆分接箱一般不进行自动化监控。

带开关的电缆分接箱内含有开关设备，既可以起到普通分接箱的分接、分支作用，又可起到供电回路的控制、转换以及改变运行方式的作用。开关端口大致将电缆回路分隔为进线侧和出线侧，两侧电位可以不一样。

2.3.1.2　柱上开关类设备

柱上开关类设备按开断能力分为断路器、负荷开关、隔离开关等。在配网自动化应用中，配网自动化柱上开关设备包含有应用现代微电子技术发展起来的控制集成型智能开关设备，也有在传统柱上配电开关技术基础上，通过适当的改造并配套各类控制装置而实现的自动化开关设备，可以实现手动或自动操作。

柱上断路器是指在架空线路上正常工作状态、过载和短路状态下关合和开断配网线路的开关电器设备。柱上断路器可以手动关合和开断配网线路，也可以通过其他动力进行关合电路，而在配网线路过载或短路时，可以通过继电保护装置的动作自动将配网线路迅速断开，保证线路其他电器设备的安全。

中压系统使用的断路器包括按绝缘介质可分为空气、油、SF_6、真空、固体绝缘断路器。目前空气、油断路器正逐步被真空、SF_6 和固体绝缘断路器淘汰。

基于柱上断路器技术发展起来应用于配网自动化的断路器有为配合自动化远方控制而专业设计的断路器产品（如 ZW20 柱上断路器、ZW32 系列柱上断路器等），也有直接实现线路自动化的成套产品重合器、断路器型用户分界开关等。

（1）ZW20 真空断路器。图 2-12 给出了 ZW20 户外真空断路器结构图。这是一款三相共箱式断路器，采用真空灭弧、SF_6 气体绝缘，开关分本体部分和机构部分。本体部分是由导电回路、绝缘系统及壳体组成。整个导电回路是由进出线导电杆、导电夹、软连接与真空灭弧室连接而成；A、C 两相采用羊角式避雷套管，保证良好外绝缘；内部采用大爬距的陶瓷灭弧室，并采用复合绝缘材料制成的绝缘件相互隔离，提高相间绝缘强度；A、B、C 三相内置电流互感器，为保护及自动化测量提供信号。机构采用弹簧操动机构，弹簧合闸功大，设计针对自动化需求，通过减少零件数、简化结构提高机构操作的可靠性。断路器内充满零表压 SF_6 气体，操动机构也置于 SF_6 气体中，增强了相间绝缘、相对地绝缘，解决了灭弧室表面凝露、机件锈蚀、润滑及拒动问题。

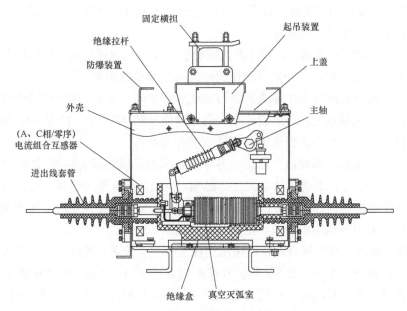

图 2-12　ZW20 户外真空断路器结构图

断路器可以实现手动、电动储能，手动、电动分合闸，采用专业航空插头作为自动化接口，将开关内部的三遥信息引出，送入配套的智能控制单元，从而组成了户外智能型真空配电开关，实现馈线自动化。当智能成套设备纳入配网自动化系统管理时，实现所属线路的自动化管理。

当其作为独立开关应用时，需要配套浪涌电流抑制器，其目的是防止合闸涌流对开关的冲击。当断路器升级用于配网自动化开关设备时，需要取消浪涌电流抑制器的连接，直接连接到控制终端，这时的合闸涌流的保护通过配FTU来实现。

（2）ZW32真空断路器。ZW32柱上真空断路器采用固体绝缘技术，产品小型化、免维护性好，在国内配网中大量使用。该产品被逐步改造升级成为配套配网自动化用的柱上真空断路器。此外，保持开关本体结构通过配套永磁机构，这款开关也被改造设计成为自动化应用的永磁断路器。

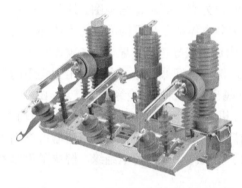

图 2-13　ZW32 柱上真空断路器典型外形

ZW32柱上真空断路器典型外形如图2-13所示，主要由固封极柱、电流互感器、弹簧机构和底座组成，可灵活匹配隔离断口。

ZW32采用了固体绝缘结构，将真空灭弧室、主导电回路、绝缘支撑等部件集成在一个固封极柱里，外绝缘体户外环氧树脂采用APG工艺注射而成，从而实现了开关真空灭弧室的小型化，并获得了优异的熄弧和绝缘能力。用硅橡胶和SMC不饱和树脂复合绝缘套管，机械强度高，外绝缘具有自洁功能，防污秽能力强。真空灭弧室的频繁操作性和集成固封极柱方式优良的环境耐受能力，可以满足配网自动化负荷调配和少维护的要求。

近年来，永磁技术的发展，为开关高压取能装置设计的永磁结构，以其具有满足自动化频繁操作和免维护性的特点，开始出现在配网自动化开关应用中。

针对配网自动化系统建设中需要解决自动化装置和通信装置的电源取能问题，在ZW32柱上真空断路器结构基础上，改进设计了一种电容取能的 ZW32G-12C/630-20D 型自取能智能真空断路器，是一种自带低压电源的紧凑型开关设备。

这种开关通过在断路器底座上加装电容分压互感器原理的取能装置，使断路器与取能装置一体化。电压取电方式不受负荷电流变化影响，因此，无需再为配网自动化装置专门安装电源。其一体化结构的设计方案使得设备体积小、重量轻，方便现场施工和安装，尤其适用于停电时间短、配电网线路走径长、地形复杂的地区。

总之，柱上断路器是配网目前普遍使用的柱上开关类设备，其自带的短路故障保护功能可以视为配电网初级自动化。目前，国内在配网设备选型时，经常把柱上断路器作为一款在未实施配网自动化系统时线路保护用的电气开关。随着配网自动化的实施，其保护功能由配网自动化系统来实现，断路器退而成为一款能够与配网自动化系统进行配合的负荷开关来使用。但作为以后与配网自动化系统配合的柱上断路器，断路器机构特性及预留的各种自动化接口是选型中特别需要注意的。

2.3.2 配网自动化对配网开关设备的要求

配网开关设备安装在配网线路重要分段点或联络点上，在配电终端控制下实现配网线路的运行监控、线路保护、故障处理等功能。配网设备点多面广、运行环境恶劣，配网开关设备尤其是附属操动机构和二次回路的故障率相对偏高，日益成为影响配网自动化应用水平提升的关键。配网自动化要求配网开关设备不仅要满足无油化、免维护、小型化和高可靠性的要求，同时还要满足频繁操作性和智能化等要求。

（1）开关设备应采用全绝缘、全密封、免维护设计。优选真空灭弧室作为开关灭弧、开断的核心元件；可采用零压 SF_6 气体作为外绝缘，实现小型化设计的同时又避免 SF_6 气体压力泄漏；操动机构寿命不低于万次，能适应频繁操作、无拒动和误动，整个机构可密闭在箱体内，避免传动障碍和裸露带来的生锈、腐蚀等问题。

（2）提高户外防湿、防尘和防凝露能力。开关（柜）运行在户外露天环境中，四季气温变化和每日温差，可能会使空气中水分凝结在绝缘件表面，或因密封性能不好形成呼吸效应，导致开关内部绝缘强度的降低。为防止凝露造成设备绝缘失效或配套二次回路短路引发事故，可根据设备类型采取防凝露措施：采用全密封出线全绝缘锥形电缆；提高绝缘件爬电距离；箱体内放置长效干燥剂；做好环网柜通风设计和电缆地沟进出线密封防护，避免大量湿气进入环网柜。

（3）配置满足自动化要求的传感器。实现遥信时应至少具备一组高可靠性的辅助触点；实现遥测时至少具备一组电压和电流互感器（测量与保护共用），电压互感器兼作终端供电电源，其容量在选取时应留有适当裕度。

（4）具有配套 DA 控制装置的接口。实现遥控时应具备电动操动机构，以及当地分合闸闭锁装置；操作电源宜采用直流，以方便后备电源供电。配网一次与二次设备接口采用一体化设计，接口优选航空插头，避免现场配线。

2.4 配电变压器

配电变压器是指在配电系统中将中压配电电压的功率变换成低压配电电压的功率，以供各种低压电气设备用电的电力变压器。配电变压器可按相数、冷却方式等特征分类。按相数分为单相变压器和三相变压器，按冷却方式分为干式变压器和油浸变压器，按照调压方式分为有载调压变压器和无载调压变压器。目前节能型、可调容调压、低噪声和智能化是配电变压器的发展趋势，在网运行的部分高能耗配电变压器正逐步被新型变压器所取代。

2.4.1 常见配电变压器类型

（1）普通油浸式配电变压器。油浸式配电变压器的铁心和绕组组成的变压器器身装在油箱内，油箱内充满变压器油。该配电变压器除具有铁心、绕组之外，还有散热器、油箱、吸湿器、油标和安全气道等附件。变压器油具有优良的绝缘性能、抗氧化性能和冷却性能。由于变压器油须经常跟踪检测油位、酸值、闪点、介质损耗、油中水分，因而油浸式变压器维护量较大，耐火性差。

（2）密封式油浸变压器。密封式油浸变压器采用真空注油法，在上桶箱盖装有压力释放阀，当变压器内部压力达到一定值时，压力释放阀动作，可排除油箱内的过压。密封式油浸变压器采用波纹式油箱，可以满足变压器运行中油热胀冷缩的需要。全密封式油浸变压器能实现少维修，用于户外，可逐步取代普通型油浸式配电变压器。

（3）干式变压器。干式变压器绕组的外绝缘分为环氧树脂浇注固体绝缘和非包封空气绝缘两种。环氧树脂浇注固体绝缘干式变压器具有结构简单、维护方便、防火阻燃、防尘等优点，可免去日常维护工作，被广泛应用于对消防有较高要求的场合，但为保证变压器组有良好的散热性能，需要配备自动控制的风机进行冷却。而非包封空气绝缘干式变压器的绕组外绝缘介质为空气的非包封结构，具有防火、防爆、无燃烧危险，绝缘性能好、防潮性能好，运行可靠性高，维修简单等优点。为保证变压器绕组具有良好的散热性能，干式变压器一般采用片式散热器进行自然风冷却，并适当增大箱体的散热面积。

（4）调容调压变压器。利用本体油箱内置调压开关和调容开关，自动或遥控改变变压器线圈各抽头位置和高压绕组接线形式（大容量时接成三角形、小容量时接成星形），在电压波动时使变压器低压侧电压输出稳定在合格范围内，提升供电质量；在用电负荷高峰时段，运行在大容量挡，在用电负荷低俗时段运行在小容量挡，降低变压器空载损耗。调容调压变压器主要应用于季节性或昼夜负荷变化幅度较大的城市居民区、商业区、工业区或农村电网，具备结构合理、适应性强、节能效果显著等特点。

2.4.2 结构特点与主要技术参数

配电变压器主要由铁心、绕组、套管和调压装置、绝缘介质、冷却介质组成。铁心既是变压器的主磁路，又是变压器身的机械骨架。绕组是构成变压器电路的部件，分为层式和饼式，一般由电导率较高的铜导线和铜箔绕制而成。套管用于将变压器内部绕组的高、低压引线与电力系统或用电设备进行电气连接，并保证引线对地绝缘。调压装置是控制变压器输出电压在指定范围内变动调节组件，通过改变一次和二次绕组的匝数比来改变变压器的电压变化，又称分接开关。调压装置分为无励磁调压装置和有载调压装置，无励磁调压装置是在变压器不带电条件下切换绕组中线圈抽头以实现调压的装置；有载调压装置是在变压器不中断运行的带电状态下进行调压的装置，通过由电抗器或电阻构成的过渡电路限流，把负荷电流由一个分接头切换到另一个分接头。配电变压器根据绝缘介质（冷却方式）的不同，分为油浸式变压器和干式变压器。变压器低压侧一般配置用电信息采集装置，户外设备还会安装JP柜，集配电、计量、保护、电容无功补偿于一体。

三相配电变压器的接线方式通常采用 Dyn11、Yyn0，宜优先选用 Dyn11。配电变压器容量通常从 100～250kVA 不等，柱上三相变压器容量不应超过 400kVA，配电室三相变压器容量不宜超过 800kVA，箱式变电站三相变压器容量一般不超过 630kVA。

2.5　配网典型接地方式

2.5.1　中性点接地方式

配网中性点接地方式是指配网中性点与大地之间的电气连接方式,又称为配网中性点运行方式。我国中压配网系统常用的接地方式可根据中性点需要采取中性点不接地、经消弧线圈接地以及经低电阻接地方式。

（1）中性点不接地。即配网中性点对地绝缘。其结构简单,运行方便,且不附加任何设备,较为经济。当发生单相接地故障时,流过故障点的电流为电容电流,远小于正常的负荷电流,故属于小电流接地方式。

（2）中性点经消弧线圈接地。即在配网中性点和大地之间接入一个电感线圈。发生单相接地故障时,消弧线圈电感与线路对地电容形成了并联谐振电路,使系统的零序阻抗值很大,故中性点经消弧线圈接地系统又称为谐振接地系统,消弧线圈产生的电感电流又称为补偿电流。经消弧线圈接地系统中故障点接地电流较小,电压恢复较慢,有利于电弧熄灭,从而免了单相接地故障产生的间歇性电弧接地过电压和铁磁谐振过电压。

（3）中性点经低电阻接地。即配网中性点经一个 5～10Ω 的电阻与大地相连。相比于中性点直接接地方式,接地电阻的存在显著降低了单相接地故障电流,但仍需快速切除故障线路,以减少对配网设备的损害。

中性点接地方式选择应根据配电网电容电流,统筹考虑负荷特点、设备绝缘水平以及电缆化率、地理环境、线路故障特性等因素,并充分考虑电网发展,避免或减少未来改造工程量。同时,在综合考虑可靠性与经济性的基础上,同一区域内宜统一中性点接地方式,有利于负荷转供;如难以统一,则不同中性点接地方式的配电网应避免互带负荷。

依据 Q/GDW 10370—2016《配电网技术导则》中的规定,按供电区域考虑,10kV 配网中性点接地方式宜符合表 2-6 的要求。

表 2-6　　　　　　　　　　　　供电区域适用的中性点接地方式

中性点接地方式	供电区域					
	A+	A	B	C	D	E
经低电阻接地	√	√	√	—	—	—
经消弧线圈接地	—	√	√	√	√	—
不接地	—	—	—	√	√	√

按单相接地故障电容电流考虑,10kV 配电网中性点接地方式的选择应符合以下原则:

（1）单相接地故障电容电流在 10A 及以下,宜采用中性点不接地方式。

（2）单相接地故障电容电流超过 10A 且小于 100～150A,宜采用中性点经消弧线圈接地方式。

（3）单相接地故障电容电流在 100～150A 以上，或以电缆网为主时，宜采用中性点经低电阻接地方式。

（4）同一规划区域内宜采用相同的中性点接地方式，以利于负荷转供。

2.5.2 不同接地方式下单相接地故障特征

现场运行数据表明，我国单相接地故障占配网故障的80%左右。在不同的接地方式下单相接地表现出不同的故障特征，为故障的查找和判断提供了理论依据。3 种接地方式的比较见表 2-7。

（1）中性点不接地。在中性点不接地方式中，由于单相接地故障电流小，所以保护装置不会动作跳闸，很多情况下故障能够自动熄弧，系统重新恢复到正常运行状态。由于单相接地时非故障相电压升高为线电压，系统的线电压依然对称，不影响对负荷的供电，提高了供电可靠性。然而随着城市电网电缆电路的增多，电容电流越来越大，当电容电流超过一定范围，接地电弧就很难自行熄灭了，可能导致火灾、过电压或诱发 TV 铁磁谐振等后果。

（2）中性点经消弧线圈接地。与中性点不接地系统相类似，经消弧线圈接地系统发生单相接地故障后，电网三相相间电压仍然对称，且故障电流小，通常不会引起保护动作，不影响对负荷的连续供电，但由于非故障相对地电压的大幅度增加（升为正常值的 1.732 倍），长时间运行易引发多点接地短路。另外，单相弧光接地还会引起全系统的过电压，进而损坏设备，破坏系统安全运行。

（3）中性点经低电阻接地。在这种接地方式下，接地短路电流应控制在 600～1000A，以确保流经变压器绕组的故障电流不超过每个绕组的额定值。同时，非故障相电压可能达到正常值的 1.732 倍，但不会对配网设备造成伤害。

表 2-7　　　　　　　　　常用中性点接地方式比较

	不接地	经消弧线圈接地	低电阻接地
单相接地电流	很小	最小	600～1000A
单相接地非故障相电压	等于或略大于 1.732 倍的相电压	1.732 倍的相电压	0.8～1.732 倍的相电压
弧光接地过电压	最高可达 1.732～3.5 倍相电压	可抑制在 2.5 倍相电压以下	可抑制在 2.8 倍相电压以下
操作过电压	最高可达 4～4.5 倍相电压	一般不大于 4 倍相电压	较低
重复故障可能性	大	小	较小
继电保护	分立元件灵敏度不易满足，单片机式可满足	采用 LH 系列和 ML 系列可满足	灵敏度高，可用简单零序电流保护
运行维护	简单	采用自动调谐产品简单，采用非自动调谐产品复杂	相对简单
综合技术装备水平	简单	较高	最高
人身设备安全	好	最好	差
接地装置投资	最小	中等	高
综合费用	最低	中等	高

第 3 章

10kV 配网继电保护

　　10kV 配网是电力系统向城市和乡镇提供生产及生活用电的主要方式，具有点多、线长、面广等特点，导致其线路故障发生率较高。10kV 配网必须配备继电保护装置，通过与配网自动化系统相互配合，可以实现故障的快速定位、隔离以及恢复非故障区域的供电，缩短了故障停电时间。本章内容围绕 10kV 配网继电保护展开，包括 10kV 配网故障简介、短路电流近似计算、继电保护技术以及小电流接地选线技术。

3.1　10kV 配网故障简介

3.1.1　配网故障的类型

　　我国 10kV 配网通常为小电流接地系统，其中性点采用不接地或者经消弧线圈接地的方式。图 3-1 所示为 10kV 配网故障类型示意图，其中，开关 K 闭合时，配网为中性点经消弧线圈接地系统，开关 K 断开时，配网为中性点不接地系统。

　　按照故障导线的相数以及故障接地情况，10kV 配网故障通常可以分为：

　　（1）单相接地故障，通常采用 $k^{(1)}$ 表示，如图 3-1（a）所示。

　　（2）两相故障，通常采用 $k^{(2)}$ 表示，如图 3-1（b）所示。

　　（3）两相接地故障，通常采用 $k^{(1,1)}$ 表示，如图 3-1（c）所示。

　　（4）三相故障，通常采用 $k^{(3)}$ 表示，如图 3-1（d）所示。

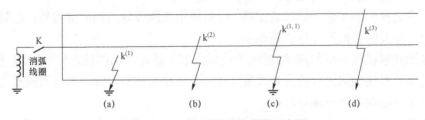

图 3-1　10kV 配网故障类型示意图

（a）单相接地故障；（b）两相故障；（c）两相接地故障；（d）三相故障

　　在所有类型故障中，单相接地故障 $k^{(1)}$ 的发生率最高。三相故障 $k^{(3)}$ 的危害最严重，通常作为继电保护门槛值整定的重要依据。按照故障后三相电气量的对称性，10kV 配网故障可分为：

　　（1）对称性故障，故障发生后三相电压和电流依然对称，三相故障 $k^{(3)}$ 属于对称性故障。

（2）不对称性故障，故障发生后三相电压和电流不对称，单相接地故障 $k^{(1)}$、两相故障 $k^{(2)}$ 以及两相接地故障 $^{(1,1)}$ 都属于不对称性故障。

3.1.2　配网故障的特点

与输电网线路故障相比，10kV 配网故障普遍具有接地比例高、瞬时故障多以及电弧不稳定三个显著的特点：

（1）接地比例高。有关资料统计显示，10kV 配网各类型故障所占比例依次为单相接地故障占 60%～80%；两相故障（包括对地短接）约占 15%；三相故障占比不到 5%，可见接地故障比例最高。

（2）瞬时性故障多。10kV 配网以瞬时性故障为主，故障持续时间较短。发生瞬时性故障时，如果直接利用保护出口跳闸切除故障，会造成不必要的停电损失。实际运行中通常利用重合闸来减小停电时间。

（3）电弧不稳定。10kV 配网故障电流较小，故障电弧可能会周期性地熄灭、重燃，形成间歇性电弧故障。某变电站 10kV 配网接地故障数据统计显示：15%的故障电弧不稳定，10%的故障存在间歇性电弧现象。

3.1.3　配网故障的原因

引起 10kV 配网故障的原因比较多，主要包括自然因素、设备原因、外力破坏、用户原因四个方面。

3.1.3.1　自然因素

10kV 配网线路通常采用架空导线，线路大多分布在山区、树林以及高海拔地区，发生雷击、风暴、大雪以及冰雹等自然灾害的频率很高。雷击会导致线路接触不良，雷击产生的瞬时电流超出配网的负荷能力，造成大范围的电网瘫痪。为了避免雷击引起的配网故障，常见的防雷措施包括：

（1）在规划配网线路的路径时，要尽量要避开雷区。

（2）正确选择和安装避雷针和避雷器，优先使用性能较好的间隙避雷器；定期开展避雷器耐压试验，并及时更换不合格的避雷器。

（3）定期开展接地电阻的测试，对接地电阻阻值不满足要求的接地体，通过补打接地极、加注降阻剂以及对接地网进行防腐处理等方式，确保接地体有足够的雷电泄流能力；条件允许的话，采用石墨烯等新型接地材料。

（4）条件允许的话，逐步淘汰针式绝缘子，安装防雷性能更好的防雷柱式绝缘子。

（5）加装过电压保护器和防雷导线耐张串。

由于架空线路导线的弧垂比较大，大风天气时导线会大幅摆动，极易发生短路故障。防范大风引起配网故障的措施主要包括：

（1）在配网线路规划阶段，应当收集当地的风力气象资料，线路尽量避开风力较大的区域。

（2）加强与气象部门的联系，提前获取大风预警信息，做好 10kV 配网的大风预警工作。

3.1.3.2　设备原因

设备原因是导致配网故障的重要因素，引起配网故障的设备原因主要包括：

（1）随着运行时间的积累，配网线路接头处发生严重的氧化和腐蚀，导致导线截面缩小，无法负载大电流的运行，进而导致配网发生故障。因此，运行人员应定期巡视线路，并及时更换严重氧化、腐蚀的线路接头元件。

（2）配网绝缘子长期暴露在空气中，绝缘子表面会附着大量的污秽物，在潮湿的条件下，绝缘子表面容易发生污闪放电现象，进而引起短路故障。因此，检修人员应定期清扫绝缘子，此外尽可能采用防尘绝缘子、玻璃绝缘子以及合成绝缘子。

（3）在许多农村偏远地区，配网仍采用并沟线夹连接导线，经常发生导线承受不住较大的负荷电流而发生短路的现象。

（4）随着配网规模的不断扩大，电磁式电压互感器和空载变压器等非线性电感设备的数量不断增加，使得感抗占据主导地位，倒闸操作时可能会产生铁磁谐振过电压，使得设备绝缘薄弱的位置被击穿，产生接地故障。防止铁磁谐振过电压的措施主要包括：

1）选用励磁特性较好的电磁式电压互感器；采用电容式电压互感器。

2）在电磁式电压互感器二次侧的开口三角形绕组处装设消谐器。

3.1.3.3　外力破坏

外力破坏导致配网发生故障在日常生活中比较常见，外力破坏因素主要包括：

（1）建筑工程的盲目施工，破坏了电缆绝缘层。

（2）鸟类在电线上筑巢，鼠类撕咬导线的绝缘层。

（3）树木生长碰触架空线路引发接地短路故障。

（4）风筝、反光膜落在线路上导致相间短路。

为了防止外力破坏导致配网故障，常见的防范措施包括：

（1）在杆塔醒目处喷涂反光漆，拉线上套反光拉线护管。

（2）加大施工现场巡视力度，及时制止破坏电力设施的行为。

（3）定期巡视配网设备，清除鸟窝、风筝、反光膜等杆塔异物。

（4）定期开展灭鼠、防鼠行动，更换绝缘层被破坏的设备。

（5）定期修剪配网线路沿线的树木。

（6）大力宣传保护电力设施活动的重要性。

3.1.3.4　用户原因

引起配网故障的用户原因主要包括：

（1）日常生产和生活中，部分用户违规使用超大功率用电设备，加速配网线路绝缘层老化。

（2）为了方便使用电器设备，部分用户随意将线路接在高压熔断器上，进而导致故障发生。

（3）部分用户缺乏对用电环境的维护，使得设备表面污物较多，容易引发污闪事故，进而导致配网故障的发生。

（4）个别配网线路所带设备数量过多，部分农村地区甚至出现在一根 10kV 配网线路挂接几十台用户配电变压器的情况，导致线路长期处于过负荷状态。

表 3-1 所示为某县 10kV 配网故障分析统计表，由表 3-1 可知自然因素占比最高，高达 33%，主要原因是该县位于山区地带，供电线路长且较为分散，其 10kV 配网主要采用架空线路供电。

表 3-1　　　　　　　　　　　　某县 10kV 配网故障分析统计表

故障原因	自然因素	设备原因	外力破坏	用户原因	其他
占比（%）	33%	18%	15%	19%	15%

3.1.4　配网故障的危害

10kV 配网故障的危害较多，主要包括破坏电气设备、威胁系统稳定性以及带来停电损失三个方面。全面清晰地认识 10kV 配网故障危害，有助于供电企业采取措施防范故障发生。

（1）破坏电气设备。配网发生故障后，会在短时间内产生极大的短路电流，使得设备温度急剧升高，加速设备绝缘层的老化，甚至烧毁设备。此外，短路电流会产生很大的电动力，导致电气设备变形、扭曲。因此电气设备制造厂家在设计时应保留一定的安全余量。

（2）威胁系统稳定性。10kV 配网故障普遍具有电弧不稳定的特点，接地点电弧周期性熄灭与重燃，导致配网运行状态不断变化，导致电磁能发生强烈振荡，破坏系统的稳定性，甚至引起配网停运。

（3）带来停电损失。配网故障会导致停电事件，给用户带来一定的经济损失。相关统计表明：长时间停电导致中国城市用户的平均停电损失率接近 50 元/kWh；短时间停电会导致电压暂降，影响对电压敏感用电设备的运行。因此，通常要求用电设备具有一定的电压暂降穿越能力。

3.2　10kV 配网线路短路电流近似计算

配网近似短路电流值是继电保护门槛值整定的重要依据，也被用于选择电气主接线方案以及电气设备的动稳定、热稳定的校验。本节介绍 10kV 配网线路短路电流的近似计算公式，近似计算的条件为：

（1）假定线路三相参数对称。

（2）忽略负荷、线路分布电容及其并联补偿电容器的影响。

该计算方法公式简单，便于手工计算，适用于线路长度不大于 10km 的配网系统。对于长度超过 10km 的配网系统，随着线路长度的增加，短路电流的计算误差也在增加。

由于 10kV 配网大多为放射式网络，这里仅介绍放射式网络的短路电流近似计算。

3.2.1 三相短路电流近似计算

（1）稳态短路电流。配网线路的三相短路故障电流有效值的近似计算公式为

$$I_k^{(3)} = \frac{cU_N}{\left| Z_{s1} + Z_{L1} + R_k \right|} \tag{3-1}$$

式中：U_N 为系统额定电压；c 为电压系数；Z_{s1} 为变电站母线后的系统正序阻抗；Z_{L1} 为故障回路（变电站母线到故障点之间的线路与参考地构成的回路）的正序阻抗；R_k 为故障过渡电阻。

故障回路正序阻抗 Z_{L1} 等于短路电流流过的线路区段的正序阻抗之和。以图 3-2 所示的放射式线路为例，在 k1 发生故障时，故障回路的正序阻抗 Z_{L1} 为

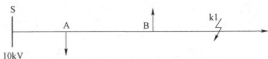

图 3-2　三相短路故障短路电流计算

$$Z_{L1} = Z_{SA} + Z_{AB} + Z_{Bk1} \tag{3-2}$$

式中：Z_{SA} 为母线到 A 点线路的正序阻抗；Z_{AB} 为 A 点到 B 点线路的正序阻抗；Z_{Bk1} 为 B 点到故障点 k1 线路的正序阻抗。

如果已知母线处额定短路容量 S_k 与额定线电压 U_{LP}，可计算出系统正序阻抗值为

$$\left| Z_{s1} \right| = \frac{U_{LP}^2}{S_k} \tag{3-3}$$

我国 10kV 配网额定短路容量为 100～500MVA，三相短路电流有效值的最大值为 6～30kA，系统正序阻抗值为 1.0～0.22。根据国家有关标准要求，计算 10kV 配网线路最大短路电流与最小短路电流时电压系数 c 分别取值为 1.1 和 1.0。

（2）暂态短路电流。前面计算的是三相短路电流的稳态有效值。实际上，暂态短路电流中存在大量的非周期分量，使得暂态三相短路电流有效值大于稳态有效值，暂态三相短路电流的表达式为

$$i_k = i_{pm} \sin(\omega t + \alpha - \varphi_k) + [I_m \sin(\alpha - \varphi) - i_{pm} \sin(\alpha - \varphi_k)] e^{-\frac{t}{T_a}} \tag{3-4}$$

式中：I_m 为系统正常运行时的电流幅值；α 为电源电压相位角；φ 为系统正常运行时电流与回路电压之间的夹角；φ_k 为短路电流与回路电压之间的相角；T_a 为非周期分量电流的衰减时间常数；i_{pm} 为短路周期分量电流的幅值。

短路电流周期分量表达式为

$$i_{kp} = i_{pm} \sin(\omega t + \alpha - \varphi_k) \tag{3-5}$$

短路电流非周期分量表达式为

$$i_{knp} = [I_m \sin(\alpha - \varphi) - i_{pm} \sin(\alpha - \varphi_k)] e^{-\frac{t}{T_a}} \tag{3-6}$$

三相短路电流的最大瞬时值出现在短路发生后约半个周期，它不仅与周期分量的幅值有关，也与非周期分量的起始值有关。最严重的短路情况下，三相短路电流的最大瞬时值称为冲击电流。

三相短路冲击电流与短路相角和电网时间常数有关，短路相角越小，时间常数越大，则冲击电流幅值越高，最大可达到稳态短路电流有效值的 2.8 倍。

3.2.2 两相短路电流近似计算

图 3-3 所示为两相短路时的复合序网，其中，U_P 为系统等效电压源的相电压；Z_{S1}、Z_{S2} 分别为变电站母线后系统的正序阻抗与负序阻抗；Z_{L1}、Z_{L2} 分别为故障回路的正序阻抗与负序阻抗；R_k 为短路点的过渡电阻。

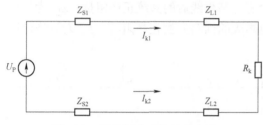

图 3-3　两相短路时的复合序网

三相对称线路的正序阻抗与负序阻抗相等；由于 10kV 配网远离系统电源，可忽略系统负序阻抗与正序阻抗的差别，两相短路电流有效值的近似计算公式为

$$I_k^{(2)} = \frac{\sqrt{3}cU_N}{\left|2(Z_{S1} + Z_{L1}) + R_k\right|} \tag{3-7}$$

对于金属性接地故障，其过渡电阻为零，则有

$$I_k^{(2)} = \frac{\sqrt{3}}{2}I_k^{(3)} \approx 0.87I_k^{(3)} \tag{3-8}$$

由式（3-8）可知，两相金属性短路电流的有效值是三相金属性短路电流的 0.87 倍。

3.2.3 单相接地短路电流近似计算

图 3-4 所示为接地配网发生单相接地短路时的复合序网，其中，Z_{S0} 是变电站 10kV 母线后系统的零序阻抗；Z_{L0} 为故障线路的零序阻抗，其余参数同图 3-3 所示电路。

大电流接地配网的单相接地短路电流有效值计算公式为

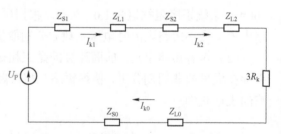

图 3-4　单相接地短路时的复合序网

$$I_k^{(1)} = \frac{3cU_N}{\left|2Z_{S1} + 2Z_{L1} + Z_{S0} + Z_{L0} + 3R_k\right|} \tag{3-9}$$

在中性点接地配网中，Z_{S0} 等于主变压器零序阻抗 Z_{t0}。在小电阻接地配网中，$Z_{S0} = 3R_n + Z_{t0}$，其中 R_n 为主变压器中性点接地电阻。在实际系统中 R_n 远大于 Z_{t0}、Z_{S1}、Z_{L1}、Z_{L0}，因此式（3-9）可简化为

$$I_k^{(1)} = \frac{3cU_N}{\left|3R_n + 3R_k\right|} \tag{3-10}$$

由公式（3-10）可知，小电阻接地配网单相接地短路电流的大小主要取决于中性点接地电阻与故障点过渡电阻。

3.2.4 两相接地短路电流近似计算

两相接地短路时的复合序网如图 3-5 所示，其参数与图 3-3 相同。

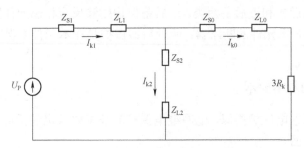

图 3-5 两相接地短路时的复合序网

发生两相接地短路时，两个故障相的短路电流相等，其有效值计算公式为

$$I_k^{(1,1)} = \left| \frac{\sqrt{3}(Z_0 + 3R_k - aZ_1)cU_N}{Z_1(Z_1 + 2Z_0 + 6R_k)} \right| \tag{3-11}$$

式中：$Z_1 = Z_{S1} + Z_{L1}$，$Z_0 = Z_{S0} + Z_{L0}$，$a = e^{j120}$，为运算因子。

两相接地短路时故障点接地电流有效值为

$$I_{kg}^{(1,1)} = \frac{3cU_N}{|Z_1 + 2Z_0 + 6R_k|} \tag{3-12}$$

在小电阻接地配网中，Z_0 远大于 Z_1，式（3-11）和式（3-12）进一步简化为

$$\begin{cases} I_k^{(1,1)} = \left| \dfrac{\sqrt{3}cU_N}{2Z_1 + R_k} \right| \approx I_k^{(2)} \\[3mm] I_{kg}^{(1,1)} = \dfrac{3cU_N}{|Z_1 + 2Z_0 + 6R_k|} \approx 0.5 I_k^{(1)} \end{cases} \tag{3-13}$$

由式（3-13）可知，小电阻接地配网发生两相接地短路时故障相短路电流与两相短路时基本相等，故障点接地电流大约是单相接地故障时短路电流的 0.5 倍。

3.3 10kV 配网继电保护技术

配网电力设备（输电线路、母线、变压器等）不允许无保护运行，本节主要介绍 10kV 配网继电保护技术的相关知识，包括继电保护的基本概念、继电保护配置原则、相间故障继电保护等内容。

3.3.1 继电保护的基本概念

配网保护装置检测到系统异常运行时，会向运行人员发出报警信号；保护装置检测到配网发生故障时，会向断路器发出跳闸命令来切除故障元件，缩小故障停电范围，减少

停电时间。

根据功能的不同，继电保护可分为主保护与后备保护两类。主保护在检测出被保护范围内发生故障后，立即发出跳闸命令，后备保护则需要等待一段时间。

后备保护分为远后备和近后备两类。远后备保护能够反应相邻元件发生的故障，在相邻元件保护拒动时，跳开本元件的断路器；而近后备保护是在本元件主保护拒动时，发出跳闸命令。

3.3.1.1 继电保护的基本要求

与发输电系统的继电保护类似，配网继电保护的基本要求也包括可靠性、速动性、选择性以及灵敏性四个方面。

（1）可靠性。要求保护装置该动作时要动作，即不拒动；不该动作时不动作，即不误动，可靠性是继电保护装置最根本要求，为保证可靠性，宜选用性能满足要求、原理尽可能简单的保护方案。

（2）速动性。要求保护装置尽可能快速地切除故障，减小短路电流对电气设备的破坏，缩短故障停电时间，缩小停电范围，降低用户停电损失。

（3）选择性。要求由被保护元件自身的保护切除故障，当自身的保护拒动时，才允许由相邻设备的保护动作切除故障，以缩小停电范围。

（4）灵敏性。要求保护装置能够反应保护范围内各类故障和异常运行状态，即保护装置不受故障位置、过渡电阻、故障类型等因素的影响。

在满足四个基本要求的前提下，继电保护也要考虑经济性要求，要尽可能减小投资。事实上，受电网运行方式、装置性能等因素的影响。保护装置的选择性、灵敏性和速动性通常不能兼顾。因此，在保护门槛值整定时，要保证基本的灵敏系数要求，同时按照以下原则合理取舍：

（1）地区电网服从主系统电网。

（2）下一级电网服从上一级电网。

（3）保护电力设备的安全。

（4）保障重要用户供电。

3.3.1.2 继电保护的基本原理

配网发生故障后，会出现明显的电气量变化现象，例如电压降低、电流增大、阻抗角变化等。利用配网正常运行与故障状态时电气量的区别，可以构成不同原理的继电保护。

（1）过电流保护。利用故障后电流增大的特征构建保护判据，故障电流超过动作电流门槛值时，保护装置动作切除故障，三段式电流保护就属于过电流保护。

（2）低电压保护。利用故障后电压降低的特征构建保护判据，故障电压低于动作电压门槛值时保护动作切除故障。

以上保护通常利用稳态工频电气量，需要一个周期的信号检测与判断时间，导致其动作速度较慢。近几年，利用故障暂态电气量的保护成为新的研究热点，已开发出多套配网线路暂态量保护装置，实际应用效果良好。

一套完整的继电保护装置通常由测量比较部分、逻辑判断部分和执行输出部分构成，图3-6所示为继电保护装置结构图。

图3-6　继电保护装置结构图

（1）测量比较。测量被保护元件能够反应故障或不正常运行状态的特征信号，并与启动整定值进行比较，判断保护装置是否应该启动，若判定保护启动，则进入逻辑判断环节，反之保护返回。

（2）逻辑判断，对测量比较的输出信号进行逻辑判断，确定是否发出断路器跳闸信号或者异常报警信号，若判定需要发出信号，则进入执行输出环节，反之保护返回。

（3）执行输出。根据逻辑判断部分的输出信号，确定保护装置如何动作，在故障时控制断路器跳闸，在不正常运行时发出报警信号。

3.3.1.3　配网继电保护的特点

配网的结构和功能与输电网存在明显的差异，这使得配网继电保护与输电网继电保护有诸多显著的不同。

（1）保护目的不同。输电网保护的主要目的是确保系统运行的稳定性，防止电网出现发生大面积瘫痪。配网位于系统的末端，电压等级较低，其保护的主要目的是减小故障对电气设备的破坏，降低用户的停电损失。

（2）保护配置不同。与输电网系统相比，配网结构比较简单，主要采用单电源辐射状网络，所以配网故障危害程度小于输电网。因此配网保护配置比较简单，主要以三段式电流保护为主，保护动作时限也较长。

（3）普遍使用熔断器。为减少保护装置的投资，实际工程中配网大量使用熔断器，熔断器保护结构简单、造价低。此外，熔断器具有反时限保护特性，保护速动性更好。

3.3.1.4　配网继电保护面临的问题

我国对配网继电保护的重视程度远不及输电网，对配网的关注大多集中在网架建设以及自动化方面，导致中国配网保护技术目前面临许多问题。

（1）小电流接地故障选线准确性不高。配网的电压等级较低，且大多采用小电流接地方式，使得配网发生故障时，故障电流非常微弱，不利于保护采样装置的提取。此外，配网故障普遍存在电弧不稳定的情况，导致小电流接地选线装置在实际应用中效果不佳，部分运行人员仍采用人工拉线方式筛查故障线路。

（2）高阻故障保护可靠性不高。与输电网继电保护类似，配网保护也面临高阻故障保护的难题。高阻故障时，保护装置特征信号微弱难以提取，往往会导致保护装置的误动作。近几年，学者提出多种解决高阻接地故障的保护技术，但是在实际应用中可靠性都不高。

（3）分布式电源接入后的保护误动作。传统配网大多采用单电源辐射状网络结构，潮流沿一个方向流动，所以配网保护装置通常不配备方向保护元件。近几年，越来越多的光伏、风机等电源接入配网中，使配网变成多电源网络，潮流流向变得非常复杂，导致传统保护装置误动作。

（4）用户对供电质量的要求越来越高。随着高科技产业的不断发展，配网停电带来的损失越发严重，用户对供电质量要求日益提高，供电企业必须设法提高配网供电质量。衡量供电质量的指标主要包括供电可靠性和电压合格率。

3.3.1.5　配网继电保护发展趋势

通过追踪近几年配网继电保护发展方向，发现配网继电保护发展趋势呈现以下特点：

（1）更加重视供电质量。近几年，传统用户日益重视供电质量，芯片、面板等高技术产业发展日新月异，此类行业对供电质量要求极高，倒逼供电企业提升配网供电质量，不仅要提高供电可靠性，还要改善电压合格率。

（2）保护配置更加高级。传统配网保护以三段式电流保护为主，受接线方式、过渡电阻等因素影响，三段式电流保护动作可靠性不高。为了提高供电可靠性，未来可配置更高级的保护，例如可以配置差动保护，差动保护具有绝对选择性，可以快速切出故障，减小用户停电损失。

（3）与馈线自动化配合更加密切。馈线自动化可以实现快速定位、隔离故障以及恢复非故障区域的供电，保护与馈线自动化密切配合，可以大幅缩小停电范围，减小停电时间，馈线自动化将在未来配网中发挥重要作用。

（4）解决分布式电源接入问题。近几年，随着分布式电源（光伏、风机）的大量接入，配网变成有源网络，潮流分布变得更加复杂，传统配网保护已经很难适应有源配网。近几年，依靠计算机技术和通信技术的智能电网发展迅速，为以后解决有源配网保护提供了依据。

3.3.2　配网继电保护配置原则

按照相关国家标准和行业标准要求，对于 10kV 中性点非有效接地的配网线路，其相间短路和单相接地可以按以下规定装设相应的保护。

3.3.2.1　相间故障保护配置原则

10kV 配网相间短路保护配置必须满足以下要求：

（1）保护装置如由电流继电器构成，应接于两相电流互感器上，并在同一网路的所有线路上，均接于相同两相的电流互感器上。

（2）如果线路短路使发电厂厂用母线或重要用户母线电压低于额定电压的 60% 以及线路导线截面过小，不允许带时限切除短路时，应快速切除故障。

（3）过电流保护的时限不大于 0.5～0.7s，且没有（2）条所列情况，或没有配合上要求时，可不装设瞬动的电流速断保护。

（4）保护应采用远后备方式。对相间短路，应按下列规定装设继电保护：

1）单侧电源线路。可装设两段过电流保护，第一段为不带时限的电流速断保护；第二段为带时限的过电流保护，保护可采用定时限或反时限特性。带电抗器的线路，如其断路器不能切断电抗器前的短路，则不应装设电流速断保护。此时，应由母线保护或其他保护切除电抗器前的故障。自发电厂母线引出的不带电抗器的线路，应装设无时限电流速断保护，其保护范围应保证切除所有使该母线残余电压低于额定电压 60% 的短路。为满足这一要求，必要时保护可无选择性动作，并以自动重合闸或备用电源自动投入来补救。保护装置仅装在线路的电源侧。线路不应多级串联，以一级为宜，不应超过两级。

2）双侧电源线路。可装设带方向或不带方向的电流速断保护和过电流保护；短线路、电缆线路、并联连接的电缆线路宜采用光纤电流差动保护作为主保护，带方向或不带方向的电流保护作为后备保护；并列运行的平行线路尽可能不并列运行，当必须并列运行时，应配以光纤电流差动保护，带方向或不带方向的电流保护作后备保护。

3）环形网络的线路。10kV 配网不宜出现环形网络的运行方式，应开环运行。当必须以环形方式运行时，为了简化保护，可采用故障时将环网自动解列而后恢复的方法。

4）发电厂厂用电源线。发电厂厂用电源线（包括带电抗器的电源线），宜装设纵联差动保护和过电流保护。

3.3.2.2 单相接地保护配置原则

在发电厂和变电站母线上，应装设单相接地监视装置。监视装置反应零序电压，动作于信号。有条件安装零序电流互感器的线路，如电缆线路或经电缆引出的架空线路，当单相接地电流能满足保护的选择性和灵敏性要求时，应装设动作于信号的单相接地保护。如不能安装零序电流互感器，而单相接地保护能够躲过电流回路中的不平衡电流的影响，例如单相接地电流较大，或保护反应接地电流的暂态值等，也可将保护装置接于三相电流互感器构成的零序回路中。

在出线回路数不多，或难以装设选择性单相接地保护时，可用依次断开线路的方法，寻找故障线路，根据人身和设备安全的要求，必要时，应装设动作于跳闸的单相接地保护。对线路单相接地，可利用下列电流，构成有选择性的电流保护或功率方向保护：

（1）网络的自然电容电流。

（2）消弧线圈补偿后的残余电流，例如残余电流的有功分量或高次谐波分量。

（3）人工接地电流，但此电流应尽可能地限制在 10～20A。

（4）单相接地故障的暂态电流。

可能时常出现过负荷的电缆线路，应装设过负荷保护。保护宜带时限动作于信号，必要时可动作于跳闸。10kV 经低电阻接地单侧电源单回线路，除配置相间故障保护外，还应配置零序电流保护。可用三相电流互感器组成零序电流滤过器，也可加装独立的零序电流互感器，视接地电阻阻值、接地电流和整定值大小而定。应装设二段零序电流保护，第一段为零序电流速断保护，时限宜与相间速断保护相同，第二段为零序过电流保护，时限宜与相间过电流保护相同。若零序时限速断保护不能保证选择性需要时，也可以配置两套零序过电流保护。

3.3.3 配网继电保护技术

10kV 配网线路以放射式结构为主，具有接线简单、线路长度较短的特点。在实际工程应用中，10kV 配网普遍采用三段式电流保护，具有结构简单、动作快速以及易于整定的优点。

3.3.3.1 三段式电流保护

三段式电流保护包括瞬时电流速断保护（电流 I 段保护）、限时电流速断保护（电流 II 段保护）以及定时限过电流保护（电流 III 段保护），这三种电流保护分别按照不同的原则来整定动作电流和动作时限。

（1）瞬时电流速断保护。瞬时电流速断保护，简称电流速断保护，一般用在单电源辐射线路上，当保护检测到电流超过保护整定值时立即动作向断路器发出跳闸命令，图 3-7 所示为瞬时电流速断保护工作原理图。

图 3-7 瞬时电流速断保护工作原理图

如图 3-7 所示，在线路 L1 和 L2 的首端均装设了瞬时电流速断保护，即保护 1 和保护 2。为保证选择性，当线路 L2 首端 k 点发生短路时，保护 1 的瞬时电流速断保护不应该动作，所以，保护 1 的动作电流应大于本线路末端母线 B 处短路时可能出现的最大短路电流，即母线 B 处在最大运行方式（电源阻抗最小）下的三相短路电流 $I_{k.B.max}^{(3)}$，即

$$I_{set.1}^{I} = K_{rel}^{I} \cdot I_{k.B.max}^{(3)} \tag{3-14}$$

式中：K_{rel}^{I} 为可靠系数，一般取 1.2～1.3。

瞬时电流速断保护的优点是动作迅速，缺点是不能保护线路的全长。瞬时电流速断保护的动作时限通常为 10～40ms，主要包含电流继电器和出口中间继电器的固有动作时间。为了防止线路过电压时管型避雷器放电导致的保护误动，通常加入 40～80ms 的保护动作延时。

瞬时电流速断保护一般采用保护范围的大小来衡量保护灵敏性。通常配网在最小运行方式下的两相短路时，其电流速断的保护范围最小。

（2）限时电流速断保护。为了克服瞬时电流速断保护不能保护线路全长的缺点，通常会另外配备一套带时限的电流速断保护，简称限时电流速断保护，其主要作用是切除被保护线路上瞬时电流速断保护区以外的故障。

由于本级线路的限时电流速断保护与相邻下一级线路的瞬时电流速断保护存在保护范围部分重合的问题，为了保证选择性，本级线路的限时电流速断保护必须与相邻下一级线路的瞬时电流速断保护相互配合。

如图 3-8 所示，保护 1 的限时电流速断保护的动作电流应与保护 2 的瞬时电流速断保护的动作电流相配合，保护 1 限时电流速断保护的动作电流应大于保护 2 的瞬时电流速断保

护，即

$$I_{\text{set.1}}^{II} = K_{\text{rel}}^{II} \cdot I_{\text{set.2}}^{I} \qquad (3-15)$$

式中：K_{rel}^{II} 为可靠系数，一般取 1.1～1.2

保护 1 的限时电流速断保护的动作时限应比保护 2 瞬时电流速断保护的动作时限大一个时限级差 Δt，即

$$t_1^{II} = t_2^{I} + \Delta t \qquad (3-16)$$

Δt 可以确保下一线路电流速断保护范围内发生故障时，本母线处保护不会在下一线路速断保护动作切除故障之前误动作，Δt 通常取为 0.5s。

为了能够保护本线路的全长，要求限时电流速断保护必须在系统最小运行方式下，线路末端发生两相短路时具有足够的反应灵敏度，通常用灵敏系数来衡量，以保护 1 的限时电流速断保护为例，其灵敏系数 K_s 为

$$K_s = \frac{I_{\text{k.min}}}{I_{\text{set.1}}^{II}} \qquad (3-17)$$

式中：$I_{\text{k.min}}$ 是最小运行方式下线路 L1 末端发生两相短路时的短路电流值。

为了确保本级线路末端短路时保护不拒动，通常要求限时电流速断保护的灵敏系数 $K_s \geqslant$ 1.3。限时电流速断保护克服了瞬时速断保护不能保护线路全长的缺点，也可以作为下一级瞬时电流速断保护的远后备保护。瞬时电流速断保护与限时电流速断保护相互配合，可以实现线路保护的全覆盖。

图 3-8　限时电流速断保护的工作原理图

（3）定时限过电流保护。定时限过电流保护不仅能保护本线路全长，而且也能保护相邻下一级线路全长，主要作为本线路的近后备保护以及下一级相邻线路的远后备保护。为确保正常运行情况下过电流保护绝不误动，要求过电流保护的动作电流大于线路最大负荷电流。

为了保证选择性，过电流保护的动作时限的选择满足阶梯性原则，即从电源侧到负荷侧逐级增大动作时限，动作时限级差 Δt 通常选 0.5s 或 0.3s。

定时限过电流保护继电保护的动作时间是固定的，与短路电流的大小无关，通过设置时间继电器来调整动作时间，时间继电器在一定范围内是连续可调的，定时限过电流保护是由电磁式时间继电器、电磁式中间继电器、电磁式电流继电器以及电磁式信号继电器构成的。它一般采用直流操作，必须设置直流屏。

10kV 中性点不接地系统中，广泛采用两相两继电器的定时限过电流保护。它是由两支电流互感器和两支电流继电器、一支时间继电器和一支信号继电器构成。瞬时电流速断保护与定时限过电流保护的原理基本相同，区别是其中一支时间继电器被电磁式中间继电器所取代。定时限过电流保护动作时限选择如图 3-9 所示。

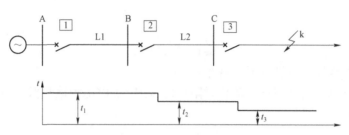

图 3-9 定时限过电流保护动作时限选择示意图

3.3.3.2 反时限过电流保护

三段式电流保护的动作电流与动作时限均为固定值，动作时限的配合会导致靠近电源的保护动作延时过大，无法满足保护的速动性要求。反时限过电流保护的动作时限随着动作电流的增大而减小，可以在保证选择性的前提下，使靠近电源侧的保护具有较快的动作速度。

反时限过电流保护虽外部接线简单，但内部结构十分复杂，调试也比较困难；在灵敏度和动作准确性、速动性等方面远不如电磁式继电器及集成电路构成的继电保护装置，因此反时限过电流保护在中国配网中应用较少。

按照 IEC 60255-151《量度继电器和保护装置 第 151 部分：过/欠电流保护功能要求》的规定，反时限过电流保护的动作特性表达式为

$$t(I) = K_{\text{TMS}} \times \left[\frac{k}{(I/I_s)^{\alpha} - 1} + c \right] \tag{3-18}$$

式中：I_s 是启动电流，测量电流大于 I_s 时，保护启动；k、c、α 为决定曲线特性的常数，k 和 c 的单位是秒（s）；α 无量纲；K_{TMS} 为时间系数定值，用来调整保护的动作时限。

当测量电流等于启动电流定值 I_s 时，保护的动作时间为无穷大，可以理解为保护不动作。因此需定义一个保证保护动作的最小电流 I_{op}，称为最小动作电流定值；对应的动作时间 t_{op} 称为最小动作电流动作时限。

保护的最小动作时限等于电流为 I_D 时的反时限过电流保护动作的时间，即将 I_D 代入式（3-18）求得函数值

$$t_D = K_{\text{TMS}} \times \left[\frac{k}{(I/I_s)^{\alpha} - 1} + c \right] \tag{3-19}$$

3.3.3.3 低电压闭锁过电流保护

对于线路长度较大的配网，线路末端发生故障时，相间短路电流与负荷电流通常差异较小，使得电流保护灵敏度不能满足要求，通过引入低电压保护元件作为闭锁元件，可以解决这个问题。低电压元件的输出与过电流元件的输出相串联，只有两个元件都动作时，保护才能发出动作命令。

配网正常运行时测量电压基本为额定值，低电压元件不会动作，即使过电流元件动作，保护也不会发出跳闸命令。因此可以降低过电流保护的动作定值，按躲过正常工作负荷电流整定，从而提高保护灵敏度。

低电压元件的整定原则是躲过配网正常运行时最低允许的工作电压,其一次电压定值的计算公式为

$$U_{set} = \frac{U_{w.min}}{K_{re}K_{rel}} \quad (3-20)$$

式中:K_{re} 为返回系数,一般取为 1.25;K_{rel} 为可靠系数,一般取为 1.1~1.25;$U_{w.min}$ 为配网正常运行时最低允许的工作电压,一般取为额定电压 U_N 的 95%。

3.3.3.4 三段式零序电流保护

大电流接地配网正常运行时,系统不存在零序电流,而发生两相接地或单相接地故障时,将会出现较大的零序电流,因此可以利用零序电流构成零序电流保护。

类似于三段式电流保护,三段式零序电流保护也分为瞬时零序电流速断保护、限时零序电流速断保护和定时限零序过电流保护,其工作原理及整定原则也与三段式电流保护类似。

瞬时零序电流速断保护的整定原则是动作电流躲过相邻下一级线路首端发生接地时流过保护安装处的最大零序电流,即

$$I_{set}^{I} = K_{rel} \cdot I_{max.0} \quad (3-21)$$

式中:K_{rel} 为可靠系数,通常取 1.25~1.3;$I_{max.0}$ 为相邻下一级线路首端单相接地时流过保护安装处的最大零序电流。

限时零序电流速断保护应与下一级相邻线路的零序电流速断保护相配合,要求在线路末端发生接地短路时的灵敏系数 $K_s \geq 1.3$。若 K_s 不能满足要求,则可改为与相邻下一级线路的限时零序电流速断保护相配合,这时保护的动作时限需要增加动作延时 Δt。

定时限零序过电流保护的动作电流应躲过正常运行时保护输入的最大零序电流。系统正常运行时,一次系统中的零序电流可以忽略,但如果采用三相电流互感器并联或三相电流采样值相加的方法获取零序电流,则可能由于三相电流互感器之间特性上的差异,出现零序不平衡电流。设零序不平衡电流的最大值为 $I_{imb.max}$,定时限零序过电流保护的动作电流值整定为

$$I_{set}^{III} = K_{rel} \cdot I_{imb.max} \quad (3-22)$$

式中:K_{rel} 为可靠系数,可以取 1.1~1.2;$I_{imb.max}$ 根据经验可取 2~4A。

作为本线路接地短路的后备保护时,定时限零序过电流保护应按本线路末端发生短路时的最小零序电流校验,要求 $K_s \geq 2$;作为下一级相邻线路的后备保护时,应按下一级线路末端接地短路时的最小零序电流校验,要求 $K_s \geq 1.5$。

3.3.4 配网继电保护的影响因素

3.3.4.1 励磁涌流对继电保护的影响

10kV 配网中含有大量的配电变压器,在变压器合闸投入电网瞬间,当系统阻抗较小时,变压器会产生较大的励磁涌流。由于 10kV 配网主要采用三段式电流保护,瞬时电流速断保护为了兼顾保护的灵敏度,动作电流整定值较小,当线路长度较大时励磁涌流值可能大于动

作电流，进而导致保护误动作。由于励磁涌流具有衰减特性，通过给电流速断保护加入一定的时间延时，可以抑制励磁涌流引发的保护误动作。

3.3.4.2　互感器饱和对继电保护的影响

随着配网规模的日益壮大，配网短路电流不断增加，甚至达到电流互感器一次额定电流的几百倍，进而导致电流互感器出现饱和现象。此外，由于短路电流非周期分量的大量存在，也加速了电流互感器的饱和。电流互感器严重饱和导致二次侧感应电流为零，流过电流继电器的电流为零，保护装置就会拒动。

为了避免互感器饱和对配网保护的影响，保护电流互感器的变比最好大于 300/5，此外，尽量减少电流互感器的二次负载阻抗，以及避免保护和计量共用电流互感器，缩短电流互感器二次电缆长度并加大二次电缆截面。尽可能选用保护测控二合一产品，这样能有效减小二次回路阻抗，防止电流互感器出现饱和现象。

3.3.4.3　分布式电源接入对继电保护的影响

10kV 配网以单电源辐射状结构为主，电流单向流动，近几年分布式电源大量接入配网，分布式电源向系统输出电流，使得传统配网变成电流双向流动的有源配网，故障电流也双向流动，有可能导致传统保护误动。此外，分布式电源接入处的电压和潮流分布都发生变化，短路电流会随着系统等值阻抗的变化而变化，使得保护动作电流的整定变得更加复杂。

为了克服分布式电源接入对保护的影响，部分学者提出了自适应电流速断保护技术，即根据系统当前运行方式和输出功率自适应地调整保护定值，极大改善了 10kV 配网保护的性能。

3.4　10kV 配网小电流接地选线

10kV 配网通常采用小电流接地方式，发生单相接地故障时接地点故障电流比较小，因此保护不会立即跳闸，可带故障运行不超过 2h。而非故障相对地电压升高为线电压，长时带故障运行会严重威胁设备的绝缘安全，进而引发两相接地短路故障，威胁人身安全。此外，弧光放电接地还会引起系统过电压，影响电力系统的安全运行和电能质量。

为了解决小电流接地故障的选线问题，国内外学者提出了多种配网小电流接地选线方法，由于故障信号微弱、电弧不稳定等原因，小电流接地故障选线装置在实际工程应用中效果不尽人意，运行人员往往采用人工拉路的方法查找故障线路，即根据运行经验及线路的重要程度设置拉路顺序，依次跳开线路出线开关后闭合，观察接地信号变化情况，据此选出故障线路，该方法简单易行，但是会导致用户的短时停电。

10kV 配网小电流接地选线的方法较多，大体可以分为稳态量选线法、暂态量选线法以及基于人工智能理论的选线法几大类。根据选线特征信号来源的不同，稳态量选线法又分为被动选线法与主动选线法。

3.4.1　稳态量选线法

3.4.1.1　被动选线法

被动选线法指利用故障产生的工频（谐波信号）选线的方法，10kV 配网稳态量选线法包括零序导纳法、零序电流法、零序无功功率方向法、工频零序电流有功功率法等，其中，零序电流法、零序无功功率方向法适用于中性点不接地的配网，而零序导纳法、工频零序电流有功功率法适用于中性点经消弧线圈接地的配网。

（1）零序导纳法。发生单相接地故障时，故障线路的零序导纳值及导纳系数发生较大变化，而非故障线路相对变化很小，因此，通过比较各线路零序导纳值、导纳系数可以实现故障选线。该方法具有较高的灵敏度，而且不受过渡电阻、互感器的影响。但是该方法需要消弧线圈的配合，因此不适用于中性点不接地系统。

（2）零序电流法。对于中性点不接地配网，发生单相接地故障时，故障线路的工频零序电流幅值远大于非故障线路，方向由线路流向母线，与非故障线路相反。利用零序电流的上述特征可以实现故障选线。由于消弧线圈投入后使得故障线路的零序电流降低到很小，其幅值可能小于非故障线路，而且方向也可能相同，因此零序电流法不适用于中性点经消弧线圈接地配网。

零序电流法又细分为零序过电流法、群体幅值比较法、群体相位比较法、群体比幅比相法等，表 3-2 所示为零序电流法选线分类表。

表 3-2　　　　　　　　　　　　　零序电流法选线分类表

分类	选线原理	优缺点
零序过电流法	当出线 k 零序电流 I_{k0} 超过整定值 I_{set0}，判断该线路为故障线路	优点：易于实现，可集成在出线保护装置中，缺点：灵敏度低，接地电阻较大时可能拒动
群体幅值比较法	对比各出线零序电流幅值，选择幅值最大的线路为故障线路	优点：克服零序过电流法灵敏度低的问题；缺点：需额外安装装置采集各线路零序电流信号
群体相位比较法	对比各出线零序电流相位，选择相位与其他线路相反的线路为故障线路	优点：克服母线接地时误选的问题；缺点：非故障线路较短时可能误选
群体比幅比相法	对比各出线零序电流幅值，选择幅值最大的若干线路（至少 3 条）比较相位，选择相位与其他线路相反的线路为故障线路	优点：克服幅值比较、相位比较各自的缺点，可靠性、适应性较高

（3）零序无功功率方向法。在中性点不接地 10kV 配网中，忽略系统对地电导电流的影响，故障线路上零序电流相位滞后零序电压 90°，零序无功功率从线路上流向母线；非故障线路上零序电流相位超前零序电压 90°，零序无功功率从母线流向线路，如果某线路的零序电流相位滞后零序电压 90°，判断其为故障线路；否则，零序电流相位超前零序电压 90°，判断其为非故障线。

（4）零序电流有功功率法。在中性点经消弧线圈接地配网中，故障线路的零序电流有功分量等于所有非故障线路有功分量及消弧线圈串（并）电阻产生的有功电流之和，而非故障线路零序电流有功分量则等于该线路对地电阻产生的有功电流。所以故障线路的零序电流有功分量大于非故障线路。此外，故障线路的零序电流有功分量的方向与非故障线路刚好相反，前者从线路流向母线，而后者从母线流向线路，因此，可以通过检测零序电流有功分量的大小及方向来选线。

零序电流有功分量的方向可以通过直接计算得到，或者比较零序电压与零序电流的相位关系得到，由于零序电流有功分量含量较小，且易受 TA 不平衡电流、故障合闸角、线路长度、过渡电阻等因素的影响，导致该方法选线误判。

3.4.1.2　主动选线法

对于中性点经消弧线圈接地 10kV 配网，通常实际故障产生的零序电流很小，与非故障线路的零序电流的特征差异很小，因此，利用故障产生的稳态零序电流与零序电压难以解决小电流接地的选线问题，为此，研究人员提出了主动选线法。

主动选线法是指在监测到系统发生小电流接地故障后，一是利用相关设备改变配网的运行状态，从而产生较大的工频附加电流；二是利用附加信号源向配网中注入特定的附加电流，通过检测附加电流来选择故障线路的方法。

主动选线法的工作流程：

（1）选线装置（附加信号源）检测到母线零序电压超过门槛值，且持续一定时间，判定发生永久性接地故障，随后发出控制命令给系统接入信号源，例如投入并联中电阻、改变消弧线圈运行状态，或者注入附加电流。

（2）选线装置监测各出线电流信号，选择工频零序电流幅值增量最大，或者所注入的附加电流信号最大的线路为故障线路。

按照产生附加电流的方法，信号注入选线法又可分为中电阻法、消弧线圈扰动法、信号注入法。

（1）中电阻法。是指在系统检测到永久性故障发生后，控制装置在短时投入一个阻值适中的并联电阻，产生附加的工频零序电流，通流时间通常在数百毫秒到数秒之间，最终采用零序有功功率方向法或利用零序电流的变化实现故障选线。中电阻法简单可靠、易于实现，适用于谐振接地配网以及不接地配网。但该方法需要安装电阻投切设备，投资较大。此外，并联电阻使得接地电流增大，导致事故扩大。

（2）消弧线圈扰动法。在消弧线圈接地配网中，自动调谐消弧线圈的应用越来越广泛，在正常运行时调整消弧线圈远离谐振点，故障时迅速调整到补偿状态，向系统附加一定的工频零序电流。线圈调整前后，对于金属性接地故障，调整前后非故障线路零序电流不会发生变化，只有故障线路从感性零序电流减小为幅值较小的容性零序电流；当故障点存在过渡电阻时，消弧线圈调整前后零序电压将增大，非故障线路零序电流也随之增大，而故障线路零序电流仍然减小。因此，利用消弧线圈调整前后零序电流的变化，可以实现故障选线。

（3）信号注入法。在检测到永久性故障发生时，利用专用信号发生设备，向配网注入一个特定的附加电流信号，该附加信号的幅值较小，通常在数百毫安到数安之间。根据注入的附加信号的频率特征，信号注入法又分为工频注入法与异频注入法，前者注入工频附加电流信号，后者则注入各次谐波信号。信号注入法适用于谐振接地配网以及不接地配网。

附加电流信号的幅值越大，与工频信号的的差异越明显，则主动选线法的成功率越高。对于间歇性电弧配网故障，附加电流将时断时续，影响选线的可靠性，因此，主动选线法不适用于间歇性电弧配网故障。此外，同一配网内不宜有多个信号发生源同时注入附加电流信号。

3.4.2 暂态量选线法

小电流接地故障会产生显著的暂态零模信号，其幅值远大于稳态零模信号，并且几乎不受消弧线圈的影响，因此，许多学者开始研究基于暂态零模信号的小电流接地选线方法，主要选线法有首半波法、暂态方向法、暂态零模电流极性法、暂态综合选线法、暂态库伦法等。

3.4.2.1 首半波法

理论分析发现，在故障第一个暂态半波内，暂态零模电压与故障线路的零模电流极性相反，而与非故障线路的暂态零模电流极性相同，因此，通过第一个暂态半波内暂态零模电压与故障线路的零模电流的极性关系可以实现故障选线。

实际上，受系统结构和参数、故障点位置、过渡电阻等因素的影响，实际故障暂态频率在一定范围内波动，使得首半波法极性关系只在很短时间内成立。此外，首半波法要求采样装置必须灵敏地检测到完整的首半波形，对采样速率要求极高。当故障发生在相电压过零点处，首半波内的零序电容电流幅值很小，容易引发误判。

3.4.2.2 暂态方向法

对于中性点不接地配网，其小电流接地故障暂态零模等效电路如图3-10所示（转换开关 K 断开），如果忽略配电线路的电阻，故障线路的暂态零模电流由线路流向母线，而非故障线路的暂态零模电流方向与此相反，由母线流向线路。因此，通过检测暂态零模电流的方向可以鉴别出故障线路。

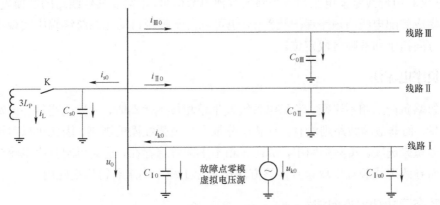

图 3-10　小电流接地故障暂态零模等效电路
（K 断开，中性点不接地；K 闭合，中性点经消弧线圈接地）

理论分析表明，由于消弧线圈感性电流的存在，对于频率小于调谐频率的暂态分量，会导致故障线路与非故障线路的暂态零模电流方向相同，暂态方向法的方向判据不再成立；频率高于2次（100Hz）谐波的暂态分量，暂态方向法的方向判据依然适用。因此，为了使暂态方向法适用于消弧线圈接地配网，需要对故障暂态信号进行滤波处理，提取特定频率的暂态分量来选线，考虑到电压、电流互感器的传变特性，一般可在 100～2000Hz 频带范围内选取。此外，大多数暂态量选线法都会对暂态量进行滤波处理。

3.4.2.3　暂态零模电流极性法

对于非故障线路 j，暂态零模电压 $u_0(t)$ 与暂态零模电流 $i_{j0}(t)$ 之间满足关系

$$i_{j0}(t) = C_{j0} \frac{\mathrm{d}u_0(t)}{\mathrm{d}t} \tag{3-23}$$

式中：C_{j0} 为非故障线路电容。

忽略消弧线圈的影响，故障线路 k 的暂态零模电压 $u_0(t)$ 与暂态零模电流 $i_{k0}(t)$ 满足关系

$$i_{k0}(t) = -C_{b0} \frac{\mathrm{d}u_0(t)}{\mathrm{d}t} \tag{3-24}$$

式中：C_{b0} 为所有非故障线路电容与母线及其背后系统分布电容之和。

对比式（3-23）与式（3-24）可以发现，以暂态零模电压为参考，故障线路与非故障线路的暂态零模电流方向刚好相反，因此，通过检测暂态零模电流的方向可以选线。

对某配网出线 n，定义其暂态零模电流 $i_{n0}(t)$ 和零模电压 $u_0(t)$ 的方向系数 D_n 为

$$D_n = \frac{1}{T} \int_0^T i_{n0}(t)\mathrm{d}u_0(t) \tag{3-25}$$

式中：T 为暂态过程持续时间。

如果 $D_n > 0$，则 $\mathrm{d}u_0(t)/\mathrm{d}t$ 与 $i_{n0}(t)$ 同极性，判断为非故障线路；如果 $D_n < 0$ 则 $\mathrm{d}u_0(t)/\mathrm{d}t$ 与 $i_{n0}(t)$ 反极性，判断为故障线路。

暂态零模电流极性法解决了首半波法仅能利用首半波信号的问题，具有更高的灵敏度与可靠性。它仅利用母线零模电压与本线路的零模电流信号，不需要其他线路的零模电流信号，可以将其集成到配电线路短路保护装置中，也可以用于配网自动化系统终端中实现小电流接地故障的方向指示和故障区段定位。

3.4.2.4　负序电流法

如果忽略负荷三相不平衡，当配电系统发生单相接地短路时，故障线路暂态电流中会产生负序分量，而非故障线路则没有，且负序分量不受消弧线圈的影响，因此可以对比各线路电流负序分量来选线。实际配网中，负荷三相不平衡普遍存在，这会引起负序电流分量产生波动，从而导致选线装置出现误判，该方法在实际工程中尚未获得广泛应用。

3.4.2.5　暂态无功功率方向法

定义某出线的暂态无功功率为 Q

$$Q = \frac{1}{T} \int_0^T i_0(t)\hat{u}_0(t)\mathrm{d}t \tag{3-26}$$

式中：$i_0(t)$ 为该出线的暂态零模电流；$\hat{u}_0(t)$ 为该出线暂态零模电压的 Hilbert 变换。

如果 $Q<0$，则暂态无功功率流向母线，判断为故障线路；如果 $Q>0$，则暂态无功功率流向线路，判断为非故障线路。

Hilbert 变换是一种数字滤波处理方法，它可以将信号中所有频率分量的相位移动一个固定的相角。暂态无功功率方向法与暂态量极性比较法的选线效果相同。区别仅在于，通过 Hilbert 变换将暂态零模电压的所有频率分量均相移 90° 后，再与暂态零模电流计算功率，使量值 Q 有了明确的物理含义。

3.4.2.6 暂态零模电流群体比较法

研究发现非故障线路的暂态零模电流为本线路对地分布电容电流，而故障线路暂态零模电流为其所有非故障线路暂态零模电流之和，所以故障线路的暂态零模电流幅值最大。此外，故障产生的暂态零模电流从故障点经故障线路流到母线，然后再分配到各条非故障线路，所以故障线路与各非故障线路的暂态零模电流极性刚好相反，且极性与非故障线路相反。因此，通过比较各出线的暂态零模电流的幅值或极性关系，可以实现故障线路。

3.4.2.7 暂态零模电流群体幅值比较法

暂态零模电流群体幅值比较法，指通过比较变电站所有出线的暂态零模电流幅值选择故障线路，幅值最大者判断为故障线路。计算暂态零模电流幅值的方法较多，为了提高检测灵敏度，对于出线 n，通常采用式（3-27）计算其幅值 I_{n0} 为

$$I_{n0} = \sqrt{\frac{1}{T} \int_0^T i_{n0}^2(t)\,\mathrm{d}(t)} \tag{3-27}$$

式中：T 为暂态持续时间。

3.4.2.8 暂态零模电流群体极性比较法

暂态零模电流群体极性比较法，指通过比较变电站所有出线的暂态零模电流极性来选择故障线路。对于线路 m 以及线路 n，其线路的暂态零模电流分别为 $i_{m0}(t)$、$i_{n0}(t)$，可通过式（3-28）判断路 m 以及线路 n 暂态零模电流的极性关系，即

$$P = \frac{1}{T} \int_0^T i_{m0}(t) \cdot i_{n0}(t)\mathrm{d}(t) \tag{3-28}$$

如果 $P>0$，表明 $i_{m0}(t)$ 与 $i_{n0}(t)$ 同极性；反之则表明 $i_{m0}(t)$ 与 $i_{n0}(t)$ 反极性。

比较变电站所有出线的暂态零模电流的极性，如果某线路和其他所有线路的极性都相反，则判断该出线为故障线路；如果所有线路极性都相同，则判断为母线接地故障。

3.4.2.9 暂态综合选线法

实际应用中，暂态电流幅值比较法在母线接地时会发生误选。借鉴工频电流选线方法中的群体比幅比相思路，可以构造暂态电流的综合比较选线方法。其选线流程为：

（1）比较所有出线的暂态零模电流幅值大小，选择幅值较大的 3 条线路。

（2）比较 3 条线路的暂态零模电流极性，最终确定故障线路。

3.4.2.10 暂态库伦法

暂态库伦法通过比较电流的积分（即电荷量）与暂态电压的变化鉴别故障线路。根据图 3-10 所示的暂态零模等效网络，暂态零模电压 $u_0(t)$ 和非故障线路暂态零模电流 $i_{j0}(t)$ 之间满足

$$u_0(t) = u_0(t_0) + \frac{1}{C_{j0}} \int_{t_0}^{t} i_{j0}(t)\,\mathrm{d}(t) \qquad (3-29)$$

式中：t_0 为计算起始时刻。

从零模电压过零时刻开始对电流进行积分，可使 $u_0(t_0)$ 为 0，则式（3-33）可以简化为

$$C_{j0}u_0(t) = u_0(t) \int_{t_0}^{t} i_{j0}(t)\,\mathrm{d}(t) \qquad (3-30)$$

由式（3-30）可知，非零模电流的积分与零模电压成正比。由于故障线路零模电流为所有非故障线路零模电流和消弧线圈的零模电流之和，所以其零模电流的积分与零模电压间不存在正比关系。

通过以上分析可知，如果以零模电压为横坐标，以各线路零模电流的积分为纵坐标，绘制零模电流的积分—电压特性曲线，会发现非故障线路为直线，而故障线路为不规则曲线，据此可以识别出故障线路来。暂态库伦法与暂态零模电流（功率）方向法本质其实相同，都利用了暂态零模电压和暂态零模电流间的约束关系。

3.4.3 人工智能理论选线法

3.4.3.1 基于模糊理论选线方法

基于模糊理论的多判据选线方法将"比幅比相、首半波、功率方向和高次谐波"等多种选线方法的判据融合在一起，克服了单一选线方法适应性差的问题。通过在中性点不接地系统的大量变电站推广使用，其选线准确率达到 98% 以上。

3.4.3.2 基于人工神经网络选线方法

首先，通过将已有的故障数据输入到人工神经网络，训练得到一定的数据响应。然后，当故障发生后将系统的故障数据带入已经训练完成的人工神经网络，根据响应结果识别故障线路。

该方法不仅解决了模糊理论中权重系数的确定问题，而且每次的故障判断数据都能成为新的训练数据，但是不足在于用于训练的大量故障数据难以得到，并且冗余性较高。

3.4.3.3 基于遗传算法选线方法

对传统遗传算法的适应度函数进行调整，实现算法初始参数和权值的优化，通过梯度下降法完成二次优化选线。实验结果表明基于遗传算法选线方法运行效率较高，但选线准确性较差。

我国 10kV 配网普遍采用小电流接地方式,即中性点不接地或者经消弧线圈接地,表 3-3 所示为国外 10kV 配网中性点接地方式及选线方法。

表 3-3　　　　　　　　　国外 10kV 配网中性点接地方式及选线方法

国家	10kV 配网中性点接地方式	小电流接地选线方法
美国	电阻接地	零序电流法
俄罗斯/苏联	不接地、经消弧线圈接地	零序功率方向法、首半波法
法国	电阻接地	零序过电流
日本	经高电阻接地、不接地	零序电流法、功率方向法

3.4.4　选线特征量的提取方法

小电流接地选线装置的可靠性与选线特征量的提取密切相关,提取选线特征量的方法精度越高、抗干扰能力越强、计算量越少,则选线可靠性越高。目前,用于提取选线特征量的方法通常有傅里叶变换(fourier transform,FT)、小波变换(wavelet transform,WT)、希尔伯特—黄变换(hilbert-huang transform,HHT)以及 S 变换(S transform,ST)等。

傅里叶变换不具备局部化分析能力,不能分析非平稳信号。小波变换可以实现时间和频域的局域变换,因而能有效地从信号中提取特征信息,通过伸缩和平移等运算功能,可以对信号进行多尺度细化分析,克服了傅里叶变换的诸多不足。但是小波变换主要存在计算量较大、母小波的选取困难等不足。S 变换具有较好的时频分辨率和时频定位能力,能够反映非平稳信号的局部特征,适合于分析具有突变性质的非平稳信号。

3.4.5　优化提升选线准确率的措施

3.4.5.1　优化选线算法

小电流接地故障受系统运行方式、线路长短以及接地电阻的影响较大,故障情况十分复杂,单一的选线方法难以适应各类故障,因此,有必要考虑进一步优化选线算法:

(1)采用多重判据方法逐步替代单一判据方法,以增强选线的可靠性和抗干扰能力。

(2)开展基于模糊理论、神经网络、粗糙集理论和遗传神经网络等智能算法的小电流接地选线算法的研究。

3.4.5.2　规范现场工程安装要求

现场调研发现选线装置普遍存在安装不正确、质量差等问题,影响了装置的选线准确率。根据运行管理经验,现场施工时要注意:

(1)使用性能良好的选线装置元件,元件应具有高采样率、高精度以及较强抗干扰能力。此外,为了避免选线装置死机,元件应具备耐高温、耐严寒的特性,并尽量使用特性相同的元件。

(2)安装设备时要确保零序电流互感器的极性一致,安装后要检验极性的准确性。

（3）确保电缆的屏蔽层可靠接地，采样装置能采集到线路接地故障电流。

（4）安装开口式零序电流互感器时，要确保两侧紧固螺丝的力矩平衡，避免两侧铁心反装引起的磁路畸变影响到测量精度。

3.4.5.3　加强装置的运行维护

（1）装置应由运行维护单位指派专人管理，设置参数、删除数据等操作应严格按权限管理，未经许可不得擅自操作或停用装置，不得改动、拆除装置及相关二次回路。

（2）可以建立装置运行维护档案，档案材料包括装置的技术说明书、图纸、出厂试验报告及合格证书、安装施工图、新安装检验报告及验收报告、定期检验报告、装置的缺陷记录、选线动作记录、运行情况分析报告、改造维修记录。

（3）运维人员应每月至少对装置进行一次巡视，必要时开展特殊巡视、专业巡视；对于无人值守变电站，可参照变电站巡视周期执行；巡视时应做好记录，发现装置异常应及时上报。

3.4.5.4　强化管理职责

根据配网系统的实际情况，制定小电流接地选线装置的技术规范，规范要涉及装置的选型、入网测试、安装、调试、运维等所有环节。

（1）确定主流选线装置的预试方法和测试设备。针对不接地系统和经消弧线圈接地系统，以继电保护测试仪为基础，分别给出传统工频选线、谐波选线设备的标准测试方法，开发暂态法、中电阻法、小扰动法、注入信号法等选线原理的测试方法。

（2）规范并完善选线装置安装、调试工作要求，包括零序电压互感器、零序电流互感器的技术要求，零序电压、零序电流信号接入方式，选线结果上报方式（具体的规约或硬节点表达方式），跳闸策略、跳闸实现方法及重合闸实现方法。

（3）规范、完善选线装置的运行管理工作要求。明确永久接地故障的相关标准，选线装置与消弧装置的配合方式，接地故障处理的记录内容以及选线装置误动、拒动时的处理流程。

第**4**章

配网自动化系统

4.1 概　　述

配网自动化系统是通过计算机网络技术、通信技术、电子技术等对配网自动监视、控制的综合自动化系统。具备配网数据采集与监视控制（supervisory control and data acquisition，SCADA）、馈线自动化、变电站（开关站）自动化、配网分析与运行优化，并与相关系统互

联融合。SCADA 监视与控制对象包含了配网中的变电站（开关站）、馈线、电缆线路等，并能在线对配网部分或全部元器件的运行情况进行实时分析协调和运行。配网自动化系统一般分为三个层次：配网自动化主站（市公司调度中心）、远程工作站（县公司配网运营中心）和配电终端，其中两层通信网是连接三个层次的桥梁。配网自动化系统构成如图 4-1 所示。

图 4-1 为集中式配网自动化系统结构图，其中配网自动化主站在各市公司调控中心运行和维护，主站是实现配网自动化

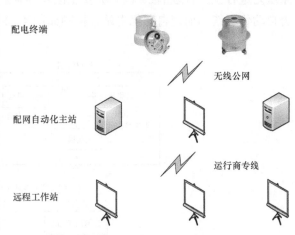

图 4-1　配网自动化系统构成

应用功能的核心，作用有三个方面：① 处理配电终端层的数据并进行储存。② 作为配电终端层与远程工作站的数据枢纽，将远程工作站的控制命令发送至配电终端层，将配电终端层的告警信息等发送至远程工作站。③ 为主站维护人员提供人机交互信息。

配电终端是安装在一次设备运行现场的自动化终端设备，包含馈线终端（FTU）、故障指示器、环网柜（DTU）等。配网自动化系统中，和馈线开关配合的现场终端设备称之为馈线终端单元（feeder terminal unit，FTU），和配电变压器配合的现场终端设备为配电变压器终端单元（transformer terminal unit，TTU），安装在环网柜内的远方终端设备为配电终端单元（distribution terminal unit，DTU）。其中，FTU 用来采集现场电流、电压信息，并接受主站的控制和调节命令的装置。TTU 是实现配电变压器的模拟、开关量监视的远方终端设备。DTU 实现环网柜等设备的模拟测量、开关量采集及控制的终端设备、故障指示器采集现场电流、电压信息，向主站报送故障发生时的告警信息，并能够现场翻牌。

远程工作站对所辖地区的配电终端实现区域监控，处理主站转发的告警信息，并向相关配电终端发送控制命令。因此可以说远程工作站是主站系统人机交互信息的延伸。

4.2　配网自动化系统组成

配网自动化系统由配电终端、配网自动化主站和远程工作站组成。其中配电终端是配网自动化系统的基础和信息来源，配网自动化主站对配电终端的数据进行处理和储存，并与远程工作站传输配电终端层遥信、遥测、告警信息，主站处理远程工作站的遥控指令并向配电终端（FTU）发送指令完成遥控操作。远程工作站负责监视相应管辖范围内配电终端层设备运行情况，监控配网运行情况。

电力系统中安全区分为四区：① 安全区Ⅰ为实时控制区，凡是具有实时监控功能的系统或其中的监控功能部分均应属于安全区Ⅰ。② 安全区Ⅱ为非控制生产区，原则上不具备控制功能的生产业务和批发交易业务系统均属于该区。③ 安全区Ⅲ为生产管理区，该区的系统为进行生产管理的系统。④ 安全区Ⅳ为管理信息区，该区的系统为管理信息系统及办公自动化系统。配网自动化主站架构图如图 4-2 所示。

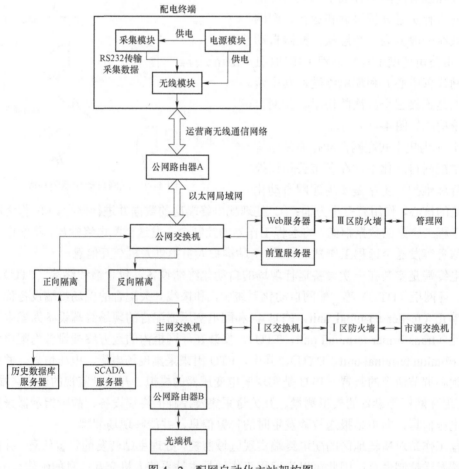

图 4-2　配网自动化主站架构图

4.2.1 主站

配网自动化主站（简称配网主站）是按照分布式计算机局域网实现，在分布式计算机网络上运行调度软件，通过通信系统和现场进行信息交互，实现系统的调度运行管理。配网主站完成配网自动化系统运行的监视和控制，是整个配网自动化系统的生产指挥协调中心。配网主站是由计算机、通信网络、计算机软件构成，其基本功能为数据采集和监视控制（supervisory control and data acquisition，SCADA），实现配网自动化系统基础数据的采集和控制。那么作为一个配网自动化系统的核心与枢纽，仅仅拥有 SCADA 功能并不能满足配网自动化优化运行控制、异常事故处理等要求。

配网是一个由电力一次设备有机构成的复杂系统，系统行为和调节必须通过相关模型的模拟计算、分析与形成相关的方案来实施。配网系统的复杂性决定了分析计算的过程，特别是调度决策的过程需要人工参与。因此，配网主站需要具有配网系统运行状态分析的能力。为了保证建模的正确性，应确保现场数据的真实性。为此，配网主站通过 SCADA 系统采集到数据后，需要对数据实施"状态评估"，将不真实的数据除去，在此基础上，根据对配电网的拓扑分析、配网设备的连接关系，进而建立电路模型，完成配电网分析、计算等任务。

配网运行过程中，不仅调度员关心配网的运行状态，其他相关部门的电力管理人员也希望了解配网的运行状态以及其相关的数据。例如：设备、局部配网的运行状态，一段时间负荷的变化时间，保护定值等。因此，配网主站兼有信息发布网站，其他相关人员在办公室通过单位的办公自动化（office automation，OA）网，可查询配网自动化系统的运行数据。Web系统的权限和调度员相比，除不具备操作权限外，其他浏览系统功能和调度人员一样，指示实时性比调度员差。

另外，调度系统是一个专用的、可靠性要求比较高的系统，为了保证其可靠运行，必须有有效的安全防护措施，并防止外部人员破坏或者病毒感染等。因此调度系统和外部系统的连接采用了专门的设备，系统软件具有多级权限管理，要有完善的网络管理功能。

根据以上对配网自动化系统任务描述与要求，在分布式计算机网络系统基础上建设配网主站，计算机网络采用 100Mbit/s 或者 1Gbit/s 的高速以太网。选用服务器和工作站，采用 Windows 或者 Linux 操作系统，或者部分计算机采用 Windows 系统，其余计算机采用 Linux 操作系统。

20 世纪 90 年代前的电力调度自动化系统，一般采用两台计算机加前置机的配置方式，前置机完成数据的采集和命令下发，电力调度自动化系统的其他所有后台工作均由单台计算机或主备冗余的双机完成。双机系统通常由一台计算机承担在线功能，另一台处于热备用状态。

这种系统的缺点是一台计算机承担大量的工作，受制于计算机的性能，系统的整体性能较差，计算机的硬件结构复杂，可维护性、可拓展性差。而且系统的软件结构复杂，系统不具备开放性。

随着计算机技术和计算机网络技术的快速发展，调度主站由分布式的计算机系统替代了集中式计算机系统。采用标准的接口和介质，建立局域计算机网络，把整个系统按功能分布在网络的各个计算机节点上，降低了对单机的性能要求，系统的整体性能得到了大幅度提高。

采取通用计算机，用户群体大，售后服务有保证，需要拓展功能时，改造节点或网络中添置计算机。软件支持系统采用商用系统，专用软件采用面向对象技术、组件技术开发，软件的开发分享有保证。

因此，目前配网主站普遍采用分布式计算机网络系统。一般采用单机单网，从提高调度主站的可靠性考虑宜采用双机双网结构。所谓单机单网是指配网主站完成相应功能的计算机为一台，网络采用一个局域网络，双机双网是完成相应功能的计算机采用冗余配置，网络也采用冗余配置。

配网主站配置硬件通常有 4 类：

（1）计算机设备。前置服务器、历史数据服务器、SCADA 服务器、Web 服务器、GIS 服务器、市公司工作站。

（2）局域网系统。以太网交换机设备，组成单网或者双网以太网局域网。

（3）通信接入设备。配网主站作为配网自动化通信专网的信息汇总接入点，配置光端机、路由器、交换机等各种通信接入设备。

（4）其他。正反向隔离设备、GPS 卫星钟、UPS 电源、调度投影大屏、语音指挥电话交换机等。

按照功能可以将配网主站系统分为前置服务器、SCADA 服务器、历史数据服务器、Web 服务器。

4.2.1.1 硬件设施

1. 前置服务器

前置服务器主要完成数据的采集转发，面向配电终端，完成数据的采集与处理，并与配网主站、远程工作站通信，完成数据的传输，前置服务器具有实时数据库，支持各种数据库操作。

前置服务器的主要任务是规约解析与转换，为了灵活接入各种规约，而不影响其他功能模块，在前置服务器设计有中间规约转换模块。前置服务器支持 DNP3.0、IEC104、IEC101、SC1801、部颁 CDT 等标准规约。支持数据采集通道的主备功能，提高了数据采集的实时、准确以及可靠性。前置服务器数据交互如图 4-3 所示。

前置服务器通过公网路由器采集配电终端层的 FTU、故障指示器、DTU 等数据，其中故障指示器向前置服务器传输遥信、遥测数据，FTU、DTU 不仅向前置服务器传输遥信、遥测数据，还能够接收前置服务器发送的遥控命令。

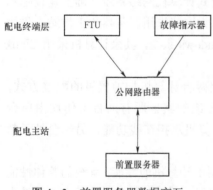

图 4-3　前置服务器数据交互

配电终端层将电力数据用 IEC101 封装之后，通过无线模块经过 TD-LTE 或者 GSM 网传送至前置服务器，前置服务器经过应用软件将该报文进行解析，还原电力数据。

前置服务器分为硬件和软件两大部分。表 4-1 为前置服务器硬件配置。

表 4-1 前置服务器硬件配置

前置服务器	CPU	4 颗，每颗 8 核，主频 2.8Hz
	内存	64GB，性能优于 ECC
	DDR3-1333 硬盘	600GB×2 SAS 硬盘，配置 RAID0.1，支持热插拔
	DVD-ROM 网卡	千兆以太网口 4 个，提供冗余电源风扇

前置服务器能够互联配电终端，并且通过公网交换机与配网自动化系统连接。因此重视网口要求、网卡配置、内存和 CPU。

前置服务器应用软件如表 4-2 所示。

表 4-2 前置服务器应用软件

应用软件	软件说明
exproxy	外网代理：处理报文的收发，解析配电终端属性
linkserver	链路进程：负责处理与配电终端建立联系
101master	101 通信：负责解析终端初始化状态、遥信状态、遥测数据、总召数据以及遥控命令
comspy	前置监视器：是调试工具，负责设备接入时与终端层对点使用
gramsave	报文保存服务：可以将相关终端在一段时间内的报文进行存盘
client，jar	反向传输软件客户端

2. SCADA 服务器

SCADA 服务器是配网自动化系统核心枢纽，SCADA 服务器能够与前置服务器数据互联，并向 Web 服务器推送数据，分析计算配电终端数据。SCADA 服务器硬件配置如表 4-3 所示。

表 4-3 SCADA 服务器硬件配置

SCADA 服务器	CPU	4 颗，每颗 12 核，主频 2.6GHz
	内存	64GB，性能优于 ECC
	DDR3-1333 硬盘	600GB×2 SAS 硬盘（1000 转传输速率 6Gbit/s），配置 RAID0.1 支持热插拔
	DVD-ROM 网卡	千兆以太网 4 个，提供冗余电源及风扇

SCADA 服务器分为硬件和软件两大部分。

前置服务器特点是计算分析配网自动化数据。因此，更加注重 CPU 计算能力，内存容量、磁盘阵列使用 RAID0 模式，增加硬盘运行效率，散热要求较高。SCADA 服务器的功能丰富，软件较多，SCADA 服务器软件如表 4-4 所示。

表 4-4 SCADA 服务器软件

软件名称	软件说明
oms	实时库
synchronizer	实时同步

续表

软件名称	软件说明
hds	历史数据储存
wisdomalarmsystem	智能告警
daystatistics	日统计
monthstatistics	月统计
scriptserver	脚本服务
topomanager	拓扑服务
syncviasep	Ⅰ、Ⅲ区实时同步
dbsync	Ⅰ、Ⅲ区增量提交同步
GISmodelserver	GIS 传输程序
scheonline	在线服务

3. 历史数据服务器

历史数据服务器能够把配电终端的遥测、遥控等数据在硬盘上进行储存至少 1 年。作为配网自动化系统的最基础设备，该服务器对电源的可持续供电能力要求很严格，一般情况不允许意外事故停电。

历史数据服务器分为硬件和软件两大部分，历史数据服务器硬件配置如表 4-5 所示。

表 4-5　　　　　　　　　历史数据服务器硬件配置

历史数据库服务器	CPU	4 颗，每颗 8 核，主频 2.8GHz
	内存	64GB，性能优于 E
	DDR3-1333 硬盘	1T×2 SATA 硬盘（7200 转，传输速率 6Gbit/s）
	DVD-ROM 网卡	千兆以太网口 4 个
	HBA 卡	8G 单口，HBA 卡 2 块

历史数据服务器注重数据的硬盘储存，注重硬盘容量，磁盘阵列使用 RAID1 模式，增加硬盘容量。

历史数据服务器应用软件如表 4-6 所示。

表 4-6　　　　　　　　　历史数据服务器应用软件

软件名称	软件说明
oms	实时库：使市工作站、远程工作站取到最新配电终端遥测、遥信等数据
synchronizer	实时同步：保证远程工作站跟进最新配电终端层的采集数据，最新的画面编辑内容
Xbus MBI	消息总线
consolebroker	控制台代理：能够开启服务器任务栏，类似 Windows 的任务栏
getsysinfo	节点状态统计：可以掌握服务器、工作站的运行情况

4. Web 服务器

Web 服务器是配网自动化系统功能上仅次于 SCADA 服务器的第二大服务器，该服务器是Ⅲ区信息发布平台。

Web 服务器分为硬件和软件两大部分，Web 服务器硬件配置如表 4-7 所示。

表 4-7   Web 服务器硬件配置

Web 服务器	CPU	4 颗，每颗 12 核，主频 2.6GHz
	内存	64GB，性能优于 ECC
	DDR3-1333 硬盘	600GB×2 SAS 硬盘（10 000 转，传输速率 6Gbit/s）配置 RAID0.1，支持热插拔
	DVD-ROM 网卡	千兆以太网口 4 个，提供冗余电源及风扇

Web 服务器对 CPU 的运算能力要求较强，内存要求容量大，硬盘容量要求柔和，磁盘阵列 Raid0 1 均可。Web 服务器应用软件如表 4-8 所示。

表 4-8   Web 服务器应用软件

软件名称	软件说明
oms	实时库
scheonline	在线服务
scriptserver	脚本服务
tablesynserver	数据库表同步
dbsync	Ⅰ、Ⅲ区增量提交同步
daystatsistics	日统计
monthstatistics	月统计
recvgis	GIS 接收程序
sendgis	GIS 发送程序

配网主站的硬件配置按照服务器功能划分可分为 4 类。类比计算机可以将前置服务器比作输入/输出设备。SCADA 服务器可比作计算机的 CPU 和内存功能，负责计算处理数据。历史数据服务器可比作计算机的硬盘，负责存储数据。Web 服务器可比作计算机的显示屏，负责对外发布配网自动化信息。

4.2.2 远程工作站

远程工作站是主站监盘、操作功能的人机画面延伸，适用于市县一体化模式的构建。县级分公司不独立建设配网主站，也不增设服务器形成配网子站，以远程工作站方式实现本区域配网自动化功能。通过市级分公司配网主站与调度自动化主站的信息集成，实现对变电站出口开关的监测。通过运营商专线实现各县公司与主站的数据传输,能够完成电网监盘、FTU的遥控操作,以及转供负荷等功能。

4.2.3 信息分流、责任权限分区

调度系统中,每个运行人员只负责管理系统中的一个区域,这个区域就叫作责任区。责任区由用户责任区权限管理工具定义。设置了责任区的工作站只接收该责任区中的告警等信息,运行人员只能对该责任区中的厂站(设备)进行人工操作。

配网自动化系统具有完善的责任区和权限管理功能,通过修改操作员的责任区和权限定义方便地实现不同操作人员不同电网控制操作范围的限制。系统将所有接入的信息按照地区名称等划分为不同的责任区域并为其命名。这些责任区可以是所有配电设备组成的整个电网,可以是部分变电站的集合,或是变电站和不同电压等级的组合关系,由用户责任区权限定义工具方便配置,对每个操作人员所负责的电网区域和操作权限可以由系统管理人员定义,并把此功能开放给用户指定的运行人员,方便系统运行过程中就能实现责任区的转移或变更。

通过责任区的划分,每个操作员只处理其责任区内需要处理的信息,无关的报警、画面信息不会发送到其监控节点中。告警信息窗只显示与该责任区域相关的告警信息,遥控、置数、封锁、挂牌等控制操作也只对责任区域内的设备有效,对一幅完整的配网接线图,操作员只能对责任区范围内的设备对象进行操作,责任区范围外的只能看到不能操作,从而起到各个工作站节点之间信息分层和安全有效隔离的作用。在用户权限方面,提供了完善的用户、权限管理功能,用于解决对电网的运行监控,尤其是控制和运行管理操作等涉及电网安全性问题。图4-4为信息分流、责任分区示意图。

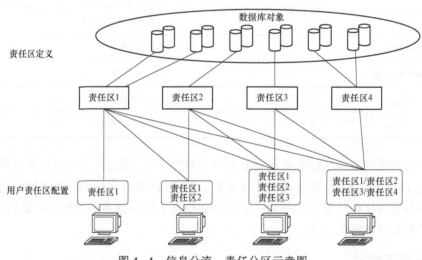

图4-4　信息分流、责任分区示意图

不同人员的责任划分不同,例如系统维护人员的权限最高,其次是自动化班人员权限,自动化班人员的权限较调度值班员的权限高,能够对配置库进行"增删改查",或者在历史数据库上编辑报表,而调度人员的权限则最低,仅限于应用、查询或操作配电终端。

4.3 配 电 终 端

配电终端指在配网自动化系统中完成现场数据采集、远方控制的设备。其远程终端具有"三遥"功能，即完成"上传数据，下达命令"的遥信、遥测、遥控。远程终端又称为RTU。

配网自动化远程终端用于配网系统断路器、变压器、重合器、分段器、柱上负荷开关、环网柜、开关站、箱式变电站、无功补偿电容器的监视与控制，与配网自动化主站通信，提供配电系统运行管理及控制所需的数据，执行主站给出的对配电设备的控制调节指令。

根据 DL/T 721—2000《配网自动化远方终端》标准的定义，配网自动化远程终端是安装在中压配网的各种远方监测、控制单元的总称。根据应用对象的不同，配网自动化远程终端可分为以下几种：

（1）馈线终端单元（feeder terminal unit，FTU），用于配电网馈线回路的柱上开关和开关柜等具有遥测、遥信、遥控和馈线自动化功能的配电自动化终端。

（2）变压器终端单元（transformer terminal unit，TTU），用于配电变压器各种运行参数监视、测量的配电自动化终端。

（3）配电终端单元（distribution terminal unit，DTU），用于开关站、配电室、环网柜、箱式电站等处，具有遥信、遥测、遥控和馈线自动化功能的配电自动化终端。

（4）配网自动化远程工作站，实现对所辖区域内配电终端的监控，处理配电终端发送的信息任务，向配电终端发送控制命令等。

4.3.1 FTU

馈线终端是装设在10kV断路器、负荷开关旁的开关监控装置。主要作用是采集各开关所在线路的电气参数，并将这些信息向上级系统传输；监视线路运行状况，当线路故障时及时上报，等待上级系统发来的指令进行开关开/合控制，执行主站遥控命令。

4.3.1.1 FTU 的基本构造

FTU 一般采用小型可悬挂的密封防雨箱式结构，由主控单元、开关分/合闸驱动电路、就地操作模块、电源系统、电缆接口、通信组件、箱体等部分组成。其主控单元为一个典型的 IED 单元。

FTU 主控单元结构一般为单板结构或小型插件式结构。插件式结构中，采用统一的板卡结构，背板采用总线，由 CPU 处理板、互感器板、遥控出口板等组成，其实现的方式和单板结构无差异。

一款 FTU 的结构示意图如图 4-5 所示。

（1）主控单元。一般的 FTU 主控单元由核心处理板和外围电路板组成，核心处理板采用 CPU 或双 CPU 结构，拥有交流采样和直流采样通道，以及开关量采样通道、遥控量输出通道、遥信接口。

配电网实用技术丛书
配网自动化技术与应用

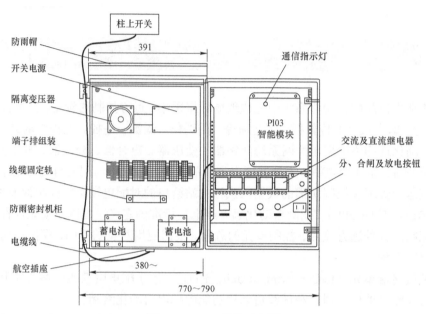

图 4-5　FTU 结构示意图

典型设计为采用 DSP 加高性能单片机的双处理器结构。由 DSP 完成模拟量采样处理，单片机完成开关量采样、遥控输出、通信、就地处理功能。CPU 板采用可编程外围电路，采用工业级数字电路芯片和接口器件构成系统主体。例如：某种 FTU，主 CPU 采用 XAS3 CPU，DSP 采用 ADSP21851，在电路设计上重点考虑抗干扰性和可靠性，FPGA 可编程逻辑器件实现开关控制的逻辑校核以及系统的测频。

核心处理板上，集成了各类通信接口。一般配置一个 RS232C 异步串行口，用于对 FTU 的维护和参数配置，而总线接口或以太网接口作为对外通信接口。

外围电路板可分为交流采样二次互感器电路板、信号量采集电路、出口电路板、二次电源电路板等。根据监控对象调整接线板配置，以满足线路不同的需求。交流采样二次互感器电路板上安装二次电压、电流互感器以及滤波电容等元器件，实现 FTU 内部端子排和核心处理板之间的模拟信号隔离。信号采集电路、出口控制电路板，实现信号量的调理、消抖及隔离处理和控制量的逻辑闭锁。

核心处理板上，通过使用二次电源技术和光电隔离元件，实现中央处理单元与电源系统、输入/输出通道和通信接口的电磁隔离，并且在通信接口电路中使用压敏电阻、TVS 管和自恢复熔断器等元器件对可能由通信线路窜入系统的瞬时强干扰进行抑制和防护。

主控制单元内嵌实时操作系统，如 VxWorks、Uc Linux、CNX-PROS 等做软件平台，完成系统管理、通信、遥脉、遥控、通信与转发功能，完成实用性要求较高的交流采集与故障信号（相间短路、单相接地）捕捉。

模拟量采样通道，一般能处理 1~2 回路的三相交流电压、电流以及直流电压、压力等模拟量。

多路开关量输入，一般为 8~12 路。遥信开关量包含开关分、合闸位置指示、储能状态指示、电源异常、通信异常等信号；遥控输出一般有 3~4 个对象合、跳闸命令。

核心控制器上二级电源，接到外部 24V 直流电源，通过 DC-DC 提供单元上的元器件所需的工作电压。单元的主供电源是浮地的直流电源。除了浪涌抑制电路，所有电路都与大地隔离，所有电源输出都与原边输入隔离，总功耗小于 10W。

典型 FTU 核心模块处理原理示意图如图 4-6 所示。

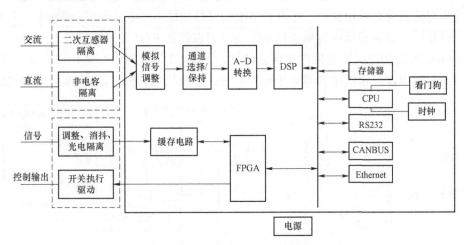

图 4-6 典型 FTU 核心模块处理原理示意图

（2）操作、驱动模块。FTU 内的操作、驱动模块，由分、合闸电路及操作面板构成，安装有就地操作按钮、远方就地控制转换开关以及 FTU 的电源开关，实现对 FTU 的就地操作。驱动模块实现分、合闸驱动，核心处理模块仅能提供外部开关操作的信号，需要通过驱动模块的中间继电器，以及分、合闸回路的操作电源，给分、合闸线圈提供能量。

（3）电源单元。FTU 一般由外部交流 220V（100V）供电，电源来自外部 TV。FTU 的电源有蓄电池配置和无蓄电池配置两种。来自外部的交流电源一般有两路，这两路工作电源能够自动切换，CPU 对两路电源电压分别进行监测，当主回路电压下降到 70%时，将操作电源切换到备用回路。双电源切换电路原理图如图 4-7 所示。

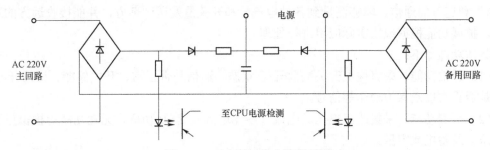

图 4-7 双电源切换电路原理图

1）采用有蓄电池配置方案。FTU 内部配置的电源模块采用高频开关电源，能为蓄电池充电以及对蓄电池的充放电进行管理。平时电池未充满时，采用安全的恒压限流充电，充满后转为浮充状态，并且带有蓄电池充放电管理功能。电源模块在正常工作时，对核心控制模块提供 24V（12V）电源；当外部交流输入失电时，自动由蓄电池供电；当电池放电到电池的欠压点时，开关电源的保护动作并且断开输出，直到交流电恢复正常。

在活化电池时，开关电源本身输出略低于电池欠电压点电压。当蓄电池放电到电池欠电压点时，结束活化过程。开关电源输出电压只需略高于电池电压，电源无需全额电压输出，提高了电源可靠性。

2）采用超级电容器储存电能方案。超级电容器是一种介于电池与普通电容之间，除具有电容的大电流快速充放电优点，还具有电池的储能特性，可重复使用，寿命长。仅在外部失去电源时使用，依靠超级电容器所储存的能量可以保证 FTU 短时运行。

图 4-8 是采用超级电容器供电工作原理图。图中 C1 为超级电容器，当交流电正常时，整流桥输出直流电压，超级电容器处于充电状态；当交流电失去时，C1 维护电源输出。

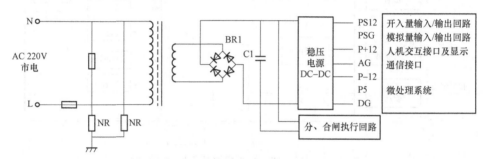

图 4-8　超级电容器供电工作原理图

（4）机箱。由于 FTU 安装在室外，经受风吹、雨淋、日晒、尘土、雷电冲击、电磁等环境的考验，对其防护冬季要求达到 IP56。因此，要求 FTU 箱体的设计遵循高等级保护、紧凑、小巧、美观的原则。通常采用 1mm 厚钢板全焊或者不锈钢主体结构，并进行表面喷塑处理。箱门加橡胶密封以实现箱体内外密封隔离，达到防潮、防水、防尘、防干扰、抗振动的目的。

4.3.1.2　FTU 的功能

FTU 作为配网自动化的远程终端，其功能分为基本功能和拓展功能，基本功能是实现"三遥"和远方的通信，能够测量到各种电气量和开关量发送到远方，并能接收远方的遥控命令。扩展功能根据现场实际应用进行处理。

具体功能如下：

（1）遥信功能。采集柱上开关当前开/合状态。遥信是否正常、开关储能、框门开/合、电池是否正常以及保护动作等信号。

（2）遥测功能。采集线路电压、电流（零序电流）、有功功率、无功功率等模拟量和电源电压以及蓄电池容量。

（3）遥控。接收远方命令，控制柱上开关的合/分跳闸以及启动电池维护等。遥控应采用先选择再执行的方式，并且选择之后的返校信息应由继电器接电提供。

（4）统计功能。对开关动作次数、运行时间和过电流次数进行统计。

（5）对时功能。能接收配网自动化主站的对时命令。

（6）记录状态量发生变化时刻的先后顺序。应具有历史数据储存能力，包括不低于 256 条事件顺序记录、30 条远方和就地操作记录、10 条装置异常记录等信息。

（7）具有故障检测以及故障判别功能。能记录事故发生前和发生时的电流、电压以及功率，便于分析事故，确定故障区段，并为恢复健康区段供电时负荷重新分布提供依据。

（8）定值远方整定和召唤。

（9）远方控制闭锁和手动操作功能。当进行线路开关检修时，相应的 FTU 由远方控制闭锁功能，以确保操作的安全性，避免发生操作和恶性事故，同时提供就地手工分/合闸操作。

（10）通信。具备串行口和网络通信接口，能够对通信信道进行监视，实现数据处理与就地采集数据并通过通信口转发。

（11）应具备自诊断、自恢复功能。对各功能板件以及重要芯片进行自诊断，故障时能传送报警信息，异常时能够自动复位。

（12）工作电源工况监视以及后备电源的运行监测和管理。。后备电源为蓄电池时，具备充放电管理、低电压告警、欠电压切除（交流电源恢复正常时应具备自恢复功能）、人工/自动活化控制等功能。

（13）备用电源。后备电源为蓄电池供电方式时，应保证停电后能够分/合闸操作 3 次，维持终端以及通信模块至少运行 18h。后备电源为超级电容供电方式时，应保证停电后能分/合闸操作 3 次，维持终端以及通信模块至少运行 15min。

（14）多条线路监控。具备同时监测、控制同杆架设的配电线路以及相应开关设备的能力。

（15）保护功能。可根据需求具备过电流、过负荷保护功能，发生故障时能够快速判断并切除故障。

（16）小电流接地处理。具备小电流接地系统的单相接地故障检测功能，与开关配套完成故障检测和隔离。

（17）就地故障隔离与恢复。支持就地馈线自动化功能，具有和上级断路器配合隔离和恢复故障的能力。

（18）故障电流方向检测。配电线路闭环运行和分布式电源接入情况具备故障方向检测。

（19）同期功能。可以检测开关两侧相位以及电压差，支持合环倒负荷功能。

4.3.1.3 FTU 的特殊性要求

（1）FTU 具有自诊断、自维护能力。FTU 以及配电开关安装在户外，处于无人值守状态。FTU 能够对其自身进行监控，以及发现隐患，以便进行及时检修维护。蓄电池时 FTU 相对薄弱的环节，需要具有对蓄电池充放电控制功能。当交流输入失去时自动无缝切换，由蓄电池供电。对操作电源的监视项目主要是电源电压，必要时包括蓄电池和剩余容量。对开关的监视项目主要是开关的动作次数、动作时间以及累计切断电流的水平等。通过这些信息可基本判断开关机械机构的完好程度以及触头的烧灼程度，进而确定是否需要进行检修。

（2）体积小、便于安装。馈线自动化的 FTU 一般是安装在电力线路上组合式开关柜内，安装空间有限。因此体积需要尽量小。

（3）功率小。受体积限制，FTU 一般由电压互感器和蓄电池组供电，电压互感器及蓄电池容量有限。因此功耗要尽量小。

（4）能适应苛刻的运行条件。馈线自动化 FTU 多数安装在户外或者组合配电柜内，经受风吹、雨淋、日晒、尘土、雷电冲击、电磁等恶劣运行环境的考验。电路以及元器件需要考虑温度和电磁兼容的影响，要具有良好的防潮、防雨、防腐蚀性措施。机箱选材以及工艺需要考虑到材料的老化等因素，防护等级要达到 IP56 要求。电磁兼容的水平达到国家规定的标准，即要求 FTU 能够适应环境，能承受高电压、大电流、雷电等干扰。

（5）低成本。配网线路监控系统的数据采集比较分散，采集点多，需要的 FTU 数量多。在投资中所占的比例就比较大，降低 FTU 的成本可以显著降低整个配网自动化系统的投资。

4.3.2　DTU

DTU 一般安装在常规的开闭所（开关站）、户外小型开关站、环网柜、小型变电站、箱式变电站等处。DTU 完成对开关设备的位置信号、电压、电流、有功功率、无功功率、功率因数、电能量等数据的采集与计算，对开关进行分合闸操作，实现对馈线开关的故障识别、隔离和对非故障区间的恢复供电。部分 DTU 还具备保护和备用电源自动投入的功能。通过主站的分析判断实现对线路开关故障识别，并根据主站的遥控命令对开关进行分合闸操作和对非故障区备用电源自动投入恢复供电。一种常见的环网柜如图 4-9 所示。

图 4-9　一种常见的环网柜

环网柜是高压开关设备装在钢板金属柜体内或做成拼装间隔式环网供电单元的电气设备，其核心部分采用负荷开关和熔断器，环网柜的母线与负荷开关连接。这些负荷开关有进线开关也有出线开关，进线开关至少两个，保证供电可靠性。DTU 部署在环网柜旁负责采集环网柜母线、开关的电气量，而 TV（电压互感器）则为 DTU 提供电源保障。

DTU 可实现遥信、遥测、遥控功能。采集通信变位，事故遥信并向主站发送信息量。遥测类型较多，分别是 A 相、B 相、C 相电流，A 相、B 相、C 相电压，AB、BC 线电压、总有功功率、总无功功率、功率因数。装置具有远方控制功能和就地控制功能，其接受并执行来自主站的遥控命令，完成开关的分、合闸操作。

DTU 的供电模块兼容 DC48V、DC24V、AC220V、AC110V 电压输入。当电源失电时，装置的蓄电池提供电源。保护功能比较丰富，有三段相间过流保护，例如Ⅰ段（速断）、Ⅱ段（限时速断）和Ⅲ段（过流）。每段保护跳闸时间分别整定，每段可选择带方向元件闭锁，每段可通过软压板退出。DTU 可支持多次重合闸功能，重合闸次数可以多达 4 次，启动方式为保护动作启动，带开关两侧有压闭锁逻辑，带方向闭锁逻辑。DTU 可提供涌流抑制，当开关由分位变为合位时，重合闸未启动，则装置软件闭锁Ⅲ段过流保护功能 5s，之后恢复保护功能。DTU 的开关闭锁功能是指当重合闸动作次数达到设定值设定的次数后，10s 内Ⅲ段过流保护又动作一次，装置逻辑判断该故障为永久性故障，在输出跳闸命令的同时也输出闭锁继电器信号，该信号保持 0.5s 后自动返回，用于外部闭锁开关分合闸。

4.3.3 故障指示器

故障指示器是一种能反映有短路电流通过而出现故障标志牌（红牌）的电磁感应设备。将这故障指示器在配电线路沿线装设，只要线路发生故障，短路电流流过，故障指示器便动作，故障标志红牌便出现。然后运维人员沿线巡视，电源侧至故障点之前的故障指示器都出现红牌，故障点以后的故障指示器都不出现红牌，即可判断，故障点便在最后一个红牌点与其后第一个非红牌点之间。通常可安装在电力线（架空线、电缆以及母排）上。故障指示器现场安装图如图 4-10 所示。

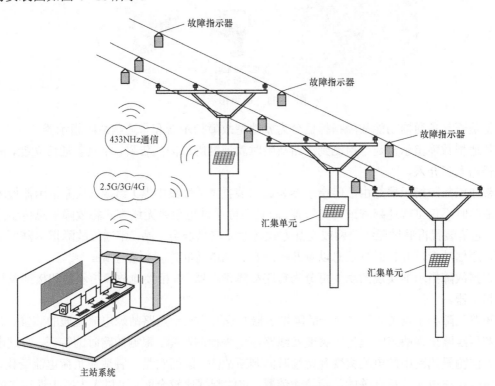

图 4-10　故障指示器现场安装图

4.3.3.1 故障指示器的分类

故障指示器按应用对象不同可分为架空型、电缆型和面板型三种类型。

架空型故障指示器传感器和显示（指示）部分集成于一个单元内，通过机械方式固定于架空线路（包括裸导线和绝缘导线），架空型故障指示器一般由三个相序故障指示器组成，且可带电装卸，装卸过程中不误报警。

电缆型故障指示器的传感器和显示（指示）部分集成于一个单元内，通过机械方式固定于电缆线路（母排）上。通常安装在电缆分支箱、环网柜、开关柜等配电设备上，由三个相序故障指示器和一个零序故障指示器组成。

面板型故障指示器是由传感器和显示单元组成，通常显示单元镶嵌于环网柜、开关柜的操作面板上的指示器，传感器和显示单元采用光纤或无线等方式通信，一、二次侧之间可靠绝缘。故障指示器如图 4-11 所示。

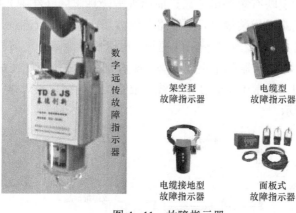

图 4-11　故障指示器

将是否具备通信功能故障指标器分为就地型故障指示器和带通信故障指示器。

就地型故障指示器是当检测到线路故障时就地翻牌或闪光告警，不具备通信功能，故障查找仍需人工介入。

带通信故障指示器是由故障指示器和通信装置（又称集中器）组成，故障指示器检测到线路故障时不仅可就地翻牌或闪光告警，而且还可通过短距离无线方式将故障信息传至通信装置，通信装置再通过无线公网或光纤方式将故障信息送至主站。带通信故障指示器可选配遥测、遥信功能，并将遥测信息以及开关开合、储能等状态量报至主站。

根据故障指示器实现的功能可分为短路故障指示器、单相接地故障指示器和接地及短路故障指示器。

短路故障指示器（又称二合一故障指示器）是用于指示短路故障电流流通的装置。其原理是利用线路出现故障时电流正突变及线路停电来检测故障。根据短路时的特征，通过电磁感应方法测量线路中的电流突变及持续时间判断故障。因而它是一种适应负荷电流变化，只与故障时短路电流分量有关的故障检测装置。它的判据比较全面，可以大大减少误动作的可能性。

单相接地故障指示器可用于指示单相接地故障，其原理是通过接地检测原理，判断线路是否发生了接地故障，检测技术有 5 次谐波法、电压突变法、首半法、零序电流法、信号注入法。

接地及短路故障指示器在设计上综合考虑了接地和短路时输电线路的特点。

4.3.3.2　故障指示器的基本构造

故障指示器包括电流和电压检测、故障判别、故障指示器驱动、故障状态指示及信号输出和自动延时复位控制等部分。故障指示器原理图如图 4-12 所示。

故障指示器的取电有三种方式，分别是电力线路互感取电、从超级电容取电和一次性电池供电。故障指示器的取电是有优先级的。一般故障指示器先从电力线路互感取电，然后从超级电容取电，最后从一次性电池取电。

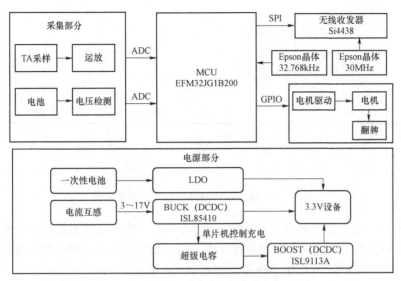

图 4-12　故障指示器原理图

4.3.3.3　故障指示器的功能

（1）故障指示：线路正常运行时显示白色，发生故障时窗口转为红色。

（2）在线运行：直接安装在电力线路上，可长期户外带电运行，无须人力维护。

（3）自动复位：当线路发生短路故障即开始计时，按选定复位时间自动复位。

（4）不同类型：有架空型、电缆型、母排型等。

（5）带电装卸：在线路正常运行时，可带电安装和拆卸（母排型除外）。

以架空型故障指示器为例，当线路发生短路时，故障电流触发故障指示器翻牌并通过无线模块向主站发送告警信号，故障指示器动作示意图如图 4-13 所示。

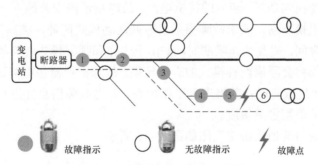

图 4-13　故障指示器动作示意图

主站根据"信息分流、责任分区"的原则将故障信息转发至相关远程工作站，值班人员通过翻盘信息判断故障范围在 5 号故障指示器和 6 号故障指示器之间，并告知运维人员在相关范围巡视线路。运维人员在现场根据故障指示器翻牌情况确认故障范围。

根据架空线路的特点一般要求在变电站出口处、线路分支处、主干线长线路分段处分别进行安装，每组故障指示器按照 A、B、C 三相进行安装，要求指示器必须与集中器匹配确保故障指示器信号正常传入主站。架空线路故障指示器安装示意图如图 4-14 所示。

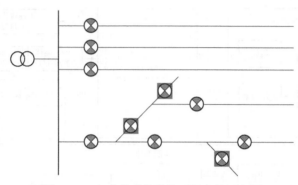

图 4-14　架空线路故障指示器安装示意图

对于环网柜、电缆分支箱或者开闭所（开关站）。一般电缆的出线都应该安装故障指示器，在环进或环出的主环线路上，如果运行中只有一个方向供电，则一般在负荷侧安装故障指示器。电缆型故障指示器安装示意图如图 4-15 所示。

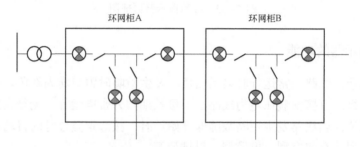

图 4-15　电缆型故障指示器安装示意图

4.3.3.4　故障指示器的特殊性要求

（1）极低的活动模式功耗，超低的待机电流。故障指示器安装地方一般较为偏远或者环境较为恶劣，因此更换不易，要求故障指示器降低活动模式能耗，提高工作时长。

（2）减少处理时间，提高快速唤醒时间。由于工作和睡眠模式转换频繁，忽略唤醒时间或者唤醒时间过长都将会阻碍两种模式的有效转换。故障指示器在电网正常运行时，处于待机或休眠状态。当出现故障时，其将进入工作状态，发送故障信息并进行翻盘提示，处理时间应该迅速，提高故障判定灵敏度。

配网自动化系统与其他系统交互图如图 4-16 所示。

4.3.3.5　信号源

常见故障指示器不具备检测接地信号功能。为了解决这一问题，可在 10kV 配电线路中性点不接地系统中安装信号源。当线路上发生单相接地故障后，信号源通过零序电压判断接地故障，自动投切交流触发器发送电流信号序列，该电流信号经过故障出线的接地相、接地点和大地返回信号源，非故障出线和非故障相没有信号通过。故障线路上的故障指示器在接收信号源发送的电流信号后，自动解码和计算，准确翻盘故障指示器。信号源由交流高压真空接触器、信号源控制器、高压电阻组成。

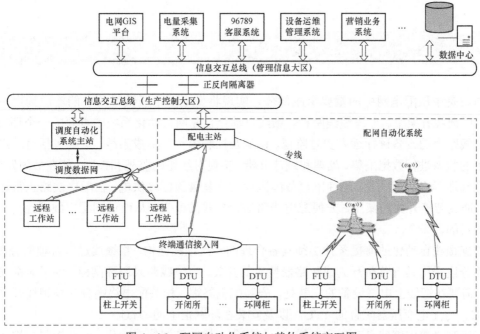

图 4-16　配网自动化系统与其他系统交互图

（1）交流高压真空接触器内部分为三部分。当发生接触故障后控制器控制充气柜内开关发出信号，故障指示器检测到该信号时，发光、翻盘并将故障信息发送到主站。

（2）信号源控制器分析线路是否产生接地故障，并发送告警信息至主站，控制充气柜内开关分合闸，发出指示器能够识别的接地信号。

（3）高压电阻的作用是充气柜开关合闸后保证母线与大地之间有良好的绝缘，同时保证信号源发出的电流信号幅值能满足指示器判据要求。信号源原理接线图如图 4-17 所示。

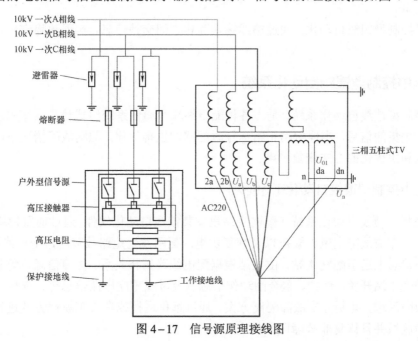

图 4-17　信号源原理接线图

4.4 馈线自动化

馈线是中压配电网中的重要组成部分，实现将变电站中压馈线的电能输送到用户的任务，中压馈线有架空、电缆馈线两种。馈线自动化是配网自动化系统中重要的一个环节，是对配电线路上的设备进行远方实时监视、协调及控制的一个集成系统。主要包括对线路及开关设备的状态进行数据采集、处理和统计分析，实现对线路的监视和控制。能在故障发生后，及时准确地确定故障区段，迅速隔离故障区段与恢复健康区段供电，在配电线路正常运行条件下，通过智能开关的操作，方便配电线路运行方式的改变，从而达到配电线路经济、可靠运行的目的。

实施馈线自动化的前提条件必须具备合理的一次馈线结构，将馈线进行合理的分段。架空线路分段采用具有负荷开关或断路器性质的开关，电缆线路采用环网柜。为了对馈线进行监控，需要在馈线上电气设备的安装处，安装配电终端。相关配电终端分为与馈线开关配合的 FTU、与配电变压器配合的 TTU，以及安装在环网柜上的 DTU。

以下列举集中馈线自动化实现模式，包括集中控制型馈线自动化、就地控制型馈线自动化、分布式控制型馈线自动化等。

集中控制型馈线自动化，通过收集配电终端故障信息至主站，由主站根据电网拓扑结构和预设算法进行故障定位，并由主站系统发出遥控命令控制开关动作，完成故障区段隔离并恢复非故障区供电。

就地控制型馈线自动化，通过重合器—分段器顺序动作，相互配合来实现，根据电压和（或）电流变化，重合器与分段器按照预先设定的逻辑顺序动作，完成故障区段隔离并恢复非故障区供电。

分布式控制型馈线自动化，通过馈线终端互相之间交换信息，实现故障定位、隔离以及恢复供电。

4.4.1 集中控制型馈线自动化系统

集中控制型馈线自动化系统，是由各种配电终端和通信系统组成信息采集系统，由配网主站根据所采集的信息，实现配网正常运行时配网的重构优化，配网故障情况下，能灵活进行故障定位和用优化的方式恢复供电。

4.4.1.1 集中控制型馈线自动化工作原理

集中控制型馈线自动化系统在配网主站里安装馈线自动化软件，通过前置模块与配电终端进行通信，完成故障定位、隔离以及恢复供电。配网发生短路故障后，配电终端将失压、过流等故障信息上送至配网主站，由主站根据配电线路拓扑关系、故障信息、变电站自动化系统传来的变电站开关、保护、重合闸动作信息以及母线零序电压信息等，按照一定的逻辑算法确定故障区域，并制订出故障隔离方案，通过远程遥控或者人工就地方式进行操作，实现隔离故障区域并且恢复非故障区域供电。

常见架空线路集中控制型馈线自动化系统如图 4-18 所示，包括配网主站、通信系统以及配网线路上的配电终端。

常见电缆环网集中控制型馈线自动化系统如图 4-19 所示。

图 4-19 中包含变电站出线断路器（QF1、QF2），具有测控和通信功能的保护装置（Relay）、环网柜、分段开关以及联络开关（QL22）。正常运行时联络开关处于分位，电缆环网集中控制型馈线自动化系统常见故障有进线电缆故障、母线电缆故障、出线电缆故障三种。

（1）进线电缆故障。假设电缆 K1 点发生故障，出线断路器 QF1 跳闸，FTU1 检测到 QL11、QL12 有故障电流流过，主站确定故障点位置在 QL12 与 QL21 之间，实现故障定位。通过远程遥控或者就地操作分闸 QL12 和 QL21，隔离故障区域。最后控制变电站出线断路器 QF1 以及联络开关 QL22 合闸，恢复环网柜 1 和环网柜 2 的供电。

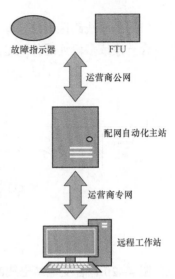

图 4-18　常见架空线路集中控制型馈线自动化系统

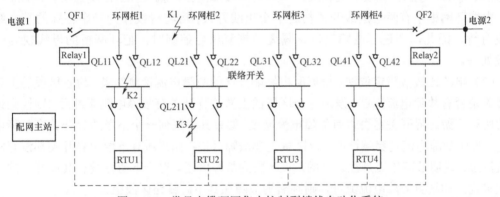

图 4-19　常见电缆环网集中控制型馈线自动化系统

（2）母线电缆故障。假设环网柜 1 母线上（K2）发生短路故障，变电站出线断路器 QF1 跳闸，因为环网柜 1 的进线开关 QL11 有故障电流流过，主站确定故障点在环网柜的母线上，实现故障定位。通过远程遥控或者就地操作分闸 QL11 和 QL12，实现故障隔离。最后控制联络开关 QL22 合闸，恢复环网柜 2 的供电。

（3）出线电缆故障。假设出线环网柜 K3 点发生永久性故障，变电站出线断路器 QF1 跳闸，环网柜 1 的进线开关 QL11、QL12 以及环网柜 2 的进线开关 QL21、出线开关 QL211 均有故障电流流过，主站确定故障点在 QL211 出线上，实现故障定位。通过远程遥控或就地操作分闸 QL211，实现隔离故障。最后遥控变电站出线断路器 QF1 合闸，恢复环网柜 1 和环网柜 2 的供电。

1. 故障定位方法

故障定位方法是指配网主站根据配电终端报送的故障电流检测结果与实时网络拓扑结构，确定故障点所在线路区域。常见的故障定位方法有基本线路区段法、电路比较故障定位法两种。

（1）基本线路区段法。基本线路区段是指配网线路中以线路开关为边界的部分区域，其中包含一段或多段连通的配电线路。线路区段示意图如图4-20所示。

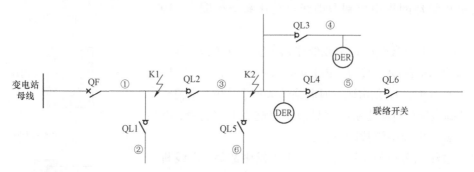

图4-20　线路区段示意图

图4-20包含变电站出线断路器QF、分段开关、分支开关、联络开关。按照线路开关为边界划分为6个区段。将区段相邻的开关称为边界开关。在放射性线路中，边界开关中靠近变电站的开关称为上游边界开关。图中3号区段的上游开关为QL2，下游边界开关为QL3、QL4、QL5。馈线自动化应用中所谓的故障定位，就是找出故障点所在区段。

电缆环网柜中有两个进线开关与若干个出线开关，可将母线作为一个特殊的基本线路区段对待，因此，在进行故障定位、隔离与恢复供电控制时，把环网柜的母线视为一个区段处理。

（2）电流比较故障定位法。根据配电终端报送的故障电流检测结果，检查区段的上游边界开关是否有故障电流流过，发现一个区段的上游边界开关有故障电流流过后，则检查该区段的所有下游边界开关是否也有故障电流流过，如果其中任何一个下游边界开关有故障电流流过，说明故障电流是穿越性的，该区域为非故障区段；如果所有下游边界开关都没有故障电流流过，说明故障电流是注入性的，该区段为故障区段。对于下游再没有其他开关的末端开关来说，如果有故障电流流过，则判断为故障在其下游线路区段上。

2. 恢复供电方法

故障区段被隔离后，其上游的非故障区段由变电站出线开关合闸恢复供电。如果故障点下游的非故障区域有联络开关，则由联络开关合闸恢复供电。上游非故障区段的供电恢复比较简单，然而故障点下游非故障区段的供电恢复相对复杂，需要考虑联络开关容量是否充足以及多联络电源参与操作的问题。

制订恢复供电操作方案时，需要知道联络线路的容量裕度、非故障区域的负荷容量，以校核链路线路转带非故障区段负荷后的运行容量，对供电恢复方案的安全性做出判断。简单起见，一般用运行电流近似代表运行容量，通过校核联络线路的运行电流，来对供电恢复方案进行判决，主要判据是联络开关电流裕度大于待供非故障区域的总负荷电流。联络开关的电流裕度$\triangle I_t$等于联络线路允许的最大负荷电流I_{tm}减去其故障前负荷电流I_{tl}。I_{tm}由主站根据母线负荷情况与线路额定电流决定，I_{tl}等于联络线路出线开关故障前的负荷电流。

由于馈线自动化针对的是采用单电源供电运行方式的配电线路，而且故障区段一般只有一个下游边界分段开关与联络线路连通，因此，故障点下游待供非故障区段的总负荷电流等于该故障点下游边界分段开关故障前负荷电流。图 4-20 所示，K1 点故障时，故障点下游待供非故障区段为③～⑥，待供负荷电流等于分段开关 QL2 故障前的负荷电流；K2 点故障时，故障点下游待供非故障区段为区段⑤，其负荷电流等于分段开关 QL4 故障前的负荷电流。

待供非故障区段的总负荷电流 $I_{Z\Sigma}$ 近似等于每一个非故障区段的负荷电流和，即

$$I_{Z\Sigma} \approx \sum_{i=1}^{n} I_{ZLi}$$

式中：I_{ZLi} 为转带的第 i 个非故障区段负荷电流；n 为转带的非故障区段的个数。

每一个非故障区段的负荷电流近似等于其上游边界开关的负荷电流 I_{UL} 减去所有下游边界开关的负荷电流 I_{DLij}，即

$$I_{ZLi} \approx I_{UL} - \sum_{j=1}^{m} I_{DLij}$$

式中：m 为第 i 个非故障区段下游边界开关的个数。

恢复供电中使用两个示例：① 单联络电源环网供电恢复。② 多联络电源环网供电恢复。

（1）单联络电源环网供电恢复。单联络电源环网只有一个联络电源用于恢复对非故障区段供电。根据联络电源的电流裕度是否充足，分为全部恢复以及部分恢复。

配电线路发生故障时，主站完成故障定位、隔离以及恢复故障点上游区段的供电后，启动故障点下游非故障区段的供电恢复程序。首先，根据故障前电流测量值，计算出联络电源的电流裕度、非故障区段的负荷电流以及所有非故障区段总负荷电流。如果联络电源的电流裕度大于总待供电流，则遥控合上联络开关，恢复所有非故障区段的供电，即实现全部恢复。如果联络电源的电流裕度小于总待供电流，则只能恢复一部分非故障区段负荷的供电。

在对一部分非故障区段的负荷进行供电恢复操作时，有整区段恢复和甩掉部分区段负荷两种方法。

整区段恢复指从故障点下游的非故障区段开始，选择一个分段开关将其跳开甩掉一个或若干个非故障区段，使待供负荷总电流小于电流裕度，然后合上联络开关，恢复对于联络相连的一个或者若干个非故障区段的供电。在只有分段开关可遥控的情况下，一般采用该方法。

甩掉部分区段负荷的恢复方案用于区段内分支开关或者分段开关能够远程遥控的场合，一般采取重要负荷优先恢复的策略，即从故障点下游第一个非故障区段开始，依次跳开可遥控的带有非重要负荷的支线开关，直至电流裕度满足要求，然后合上联络开关。该方案一般用于支线开关可远程遥控的场合。

以图 4-20 为例，联络开关 QL6，线路上 K1 点发生故障，分段开关 QL2 与 QL4 之间的非故障区段（③、④、⑥区段）的负荷电流为 80A，QL4 与联络开关 QL6 之间的非故障区段（⑤区段）的负荷电流为 50A，待供总负荷电流为 130A。假设只有一个联络电源且联络电源的电流裕度为 120A，因电流裕度小于待供总负荷电流，只能恢复部分非故障区段。如果只有分段开关 QL2 和 QL4 可遥控，则打开分段开关 QL4，甩掉 QL4 上游的非故障区段，合上联络开关 QL6，恢复 QL4 下游的非故障区段的供电。如果分支线开关可遥控，支线开关 QL5 故障前负荷电流为 20A 且为非重要负荷，则可遥控跳开 QL5，使待供总负荷电流减为 110A，然后合上 QL6，恢复下游非故障区段上其他负荷的供电。

（2）多联络电源环网供电恢复。多联络电源环网指有两个及两个以上联络电源的环网。主站对故障点下游的非故障区段进行供电恢复操作时，首先，根据故障区段下游网络拓扑关系，找出所有非故障区段与其相邻的联络开关以及其所在电源。根据故障前电流测量值，计算出各联络电源的电流裕度、非故障区段的负荷电流以及所有非故障区段总负荷电流，即总待供电流，然后执行操作。分为三个方面进行介绍：

1）单电源整区恢复，是指使用一个联络电源，恢复所有非故障区段的供电。条件是：至少有一个联络电源的电流裕度大于总待供电流；如果有两个以上的联络电源的电流裕度大于总待供电流，选择电流裕度最大的联络电源。

如图 4-21（a）所示，共有 7 个区段，故障前每 I 区段的负荷电流在图中区段标号的右边标出；接有 3 个联络开关 QL7、QL8 与 QL9。假设线路上 K 点发生故障，变电站出线断路器 QF 以及线路分段开关 QL2 跳闸，隔离故障，第③、④、⑤、⑥、⑦号区段停电，属于待恢复供电区段。5 个待恢复的非故障区段，总待供负荷电流为 130A。假设联络电源 1、2、3 的电流裕度为 160、90、140A，电源 1 与 3 的电流裕度都大于总待供电流，选择电流裕度最大电源 1 作为恢复电源，合上联络开关 QL7 恢复所有非故障区段的供电，如图 4-21（b）所示。

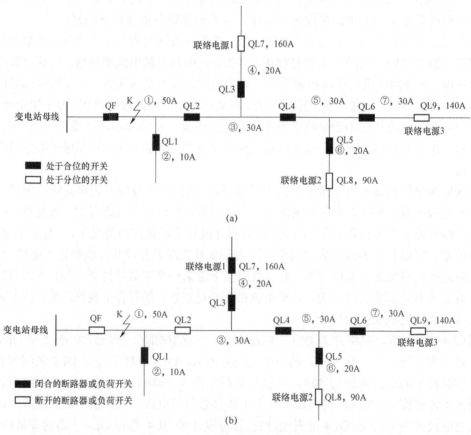

图 4-21　单电源整区恢复供电示意图
（a）恢复前环网结构；（b）恢复后环网结构

2）双电源分区恢复，指使用 2 个联络电源，恢复所有非故障区段的供电。条件是：至少有两个联络线路的电流裕度之和大于总待供电流。如果有多组满足要求的联络电源组合，选择电流裕度最大的两个联络电源。因为要合上两个联络开关，必须断开两个电源之间的一个分段开关，以避免出线合环运行的情况，选择这个分段开关时要求其两侧非故障区段总负荷电流的比例接近两个联络电源的电流裕度比值。

双电源分区恢复，需要进行三次开关操作。包括一次打开分段开关的操作与两次合上电源联络开关的操作。

假设联络电源1、2与3的电流裕度分别为80、70、100A，其中任何两个电源的电流裕度和大于总待供电流。选择电源1和3作为恢复电源键分区恢复。根据两个电源的电流裕度，选择分段开关QL4作为断点。打开QL4，合上联络开关QL7与QL9完成供电恢复操作后，双电源分区恢复示意图如图4-22所示。

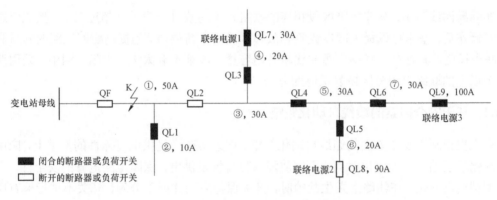

图4-22　双电源分区恢复示意图

如果采用单电源整区恢复操作使联络线路的负载率过高，也可使用双电源分区恢复操作，以便联络线路上的负载率更为均衡。

3）三电源分区恢复，指使用三个联络电源，恢复所有非故障区段的供电。条件是：有三个联络电源，但没有任何一个联络电源的电流裕度或两个联络电源的电流裕度之和满足恢复所有非故障区段的要求。实施步骤是：首先，选择电流裕度最小的联络电源进线供电恢复操作，直至电流裕度用完或者遇到可有三个联络电源供电的交叉区段，打开分段开关，形成断点。然后，剩余的非故障区段由其他两个联络电源按照双电源分区恢复的方法恢复供电。

三电源分区恢复，需要进行五次开关操作，包括两次打开分段开关的操作与三次合上电源联络开关的操作。

如图4-23所示配电线路，假设联络电源1、2与3的电流裕度分别为30、40、70A，尽管电源1和3的电流裕度之和等于总待供电流，但进行双电源恢复操作无法实现所有非故障区段的供电，因此应进行三电源分区恢复供电操作。首先选择电流裕度最小的电源2进行恢复供电，打开分段开关QL4、分支开关QL5，形成两个断点，避免影响其他两个联络电源恢复对区段⑤的供电。然后，使用电源1和3进行双电源分区恢复操作，恢复对其他非故障区段的供电。完成操作后，线路的运行方式如图4-23所示。

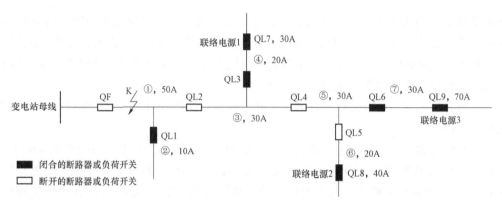

图 4-23 三电源分区恢复操作示意图

实际配网线路中，与非故障区段相连的联络开关的数目一般不会超过三个，按照上述方法进行操作后，基本可以最大限度恢复非故障区段的负荷供电。为提高配网线路的容量利用率、减少投资，具有多个联络电源的线路备用容量一般都不会太大。实际配网中，采用两个或两个以上的联络电源分区恢复供电的方法。

4.4.1.2 基于安全因素的馈线自动化策略

有人提出基于安全方面的馈线自动化策略。该策略在满足供电可靠性的基础上，应用配网自动化手段缩短故障定位时间，不向故障点盲目恢复供电，保障电网抢修的安全性。集中控制型馈线自动化，在线路上发生故障时，开关保护启动并处于分闸，开关不进行检有压重合，重合开关需要远程遥控或者就地操作。配电终端将过流信号以及开关变位信号发送主站，经过处理后再将信息传输至远程工作站。调度人员通过判断与分析定位故障范围，通知运维人员进行巡视，并向故障区段上游非故障区段恢复供电。线路上发生永久性故障原因较多，情况较为复杂，出于安全因素的考虑，不能拉合故障区域边界开关，强行向故障区域恢复供电，待运维人员巡视并抢修完毕后，再恢复故障区域供电。常见放射型配电线路如图 4-24 所示。

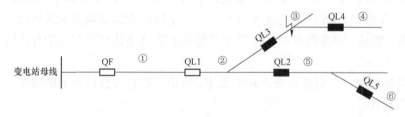

图 4-24 常见放射型配电线路

对图 4-24 所示放射型配电线路，当③区间发生故障时，分支开关 QL3，主干分段开关 QL1，变电站出线开关 QF 均跳闸。与此同时配电终端将保护信息发送至主站，并且开关分位也发送至主站，调度员通过配网自动化系统掌握线路的故障信息，判断故障位置。由于主干分段开关 QL1 处于分位，变电站出线断路器 QF 重合闸成功，同时操作分段开关 QL1，向非故障区段恢复供电，但不操作故障区段边界开关 QL3，不向故障区域贸然恢复供电。运维人员处理故障区域③，待故障区域处理完成后恢复该区域供电。该策略防止向故障区域恢复供电，防止意外再次发生。

4.4.2 就地控制型馈线自动化

就地控制型馈线自动化是指基于重合器—分段器顺序操作，相互配合实现的馈线自动化。当配电线路故障时，根据就地电压或电流的变化，安装在变电站出线开关或者配置了保护装置的重合器与线路的自动分段器按照预选设定的逻辑顺序进行动作，完成故障隔离与非故障区段的恢复供电。

就地控制型馈线自动化系统具有自愈性，不依赖于主站控制。因此适用于不具备通信条件的区域实现架空线路的馈线自动化。在中国，对于采用无线公网通信的架空配电线路，为防止网络攻击造成停电，配电终端只需要具有"二遥"即遥信、遥测功能，不允许对其他开关进行遥控，这种情况下可采用就地控制型馈线自动化实现故障隔离与恢复供电。

就地型馈线自动化采用较多的设备是重合器。所谓重合器是本身具有控制和保护功能的成套开关设备，该类型设备可以检测故障电流并按照预先设定的分合操作次数自动切断故障电流与重合，并在动作后能自动复位或自锁。根据故障检测对象的不同，就地控制型馈线自动化可分为电压控制型、电流控制型和电压电流控制型三种实现模式。

4.4.2.1 电压控制型

电压控制型馈线自动化，又称为电压—时间控制型，工作原理是通过检测分段开关两侧的电压来控制其分闸与合闸，即通常所说的"失电分闸，来电合闸"。当线路中发生短路故障时，线路出口重合器分闸，随后线路上的分段开关因失压而分闸。经过一段时间后重合器第一次合闸，沿线分段开关按照来电顺序依次延时合闸。如果故障是瞬时性的，线路恢复正常运行。如果故障是永久性的，重合器和分段开关第二次分闸，靠近故障点的上游分段开关自动闭锁在分闸状态，再经过一段时间户，重合器第二次合闸恢复故障点上游非故障区段供电。

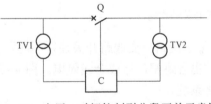

图 4-25 电压—时间控制型分段开关示意图

电压—时间控制型分段开关示意图如图 4-25 所示，分段开关两侧的电压互感器（TV1 与 TV2）用于检测线路电压并为控制器提供操作电源，控制器 C 根据设定的动作判断与逻辑控制开关的分合与闭锁，其内部装有储能电容以在线路失压后能够提供跳开分段开关的能量。开关两侧安装电压互感器，方便使用线路不同侧电源供电的运行方式。自动分段开关的动作依据是：在线路两侧均失压时分闸，在线路一侧来电时经过一段时间延时（X 时限）后合闸；如果合闸后的预定时间内（Y 时限）检测到失压时则分闸并闭锁再一次合闸，在线路一侧带电时不再合闸。设定的时限 X 大于 Y，以保证上一级开关可靠检测并切除故障，一般设定 X 时限为 7s，Y 时限为 5s。

下面介绍三种类型故障隔离与恢复供电的方法。

（1）放射式线路故障隔离与恢复供电的方法。放射式架空线路如图 4-26 所示，由线路出线开关重合器 R 与线路上的自动分段开关 QL1、QL2 组成。重合器 R 第 1 次重合时间整定位 1s，第 2 次重合时间整定位 5s。分段开关 QL1、QL2 工作在"常闭"状态，在开关两侧没有电压（失压）时分闸，在一侧检测到电压后经过 X 延时合闸。合闸后再经过预定 Y 延时内检测到失压，说明下一段线路依然存在故障，分闸后闭锁。

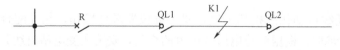

图 4-26   放射式架空线路

假设在线路上 K1 点发生短路故障，线路出口重合器 R 分闸，分段开关 QL1、QL2 均因两侧失压分闸。延时 1s 后重合器 R 重合，QL1 在来电后延时 7s 合闸，若为瞬时性故障，则 QL1 合闸成功，QL2 在来电后延时 7s 合闸，恢复线路供电。若为永久性故障，QL1 合到故障上导致重合器 R 再次分。由于 QL1 在合闸后设定的故障检测时限为 $Y=5s$ 又检测到失压，因此，此次失压分闸后闭锁。重合器 R 在分闸后延时 5s，第二次重合，由于 QL1 已经处于闭锁状态，不再合闸，从而隔离了故障区段（故障点在 QL1 与 QL2 之间），恢复重合器 R 与 QL1 之间的区段供电。K1 点永久性故障时重合器 R 与分段开关 QL1、QL2 的动作时序如图 4-27 所示。

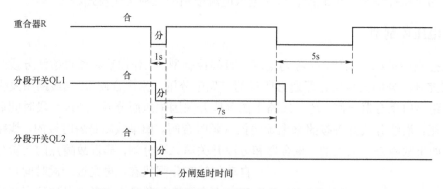

图 4-27   永久性故障重合器与分段开关动作时序

（2）分支线路故障隔离与恢复供电。实际工程中，架空线路分支线路开关往往不配置保护装置，在这种情况下，分支线路故障时线路出线开关也会跳闸，造成全线停电。图 4-28 所示为分支线路的放射式线路电压—时间型馈线自动化系统。

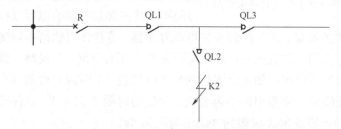

图 4-28   分支线路的放射式线路电压—时间型馈线自动化系统

电压—时间型馈线自动化也可用于分支线路故障的隔离与恢复供电，为正确区分主干线路与分支线路故障，需要将分支线路下游主干线路的开关合闸 X 延时增加一倍。如图 4-29

所示，将分支线路开关 QL2 的 *X* 时限设为 7s，将分段开关 QL3 的 *X* 时限设为 14s，其余开关整定延时不变。如果分支线路 K2 点发生故障，线路出线开关 R 分闸，分段开关 QL1、QL3 与分支线路开关 QL2 均失压分闸。延时 1s 后，重合器 R 第 1 次重合，QL1 在得电后延时 7s 合闸，然后 QL2 在得电后延时 7s 合闸。如果是瞬时故障，QL2 合闸成功，恢复分支线路供电，QL3 在来电后延时 14s 合闸，恢复下游线路供电。如果为永久性故障，QL2 合到故障点时导致出线开关 R 再次分闸，并因 *Y* 时限 5s 内检测到失压，分闸闭锁。出线开关分闸后 5s 后第二次重合，QL1 来电后延时 7s 合闸。由于 QL2 已处于闭锁状态，不再合闸。QL3 在来电后延时 14s 合闸，恢复下游线路的供电。K2 点永久性故障时出线开关 R、分支线路开关 QL2 以及分段开关 QL1、QL3 的动作时序如图 4-29 所示。

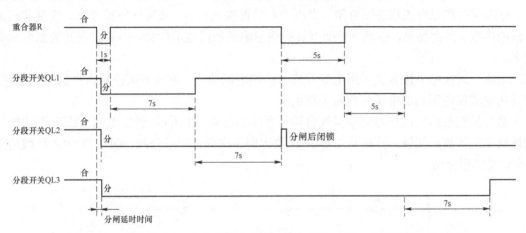

图 4-29　分支线路 K2 点永久性故障重合器与分支开关、分段开关动作时序

对于分支线路的电压控制型开关，只需在主干线路电源侧安装电压互感器即可，因为分支线路末端不存在联络电源。

（3）环网故障隔离与供电恢复。环网型电压—时间型馈线自动化系统构成如图 4-30 所示。线路出线断路器 R1、R2 第 1 次重合时间设为 1s，第 2 次重合时间设为 5s。分段开关 QL1、QL2、QL3、QL4 工作在"常闭"状态，时限设为 *X*=7s，*Y*=5s。联络开关 QL5 处于"常开"状态，在检测到一侧带电而另一侧不带电延时合闸，其延时整定为 *X*=35s，*Y*=5s，以保证只有主供线路上重合器与分段开关动作完毕后才开始合闸。

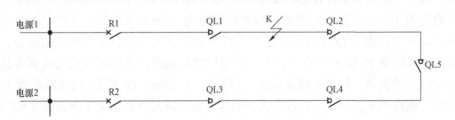

图 4-30　环网型电压—时间型馈线自动化系统构成

假定线路上 K 点发生永久性故障，首先电源线路出线断路器 R1 与分段开关 QL1 配合，经过一个放射性线路上发生永久故障时类似的动作过程，隔离故障区段（QL1 与 QL2 之间）

并恢复 R1 与 QL1 之间的区段供电。联络开关 QL5 在检测到故障线路失压后，延时 35s 后合闸，随后 QL2 延时 7s 合闸，因为合到故障点上，电源 2 线路出线断路器 R2 分闸，QL2 在故障检测延时 $Y=5s$ 内检测到失压后分闸并再次合闸闭锁。R2、QL3、QL4、QL5 依次重合，恢复 R2 与 QL2 之间线路供电。

4.4.2.2 电流控制型

电流控制型馈线自动化又称为过流脉冲计数型馈线自动化，其工作原理是分段开关在连续计数到 2 次及以上的故障电流过程后分闸隔离故障。在线路发生故障时，电源出线开关分闸并重合闸。分段开关的过流脉冲计数器计数经历故障电流的次数，当计数次数达到设定值时，分段开关在无电流状态下分闸。当出现开关再次合闸后，故障区段被隔离，恢复非故障区段的供电。显而易见，电流—时间型具有快速隔离故障点的优势，但是出现开关重合次数过多。

电流—时间型分段开关采用电流互感器检测电流信号，并为开关控制器提供操作电源。也可从安装在电源侧的电压互感器采集电源。

常见架空线路电流—时间型馈线自动化系统如图 4—31 所示。设定电源出线断路器 R 计数达到 4 次过流后闭锁，分段开关 QL1 计数达到 3 次后过流后分闸，QL2 与 QL4 计数达到 2 次后过流后分闸。

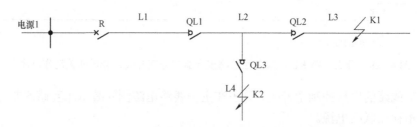

图 4—31　常见架空线路电流—时间型馈线自动化系统

假设线路区段 L3 上 K1 点发生瞬时性故障，出线断路器 R 分闸，分段开关 QL1 与 QL2 均计数 1 次，由于未达到设定过流次数，仍然保持合闸状态。经过一段时限后出线断路器 R 第 1 次重合，由于故障已经消失，从而恢复线路的正常供电。QL1 与 QL2 经过一时限后计数器清零，为下一次故障做好准备。如果故障为永久性故障，出线断路器 R 分闸，QL1 与 QL2 均计数过流 1 次；经过一时限后出线断路器开关 R 第 1 次重合并分闸，QL2 过流计数达到 2 次自动分闸，由于 QL1 过流计数次数尚未达到设定 3 次仍然保持合闸状态。在经过一时限后出线断路器 R 第 2 次重合，由于故障已经被隔离，从而重合成功恢复非故障区段 L1、L2 以及 L4 的供电。如果故障发生在 L2 区段，若是瞬时性故障，出线断路器 R 第 1 次重合即可恢复线路的正常供电。若是永久性故障，出线断路器需要第 3 次重合才能恢复线路 QL1 的正常供电。

分支线路故障隔离原理与主干线路末端故障类似。图 4—31 中，当分支线路 QL4 上 K2 点发生永久性故障时，出线断路器 R 经过 1 次重合分闸后，分段开关 QL4 计数到 2 次过流后分闸并闭锁，出线断路器 R 再一次重合恢复主干线路供电。

通过上述电流—时间型动作过程可知,出线断路器的动作次数随着分段开关数目增多而增加。为避免出线断路器动作次数过多,电流—时间型馈线自动化系统分段开关不宜过多,一般设为两段。另外,由于分段开关没有电压检测功能,无法利用备用电源恢复故障下游非故障区域的供电。对于分支线路故障来说,经过一次重合闸即可隔离故障,因此,该类型分段开关适合用于因时限配合问题无法安装断路器保护的分支线路。

4.4.2.3 电压电流时间型

电压电流控制型又称为电压—电流—时间控制型,其分段开关采用断路器并同时检测开关两侧与电流信号,在重合到故障上时立即分闸闭锁隔离故障。与之配合,变电站出线断路器采用限时速断保护,电压—电流—时间控制型能够在变电站出线开关重合 1 次后快速切除故障,但分段开关采用断路器,造价较高。

以手拉手线路为例说明电压—电流—时间控制型的工作过程,电源出线断路器 R1、R2 配置显示速断保护(动作时限为 300ms)与 1 次重合闸,重合延时为 1s。分段开关 QL1、QL2、QL3、QL4 在两侧失压后自动分闸,一侧带电后延时(设定为 1s)合闸,配置在来电合闸时开放的瞬时速断保护。如果合闸到故障上则立即分闸并闭锁。联络开关 QF5 正常运行时处于分闸状态,在检测到一侧失压后自动合闸计时(设定为 7s),两侧恢复供电时返回。与分段开关一段,配置在来电合闸时开放的瞬时速断保护功能。双电源手拉手线路如图 4—32 所示。

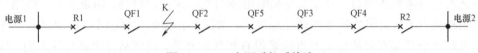

图 4—32 双电源手拉手线路

假设 K 点发生瞬时性故障,重合器 R1 限时速断保护动作分闸,分段开关 QF1、QF2 因失压分闸,联络开关 QF5 检测到一侧失压启动合闸计时,出线断路器 R1 跳闸 1s 后再次合闸,QF1、QF2 各延时 1s 后顺序合闸,恢复线路供电。联络开关 QF5 因两侧带电返回。

如果 K 点为永久性故障,重合器 R1 跳闸后延时 1s 合闸,然后 QF1 延时 1s 后合闸,由于合在故障上立即分闸并闭锁。故障 7s 后,联络开关 QF5 因合闸计时到而合闸,再延时 1s 后 QF2 合闸,由于合到故障上立即分闸而闭锁。这样,在故障处理过程中,R1 只需重合 1 次而 R2 不动作,因此避免了因 R1 再次分闸引起非故障区段再一次失压以及电源 2 供电区段的短时停电。

4.4.2.4 就地控制馈线自动化评价

就地控制馈线自动化不需要通信条件,投资小,易于实现,但仅能用于运行方式相对固定且只有一个联络电源、网络结构相对简单的架空配电线路。按照电力运行规程的要求,电缆网络不使用重合闸,因此无法应用就地控制型馈线自动化。

电压—时间型系统在恢复供电时,可能导致联络开关另一侧非故障线路短时停电。因为分段开关要能耐受重合到故障上时的电流冲击,造价比较高。电压—时间型仅能够恢复故障点上游健康区段的供电,由于需要多次重合到故障上,因此也会对系统形成多次冲击,引起电压骤降。分支线路开关与用户分界开关采用电压—时间型开关,可以隔离分支线路以及用户系统内部故障,避免造成主干线路长时间停电。电压—电流—时间型可以减少重合次数、缩短供电恢复时间,但投资也会相应增加。

就地控制型馈线自动化主要用于对供电质量要求不太高、没有通信条件的城郊或农村架空线路中。对于采用无线公网通信的馈线自动化系统,出于安全考虑,不允许对线路开关进行遥控操作。因此需要采用就地控制型馈线自动化系统实现故障隔离,这种情况下无线公网通信仅仅用于传输实时遥信、遥测信息。

4.4.3 分布式控制型馈线自动化

分布式控制馈线自动化,通过馈线终端互相之间交换信息,实现配电线路故障定位、隔离与恢复供电。集中控制型馈线自动化和就地控制型馈线自动化系统恢复供电时间都是在分钟级别,而分布式控制型馈线自动化能够在数秒内完成故障定位、隔离与恢复供电,使故障停电时间大幅缩短。当分段开关采用断路器时,还可以直接切除故障,从而避免故障点上游区段停电,进一步加快故障点下游故障区域的恢复供电速度。

分布式控制型馈线自动化中智能终端在检测到当地开关有故障电流流过且持续一段时间消失后启动(对于采用重合闸的线路,在经历两次故障电流过程后启动),检查相邻的开关是否也有故障电流流过。如果相邻的开关被同一个智能终端所监控,智能终端可以直接检查开关是否有故障电流流过。分布式控制配电终端故障定位的判据:如果开关一侧相邻的开关检测到故障电流,说明故障电流是穿越性的,故障不在该侧的区段上。如果开关一侧相邻的开关没有一个开关有故障电流流过或者没有相邻的开关,说明故障电流是注入的,故障在该侧区段上,并确定自己属于故障区段上游边界开关的身份。

故障区段上游边界开关处的智能终端在检测出故障区段后,向该开关以及所有故障区段的相邻开关发出跳闸隔离故障的命令并在检测到故障区段所有的边界开关都跳开后,发送"隔离故障"成功信息。如果故障区段的边界开关不是被同一个配电终端所控制,上游边界开关处的智能终端与下游边界开关处的配电终端通信,控制下游边界开关跳闸并获取其开关位置信息。由于电源开关在故障切除后已经处于分位,在故障隔离时不需要再对其发出跳闸命令。当故障区段的上游边界开关属于线路末端开关时,配电终端只需要跳开该开关,实现故障隔离。当故障点不在电源开关相邻区段上时,电源开关处配电终端在接受故障区段上有边界开关发出的故障隔离成功后,控制电源开关合闸,恢复上游非故障区段的供电。联络开关在接受到故障点上游边界开关故障隔离成功的消息后,首先检查故障区段边界开关的性质,如果该开关属于分支开关,则说明故障在分支线路上,电源开关重合后即可恢复所有非故障区段的供电,联络开关不需要重合。否则,说明故障在主线上,然后检测故障区段上游边界开关是否为其相邻开关,如果不是则控制联络开关合闸,恢复故障点下游非故障区段的供电。

分布式控制型馈线自动化系统能够不依赖于主站在数秒内完成故障隔离和恢复供电,具有动作速度快、自愈性好的优点。其不足之处是对通信网、配电终端的数据处理能力要求较高,投资较大。

4.4.4　网络保护型馈线自动化

　　网络保护型馈线自动化在分布式控制型馈线自动化基础上，通过引入线路光纤差动保护、开关柜母线差动保护以及备自投技术，可以构成网络保护型馈线自动化，凭借出色的保护性能，网络保护型馈线自动化可以快速切除故障，并恢复非故障区域的供电，和就地控制型馈线自动化一样，网络保护型馈线自动化系统也不依赖主站。

第 5 章

配网自动化通信技术

5.1 概　述

配网自动化系统中，配网主站、远程工作站以及配电终端，通过一个复杂的大规模专用通信网络连接到一起，它们之间互相协作，共同完成对配网的监视和控制。因此，配网自动化系统中，通信网是系统的重要组成部分之一，在配网的运行过程中，如果通信网异常或不能正常工作，将严重影响配网自动化系统的正常运行，进而威胁到配网的安全。配网自动化系统中通信子系统是保证自动化系统安全、稳定、可靠运行的重要环节。

配网中设备众多，分布面广。各种一次设备、设施在配网中的地位不同，决定了其配套的终端与主站之间通信的实时性、带宽要求有很大差异；不同性质的信息，传送到调度中心的实时性要求也有较大不同。配网自动化系统的通信网是一个多层次、多节点的重要环节。

受制于配网自动化系统的效益和投资规模，这种多层次、多节点的通信网，是一个混合通信网。针对不同层次的配电设备、设施，考虑其通信带宽、实时性以及可靠性的前提下，因地制宜地采取不同的技术手段，在有限的资金下，建设一个满足配网自动化系统要求的安全、可靠的通信网是配网自动化系统建设时的重要方面。

5.1.1 数字通信简介

信息是有价值的一种客观存在。信息技术主要为解决信息的采集、加工、存储、传输、处理、计算、转换、表现等问题而不断繁荣发展。信息只有流动起来，才能体现其价值。因此信息的传输技术（通常指通信、网络等）是信息技术的核心。信息传输模型如图 5−1 所示。

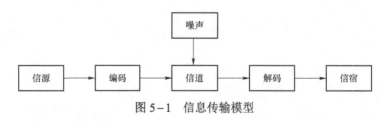

图 5−1　信息传输模型

（1）信源：产生信息的实体。

（2）信宿：信息的归宿或者接受者。

（3）信道：传送信息的通道。通道可以是光纤通信、同轴光缆，也可以是 4G 网络，或者是卫星或者微波。

（4）编码器：在信息论中是泛指所有变换信号的设备，实际上就是终端机的发送部分。它包括从信源到信道的所有设备，如量化器、压缩编码器、调制器等，使信源输出的信号转换成适于信道传送的信号。信息一旦产生，通过一系列的信号采集、加工、转换、编码，信息最终被打包进行传输。从信息安全的角度出发，编码器还可以包括加密设备，加密设备利用密码学的知识，将编码信息进行加密再编码。

（5）译码器：是编码器的逆变换设备，把信道上送来的信号（原始信息与噪声的叠加）转换成信宿能接受的信号，可包括解调器、译码器、数模转换器等。

（6）噪声：噪声可以理解为干扰，干扰可以来自于信息系统分层结构的任何一层，当噪声携带的信息大到一定程度的时候，在信道中传输的信息可以被噪声淹没导致传输失败。

（7）波特率（baud rate）：指信号每秒钟电平变化的次数，Hz。例如一个信号每秒钟变化 200 次，那么波特率则为 200Hz。

（8）比特率（bit rate）：信号每秒钟传输的数据位数，在计算机世界中，数据都是用 0、1 表示，因此，比特率就是每秒钟传输 0 和 1 的个数，bit/s。

假如一个信号只有两个电平，那么这个时候就可以把低电平认为 0，高电平认为 1，这样每秒钟电平变化的次数也就是每秒钟传输的 0 和 1 的个数，即比特率=波特率。

假如有的信号不只是两个电平，例如有四个电平的信号。那么用 0 和 1 表示每个电平为 00、01、10、11。这样每次电平的变化就能传输两位数据，即比特率=2×波特率。一般，比特率=波特率×log2L，L 是信号电平的个数。

（9）带宽：一般的信道都有一个最高的信号频率和最低的信号频率，只有在这两个频率之间的信号才能通过这个信道，这两个频率的差值就叫做这个信道的带宽，单位是赫兹（Hz）。

（10）容量：数据在信道中传输会有一个速度——比特率，在信道中能传输最高的比特率就叫作这个信道的容量。就好像每条公路都有最高限速，所有在里面开的车都不会超过这个速度。

口语中也会把信道容量叫作"带宽"，比如"带宽 10M 的网络""网络带宽是 10M"等。所以这两个概念也很容易混淆：平常所说的"带宽"不是带宽，而是信道容量。即 10M 的信道容量，支持信号的最高比特率为 10Mbit/s。

下载速度按照字节算，那么 1Byte=8bit。因此，10Mbit/s 的信道容量也就是平时所说的"带宽"，最大下载速度 1.25MB/s。

5.1.2 香农公式

对于连续信道，如果信道带宽为 B，并且受到加性高斯白噪声的干扰，则其信道容量的理论公式为

$$C = B \times \log_2\left(1 + \frac{S}{N}\right) \qquad (5-1)$$

式中：N 为白噪声的平均功率，W；S 为信号的平均功率，W；S/N 为信噪比；信道容量 C，

指信道可能传输的最大信息速率,即信道能达到的最大传输能力,bit/s;B 是信道带宽,Hz。

香农公式指出,如果信息源的信息速率 R 小于或者等于信道容量 C,那么,在理论上存在一种方法可使信息源的输出能够以任意小的差错概率通过信道传输。该定理还指出:如果 $R>C$,则没有任何办法传递这样的信息,或者说传递这样的二进制信息的差错率为 $1/2$。

通俗理解,城市道路上汽车的最高车速(最大信息传输速率、信道容量)除了和汽车自身动力输出(信源发射功率)有关外,还和道路宽度(信道带宽)、红绿灯数量以及车辆多少等其他干扰因素(信噪比)有关。

无线信道并不是可以任意增加传送信息的速率,它受其固有规律的制约,就像城市道路上的车一样不能想开多快就开多快,还受到道路宽度、其他车辆数量等因素影响。这个规律就是香农定理。

通信方式可分为有线通信和无线通信,这种分类的方法是按照信道形式进行分类。根据香农公式可以判断有线信道信噪比较低,无线信道信噪比较高。因此,相同发射功率的信源经过这两种信道时,当信道带宽相同时,有线通信要比无线通信的容量要大,也就是最大传输速度要大。

5.2　配网自动化通信方式

先进的技术和应用融合到智能配网中,就会产生大量数据,并需要进一步分析、控制和实时管理,于是需要选取可靠、经济、双向的通信方式进行数据传输。目前,常用的通信技术分为无线通信和有线通信两种。有线通信技术包括光纤通信、电力线载波通信(PLC)、以太网无源光网络(EPON)等。无线通信技术包括 ZigBee、全球微波接入系统(WIMAX)、GPRS 等。有线通信和无线通信技术各有优缺点,无线通信成本较低,适用于很难达到的地区。有线通信相对比较稳定,可靠性较高。不同的通信方式适合于不同的环境和地区,要建立高效、可靠的智能配电网通信系统,就必须根据实际情况,搭配使用各种通信方式。

5.2.1　有线通信

RS232C、RS485 接口是典型的得到非常广泛应用的低速串行接口。这种通信接口简单、廉价,是传统的智能设备所要求的接口,在通信速度要求不高的场合是首选。在通信速度要求比较高的场合,被以太网接口或者总线接口取代,智能设备采用以太网接口是发展趋势。

5.2.1.1　RS232C 串行通信

RS232C 是 1973 年电子工业协会(electronic industries association,EIA)公布的标准,RS 是英文"推荐标准"的缩写,232 为标识号,C 表示修改次数。该标准定义了数据终端设备(data terminal equipment,DTE)与数据通信设备(data circuit-terminating equipment,DCE)接口的电气特性。由于数据通信随机数的发展,以及网络通信方式的多样化,与其他串行口的性能比，RS232C 接口有了很大的进步，由于 RS232C 简单、方便的特点，仍然有许多现场设备必配的接口。

RS232C 标准对这种串行接口两个方面做了规定，即接口以及信号线的定义和信号电平标准。RS232C 标准规定设备间使用带 DB25 和 DB9 连接器的电缆连接，DB25 与 DB9 连接口如图 5-2 所示。

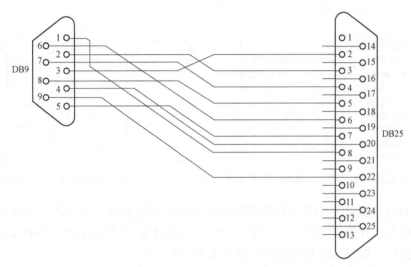

图 5-2 DB25 与 DB9 连接口

在 25 根引线中，20 根用于信号线，3 根（11、18.25）未定义用途，2 根（9、10）作为备用。在 9 根引线中，3 根（2、3、5）即可用。现在 RS232C 一般均采用九针接口，DTE 为插针，DCE 为孔。DB9 插针 DTE 设备如图 5-3 所示。

图 5-3 DB9 插针 DTE 设备

DB25 转 DB9 接线明细如表 5-1 所示。

表 5-1　　　　　　　　　　　　**DB25 转 DB9 接线明细**

25 芯接	2	3	4	5	6	7	8	20	22
9 芯接	3	2	7	8	6	5		4	9

九针 RS232C 接口常用引脚的信号名称和功能如图 5-4 所示。

RS232C 的数据线收发送数据线（TXD）和接收数据线（RXD），有效信号为这两根线和信号地（GND）之间的电平，即这三根线结合起来工作，实现全双工信息传输。

信号从 DTE 角度说明的，在 DTE 一方引脚 2 定义为 TXD，一方引脚 3 定义为 RXD。为了使 DCD 能很好地与 DTE 配合，协同进行发送与接收工作，在 DCE 一方引脚 2 定义为 RXD，引脚 3 定义为 TXD，即 DTE 和 DCE 设备的引脚 2、3 的定义为反的。RS232C 和设备之间的连线为直连线。但 DTE 和 DTE 设备直连时，两端的 2、3 线需要交叉连接。

对数据线上所传输的数据格式，RS232C 标准并没有严格的规定。所传输的数据速率是多少、有无奇或偶校验位、停止位、字符位采用多少位等问题，应有发送方和接收方自行商定，达成一致的协议。

RS232C 的控制线是为了建立通信链路和维持通信链接而使用的信号。通信过程为一次发起连接控制线的工作过程，通过此过程说明 RS232C 控制线的作用。图 5-5 所示为 RS232C 控制信号的顺序。

1 DCD 载波检测
2 RXD 接收数据 —— 方向：终端到计算机
3 TXD 发送数据 —— 方向：计算机到终端
4 DTR 数据终端准备好
5 GND 信号地线
6 DSR 数据准备好
7 RTS 请求发送
8 CTS 清除发送
9 RI 振铃指示

图 5-4 九针 RS232C 接口常用引脚的信号名称和功能　　图 5-5 RS232C 控制信号的顺序

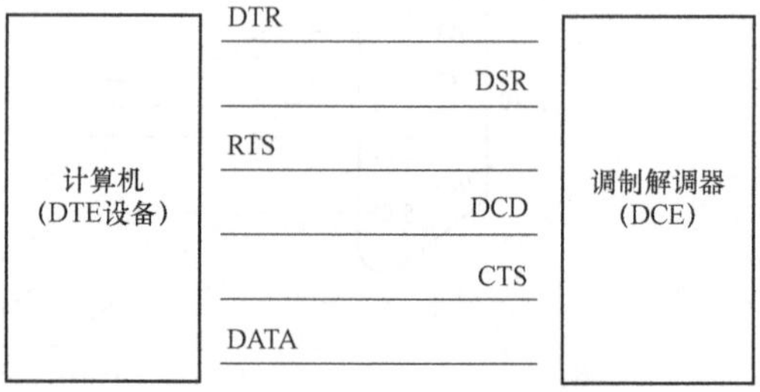

本地的 DTE，通过本地及远程的调制解调器与远程的 DTE 进行通信，MODEM 之间则是通过电话信号进行数据交换。在图中仅给出了本地设备 DTE 和 DCE（MODEM）之间的接口，标出通信过程和 RS232C 的控制信号出现的顺序如下：

（1）DTR 为 DTE 准备好信号。DTE 加电以后，并能正确通信，向 DCE 发出 DTR 信号，表示数据终端已经做好准备工作，可进行通信。

（2）DCE 准备好发出信号 DSR。DCE 加电以后，并能正常执行通信功能时，向 DTE 发出 DSR 信号，表示 DCE 已准备好。DTR 和 DSR 这两个准备好信号，在通信过程中首先要对它们进行测试，了解通信对方的状态，可靠地建立通信链接。这两个信号根据通信的要求设置，也可以不设置。

（3）RTS 为请求发送信号。当 DTE 有数据需要向远程 DTE 传输时，DTE 在测得 DSR 有效时，发送 RTS 信号，就地 MODEM 接收到 RTS 信号时，向远程 MODEM 发出呼叫。远程 MODEM 的 RTS 收到此呼叫，发出 2000Hz 断续声音，然后向本地 MODEM 发出回答载波信号（DCD），本地 MODEM 接收此载波信号，确认已获得对方的同意，它向远程MODEM 发出原载波信号向对方表示一个可用的 MODEM，同时向 DTE 发出数据载波信号（DCD），向 DTE 表示已检测出有效的回答载波信号。

（4）CTS 允许发送。每当一个 MODEM 辨认出对方 MODEM 已准备好接收数据时，它们便用 CTS 信号通知自己的 DTE，表示这个通信通道已为传输数据做好准备，允许 DTE 进行数据的发送。至此建立了通信链路，能够开始通信。

（5）DTE 通过 TXD 发出数据。上述控制线，连同数据线以及信号地线，即可构成基本的长线通信。

（6）RI 振铃指示线。如果 MODEM 具有自动应答能力，当对方通信传叫来时，MODEM 用引线向 DE 发出信号，指示此呼叫。在电话呼叫振铃结束后，MODEM 在 DTE 已准备好通信的条件下（即 DTE 有效），立即向对方自动应答。

1. 电气特性

接口电气特性规定了发送端驱动器和接收端驱动器的信号电平、负载容限、传输速率以及传输距离。TS232C 数据和信号电平为相关端子和地之间的电平，即为非平衡方式。

RS232C 上数据线和信号线对地电平采取非 TTL 负逻辑电平，发送端-15～-5V 规定为"1"，5～15V 规定为 0。接收端-15～-3V 规定为"1"，3～15V 规定为"0"。-3～3V 为不能确定逻辑状态过渡区，信号电平的容限为 2V。RS232C 逻辑电平和 TTL 标准电平如图 5-6 所示。

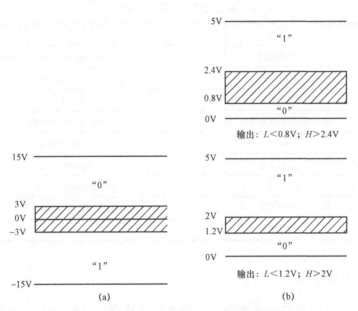

图 5-6 RS232C 逻辑电平和 TTL 标准电平

(a) RS232C 逻辑电平；(b) TTL 标准电平

TTL 电平的逻辑"1"为 2.4（2）～5V，逻辑"0"为 0～0.8（1.2）V。

2. RS232C 设备之间的直连

DTE 和 DTE 设备之间如果距离小于 15m，两台 DTE 设备可以直接进行连接，连接可以采用三线制和七线制连接方法，RS232C 设备的连接方式如图 5-7 所示。

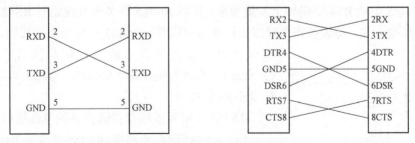

图 5-7 RS232C 设备的连接方式

三线制连接即通信双方 TXD 和 RXD 交叉连接、地和地连接。七线制除连接三线制的三根线外，需要将 DTR 连接到 DSR、CTS 连接到 RTS。

3. RS232C 优缺点

RS232C 得到了大量的应用，主要因其简单、廉价。但其缺点为：

（1）由于 RS232C 电平转换的驱动器和接收器之间具有公共信号地，因此，共模噪声会耦合到信号系统中，限制了数据的传送速率和传送距离。

（2）一般 RS232C 理论传送距离≤15m，要远距离传送就需要用 MODEM。RS232C 是点对点通信模式，通信速度低，传输距离有限，抗干扰能力差。

表 5-2　　　　　　　　　　　RS232C 引 脚 定 义

针脚	信号	定义	作　用
1	DCD	载波检测	received lin signal detector（data carrier detect）
2	RXD	接收数据	received data
3	TXD	发送数据	transmit data
4	DTR	数据终端准备	data terminal ready
5	SGND	信号地	signal ground
6	DSR	数据准备	data set ready
7	RTS	请求发送	request to send
8	CTS	清除发送	clear to send
9	RI	振铃提示	ring indicator

5.2.1.2　RS485 串行通信

针对 RS232C 通信接口通信距离短、速率低等缺点，EIA 发布了一种平衡通信接口 EIA-RS-422 标准，将传输速率提高到 10Mbit/s，传输距离延伸到 1219m（速率低于 100kbit/s），并允许在一条平衡总线上连接最多 10 个接收器，RS422 是一种单机发送、多机接收的单向、平衡传输规范。为拓展应用范围，EIA 又于 1983 年在 RS422 基础上制定了 RS485 标准，增强了多点、双向通信能力，同时增加了发送器的驱动能力和冲突保护特性，命名为 TIA/EIA-485-A 标准，简称 RS485。RS485 与 RS422 的不同之处表现在，可连接的设备数量和其电平有少许差异。

由于 RS485 是从 RS422 基础上发展而来，所以 RS485 许多电气规定与 RS422 相仿。如都采用平衡传输方式，都需要在传输线上接终端电阻等。RS485 一般采用两线制，两线制可实现一点到多点半双工通信，但只能有一个主设备（Master），其余为从设备（Slave），总线上可连接的设备最多不超过 32 个。

RS485 使用双绞线做传输介质的总线接口。

（1）RS485 驱动和网络。RS485 总线采用两线制 V+、V-，信号电平为 V+、V-的差分电平。RS485 驱动电路如图 5-8 所示。

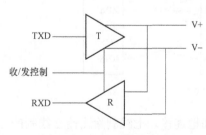

图 5-8　RS485 驱动电路

通过收/发控制端子，控制驱动器的收发状态，当收/

发控制端子在高电平时，RS485 驱动器处于发送状态，此时驱动器的接收信号门电路对外部总线呈高阻状态。当收/发控制端子处于低电平时，RS485 驱动器处于接收状态，此时驱动器发送器对外部总线处于高阻状态。

RS485 发送信号时，驱动器从 TXD 端子接收 TTL 电平发送信号，通过发送驱动器 T 将 TTL 电平转化为差分信号，发送出去。接收信号时，RS485 驱动器接收外部总线差分信号，转换成 TTL 信号。

RS485 组网时，通信介质采用双绞线，一根双绞线的定义为 V+，一根定义为 V−，主站和从站的 RS485 接口的 V+、V−接双绞线的 V+、V−，在双绞线的端头，接入匹配电阻 R，多站互联 RS485 网络如图 5−9 所示。

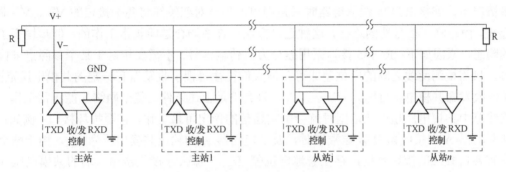

图 5−9 多站互联 RS485 网络

（2）RS485 接口电平。通常情况下，发送驱动器 V+、V−之间，1.5～6V 电平表示一个逻辑状态，−1.5～−6V 表示另一个逻辑状态。

接收器也作为发端相应的规定，收、发通过平衡双绞线将 V+、V−之间对应相连，当在收端 V+、V−之间有大于 200mV 的电平时，输出正逻辑电平，小于 200mV 时，输出负逻辑电平。接收器接收平衡线的电平范围通常在 200mV～6V 之间。表示"0""1"的信号电平范围为−7～−12V。

发端 1.5～6V 表示逻辑"1"，−6～−1.5V 表示逻辑"0"。收端 200mV～12V 表示逻辑"1"，−7～−200mV 表示逻辑"0"。RS485 的信号传输距离在速度低于 100kbit/s 时能达到 1200m。实际工作速率取决于通用异步收发器（universal asynchronous receiver and transmitter，UART）。

RS485 的线路上可并接 32 个设备，接收端输入阻抗≥12kΩ，每个通信器中有一个收/发控制信号控制发送器和接收器工作状态。

RS485 工作模式为主从工作方式，即在一个时刻，只能有一个设备发送信号，其他设备接收信号。因此，实际组网运行时，通信的模式必须为主从方式，由主设备轮询各个设备进行通信。总线工作在半双工方式。

（3）接地和匹配电阻。RS485 需要两个终接电阻，其阻值要求等于传输电缆的特性阻抗。在短距离传输时可不接入终端电阻，一般在 300m 以内不需要接入终端电阻。终端电阻接在传输总线的两端。

RS485 网络拓扑一般采用终端匹配的总线型结构，不支持环型或星型网络。在构建网络时，应注意以下几点：

1）采用一条双绞线电缆作总线，将各个节点串接起来，从总线到每个节点的引出线长度尽量要短，以便使引出线中的反射信号对总线信号的影响最低。

2）应注意总线特性阻抗的连续性，在阻抗不连续点就会发生信号的反射。下列几种情况易产生这种不连续性：总线的不同区段采用不同电缆，或某一段总线上有过多收发器紧靠在一起安装，或是有过长的分支线引出。总之，应该提供一条单一、连续的信道作为总线。

3）电子设备接地处理不当往往会导致电子设备不能稳定工作甚至危及设备安全。RS485 传输网络的接地很重要。因为接地系统不合理会影响整个网络的稳定性，尤其是在工作环境比较恶劣和传输距离较远的情况下，对于接地的要求更为严格，否则接口损坏率很高。很多情况下，连接 RS485 通信链路时只是简单的用一对双绞线将各个接口的 V+、V−端连接起来，而忽略了信号地的连接，这种连接方法在许多场合是能正常工作的，但却埋下了很大的隐患，原因如下：RS485 接口采用差分方式传输信号，不需要相对于某个参照点来检测信号，只需检测两线之间的电位差即可，但人们往往忽视了收发器有一定的共模电压范围，RS485 收发器共模电压范围为−7～−12V，只有满足上述条件，整个网络才能正常工作。当网络线路中共模电压超出此范围时就会影响通信的稳定可靠工作，甚至损坏接口。例如：发送驱动器 A 向接收器 B 发送数据时，发送驱动器 A 的输出共模电压为 U_{os}，由于两个系统具有各自独立的接地系统，存在着地电位差 U_{gpd}，那么，接收器输入端的共模电压 U_{cm} 就会达到 $U_{cm}=U_{os}+U_{gpd}$。RS485 标准均规定 $U_{os} \leqslant 3V$，但 U_{gpd} 可能会有很大幅度（十几伏甚至数十伏），并可能伴有强干扰信号，重则损坏通信接口电路。所以 RS485 应用时，总线屏蔽层建议单点接地。

5.2.1.3 以太网

以太网是当今处于主导地位的局域网技术，以太网是建立在 CSMA/CD（Carrier Sense Multiple Access with Collision Detection）机制上的广播型网络。是由 Xerox 公司创建并由 Xerox、Intel 和 DEC 公司联合开发的基带局域网规范，是当今现有局域网采用的最通用的通信协议标准，并以 10Mbit/s 的速率运行在多种类型的电缆上。

在传统的共享以太网中，介质访问控制协议保证了传输介质有序、高效地为许多节点提供传输服务，即 CSMA/CD 带冲突检测的载波监听多路访问技术（载波监听多点接入/碰撞检测）。

CSMA/CD 的原理：发送数据前先侦听信道是否空闲，若空闲，则立即发送数据。若信道忙碌，则等待一段时间至信道中的信息传输结束后再发送数据。若在上一段信息发送结束后，同时有两个或两个以上的节点都提出发送请求，则判断为冲突。若侦听到冲突，则立即停止发送数据，等待一段随机时间，再重新尝试。

CSMA/CD 采用 IEEE802.3 标准，用于提供寻址和媒体存取的控制方式，使得不同设备或网络上通信不相互冲突。CSMA/CD 的工作方式可形象比喻为：很多人在一间黑屋子举行会议，参加会议的人都能听到他们的声音，每个人说话前必须先倾听，只有等会场安静下来后，他们才能发言。人们在发言前监听以确定是否已有人在发言的动作称为"载波侦听"。将在会场安静时每个人都有平等发言的机会的情况称为"多路访问"。如果有两个人或者两个人以上同时说话，大家就无法听清其中一个人的发言，这种情况称为"冲突"。发言人在发言过程中要及时发现是否发生"冲突"，这个动作称为"冲突检测"。如果发言人发现冲突已经发生，这时候该发言人需要停止讲话，然后随机后退延时，再次重复上述过程，直至讲话成功。如果失败次数太多，该发言人或许将放弃本次发言的想法。

因此，多路访问即在整个网络的多个站点中同时进行数据的发送，每一个站点发送的数据从其独占的信道发送到总线上。信道由空闲转为繁忙的时候，有发生冲突的可能性。每当网络中的站点企图发送数据之前，都要进行载波监听，如果检测到载波，则延迟一段时长之后，继续监听。当有两个或多个站点同时检测信道无载波，并发送数据时，就会产生冲突，一旦产生冲突，所有站点都回退，各个站点均等在一个随机的时间重新进行载波监听。

总之，以太网由共享传输媒体，如 10Base-T 双绞线电缆或者同轴细缆 10Base-2 或者 10Base-5 同轴粗缆或者光纤和多端口集线器、网桥、交换机构成。在星型或总线型配置结构中，集线器、交换机、网桥通过电缆使得计算机、打印机、工作站彼此之间相互连接。

10Base-2、10Base-5、10Base-T 的 10 表示传输速率为 10Mbit/s，Base 表示采用基带传输技术。10Base-2 的 2 表示最大传输距离几乎 200m，实际 185m，使用总线拓扑。10Base-5 的 5 表示最大传输为 500m，总线拓扑，该标准用于使用粗同轴电缆。每个网段最多终端数量为 100 台，每个工作站距离为 2.5m 的整数倍。10Base-T 的 T 表示采用双绞线，最大传输距离 500m，整个网络最大跨度为 2500m。使用星型拓扑，一条通路允许连接 HUB 数 4 个，每个 HUB 可连接的工作站 96 个。双绞线实物图如图 5-10 所示。

以太网数据连接的端口就是以太网接口，常见的接口有 SC 光纤接口、RJ-45 接口、FDDI 接口、AUI 接口、BNC 接口、Console 接口。

光纤接口是用来连接光纤线缆的物理接口。其原理是利用了光从光密介质进入光疏介质从而发生了全反射。通常有 SC、ST、FC 等几种类型。

SC 光纤接口，即模塑插拔耦合式单模光纤连接器，其外壳采用模塑工艺，用铸模玻璃纤维塑料制成，呈矩形。插头套管（也称插针）由精密陶瓷制成，耦合套筒为金属开缝套管结构，其结构尺寸与 FC 型相同，端面处理采用 PC 或 APC 型研磨方式。紧固方式是采用插拔销闩式，不需旋转。此类连接器价格低廉，插拔操作方便，介入损耗波动小，抗压强度较高，安装密度高。SC 光纤接口主要用于局域网交换环境，在一些高性能千兆交换机和路由器上提供了该接口。目前，大力推广千兆网络，SC 光纤接口得到重视。不同种类光纤接口如图 5-11 所示。

图 5-10 双绞线实物图

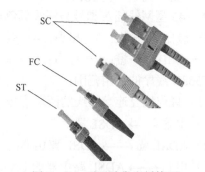

图 5-11 不同种类光纤接口

其中共享媒体是指所有网络设备依次使用同一通信媒体。RJ-45 接口"RJ"的意思是 Registered Jack，接口就是我们现在最常见的网络设备接口，俗称"水晶头"，专业术语为 RJ-45 连接器，属于双绞线以太网接口类型，是标准 8 位模块化接口的俗称。

信息模块或 RJ-45 连接头与双绞线端接有 T568A 或 T568B 两种结构。在 T568A 中，与之相连的 8 根线分别定义为：白绿、绿；白橙、蓝；白蓝、橙；白棕、棕。在 T568B 中，与之相连的 8 根线分别定义为：白橙、橙；白绿、蓝；白蓝、绿；白棕、棕。其中定义的差分传输线分别是白橙色和橙色线缆、白绿色和绿色线缆、白蓝色和蓝色线缆、白棕色和棕色线缆。RJ-45 两种接线如图 5-12 所示。

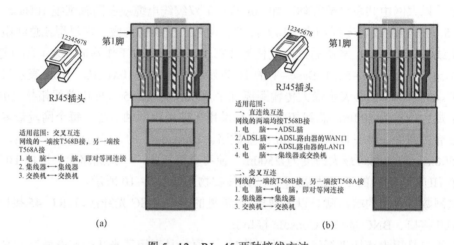

图 5-12　RJ-45 两种接线方法
（a）RJ-45 型网线插头的 T568A 线序；（b）RJ-45 型网线插头的 T568B 线序

这种接法用于网络设备需要交叉互连的场合。所谓交叉是指网线的一端和另一端与 RJ-45 网线插头的接法不同，一端按 T568A 线序接，另一端按 T568B 线序接，即有几根网线在另一端是先做了交叉才接到 RJ-45 插头上去的，适用的连接场合：

（1）电脑 ⟷ 电脑，称对等网连接，即两台电脑之间只通过一条网线连接就可以互相传递数据。

（2）集线器 ⟷ 集线器。

（3）交换机 ⟷ 交换机。

RJ-45 型网线插头脚号与网线颜色标志的对应关系：

1—绿白；2—绿；3—橙白；4—蓝

5—蓝白；6—橙；7—棕白；8—棕

T568B 线序的适用范围：

（1）直连线互连。网线的两端均按 T568B 接：

1）电脑 ⟷ ADSL 猫。

2）ADSL 猫 ⟷ ADSL 路由器的 WAN 口。

3）电脑 ⟷ ADSL 路由器的 LAN 口。

4）电脑 ⟷ 集线器或交换机。

（2）交叉互连。网线的一端按 T568B 接，另一端按 T568A 接：

1）电脑 ←→ 电脑，即对等网连接。

2）集线器 ←→ 集线器。

3）交换机 ←→ 交换机。

RJ-45 型网线插头脚号与网线颜色标志的对应关系：

1—橙白；2—橙；3—绿白；4—蓝

5—蓝白；6—绿；7—棕白；8—棕

局域网（local area network，LAN），是由网络硬件（包括网络服务器、网络工作站、网络打印机、网卡、网络互联设备等）和网络传输介质，以及网络软件所组成。一般是在一个局部的地理范围内（如一个学校、工厂和机关内）局域网可以实现文件管理、应用软件共享、打印机共享、扫描仪共享、工作组内的日程安排、电子邮件和传真通信服务等功能。局域网严格意义上是封闭型的。它可以由办公室内几台甚至上千上万台计算机组成。决定局域网的主要技术要素为网络拓扑、传输介质与介质访问控制方法。

广域网（wide area network，WAN），是连接不同地区的局域网，通常跨接很大的物理范围。广域网能连接多个地区、城市和国家，但是广域网不等同互联网。

无线局域网（wireless local area networks，WLAN），是若干个无线设备通过某个或数个基站达到互联，就可以通过天线连接构成一个内部局域网，从而可以共享文件。如果该基站可以访问互联网，那么该无线局域网中的无线终端也可以共享上网。同一个基站下的无线设备，网段是一样的。

无线保真（wireless fidelity，WIFI），WIFI 网络工作在 2.4G 或者 5G 的频段，并且接近直线的传播，作用距离不够远，有利于频率复用。另外，3G 和 WAP 也是无线上网，但协议都不一样，费用比较高。

虚拟专用网络（virtual private network，VPN），用于两个互不相通的局域网之间通信。VPN 账号一般需要输入用户名和密码，验证合法后，可访问相应的局域网。

虚拟局域网（virtual local area network，VLAN），是一组逻辑上的设备和用户，这些设备和用户并不受物理位置限制，可根据功能、部门以及应用等因素将它们组织起来，相互之间的通信就好像它们在同一个网段中一样。

以太网（Ethernet），是局域网的一种，目前使用最多的一种。目前常见的局域网类型有以太网、光纤分布式数据接口（FDDI）、异步传输模式（ATM）、令牌环网（Token Ring）、交换网（Switching）等。

互联网（Internet），是一种范围广阔的局域网。

万维网，WWW 是网络的统称（包括局域网等），WWW 就是我们常说的公网，需要向网络服务商（电信、联通、移动、长城宽带等）缴费才可以上网。

5.2.1.4 光纤通信

光纤即为光导纤维的简称。光纤通信是以光波作为信息载体，以光纤作为传输媒介的一种通信方式。从原理上看，构成光纤通信的基本物质要素是光纤、光源和光检测器。光纤除了按制造工艺、材料组成以及光学特性进行分类，在应用中，光纤常按用途进行分类，可分为通信用光纤和传感用光纤。传输介质光纤又分为通用与专用两种，而功能器件光纤则指用于完成光波的放大、整形、分频、倍频、调制以及光振荡等功能的光纤，并常以某种功能器件的形式出现。

光纤通信是利用光波作载波，以光纤作为传输媒质将信息从一处传至另一处的通信方式，被称之为"有线"光通信。当今，光纤以其传输频带宽、抗干扰性高和信号衰减小，而远优于电缆、微波通信的传输，已成为世界通信中主要的传输方式。

1. 原理与应用

光纤通信的原理是：首先要在发送端把传送的信息（如话音）变成电信号，然后调制到激光器发出的激光束上，使光的强度随电信号的幅度（频率）变化而变化，并通过光纤发送出去。然后在接收端，检测器收到光信号后把它变换成电信号，经解调后恢复原信息。

（1）光源。微机控制系统输出的信号为电信号，而光纤系统传输的是光信号，因此，为了把微机系统产生的电信号在光纤中传输，首先要把电信号转换为光信号。光源就是这样一种电光转换器件。

光源首先将电信号转换成光信号，再向光纤发送光信号。在光纤系统中，光源具有非常重要的地位。可作为光纤光源的有白炽灯、激光器和半导体光源等。半导体光源是利用半导体的 PN 结将电能转换成光能的，常用的半导体光源有半导体发光二极管（LED）和激光二极管（LD）。

半导体光源因其体积小、重量轻、结构简单、使用方便、与光纤易于相容等优点，在光纤传输系统中得到了广泛的应用。

（2）光纤接收机。在光纤中传输的光信号在被微机系统所接收前，首先要还原成相应的电信号。这种转换是通过光接收器来实现的。光接收器的作用就是将由光纤传送过来的光信号转换成电信号，再把该电信号交由控制系统进行处理。光接收器是根据光电效应的原理，用光照射半导体的 PN 结，半导体的 PN 结吸收光能后将产生载流子，因此产生 PN 结的光电效应，从而将光信号转换成电信号。应用于光纤系统中的半导体接收器主要有半导体光电二极管、光电三极管、光电倍增管和光电池等。光电三极管不仅能把入射光信号变成电信号，而且能把电信号放大，从而能够与控制系统接口电路很好地匹配，所以光电三极管的应用最为广泛。

（3）光纤。光纤是光信号的传输通道，是光纤通信的关键材料。光纤由纤芯、包层、涂敷层及外套组成，是一个多层介质结构的对称圆柱体。纤芯的主体是二氧化硅，里面掺有微量的其他材料，用以提高材料的光折射率。纤芯外面有包层，包层与纤芯有不同的光折射率，纤芯的光折射率较高，用以保证光信号主要在纤芯里进行传输。包层外面是一层涂料，主要用来增加光纤的机械强度，以使光纤不受外来损害。光纤的最外层是外套，也是起保护作用的。光纤的两个主要特征是损耗和色散。损耗是光信号在单位长度上的衰减或损耗，用 dB/km 表示，该参数关系到光信号的传输距离，损耗越大，传输距离越短。多微机电梯控制系统一般传输距离较短，因此为降低成本，大多选用塑料光纤。光纤的色散主要关系到脉冲展宽。

2. 以太网无源光网络

光纤通信技术使用的是以太网交换技术和以太网无光源接入技术（EPON）。以太网无源光网络是无源光网络（PON）的一种，是一种点到多点结构的单纤双向光接入网络。EPON

由网络侧的光线路终端（optical line terminal，OLT）、光分配网络（optical distribution network，ODN）和用户侧的光网络单元（optical network unit，ONU）组成。OLT 置于中心机房，是一个多业务平台，可提供面向 EPON 的光纤接口。ONU 放在用户设备端附近或与其合为一体，主要提供面向用户的多种业务接入 ODN 完成光信号功率的分配，为 OLT 与 ONU 之间提供光传输通道。EPON 工作模式如图 5-13 所示。

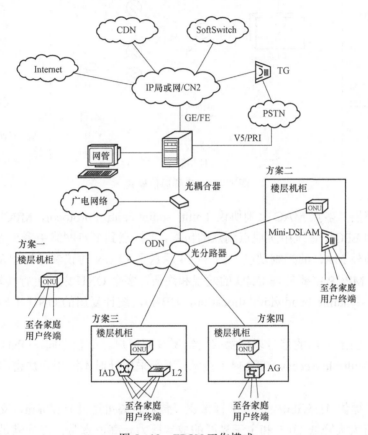

图 5-13 EPON 工作模式

EPON 在一根光纤上传送收发信号，这种机制叫做单纤双向传输机制。使用到的技术是波分复用（wavelength division multiplexing，WDM）技术，用不同波长（下行 1490nm，上行 1310nm）实现上下行数据传输，实现在一根光纤上同时传输上下行数据流而相互不影响，光纤通信模式如图 5-14 所示。

在物理层，IEEE 802.3-2005 规定采用单纤波分复用技术（下行 1490nm，上行 1310nm）实现单纤双向传输，同时定义了 1000 BASE-PX-10 U/D 和 1000 BASE-PX-20 U/D 两种 PON 光接口，分别支持 10km 和 20km 的最大距离传输。在物理编码子层，EPON 系统继承了吉比特以太网的原有标准，采用 8B/10B 线路编码和标准的上下行对称 1Gbit/s 数据速率（线路速率为 1.25Gbit/s）。

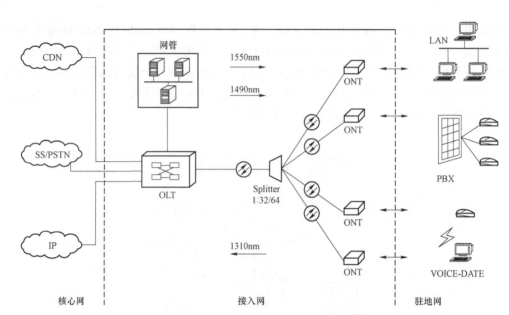

图 5-14 光纤通信模式

在数据链路层，多点 MAC 控制协议（muti-point control protocol，MPCP）的功能是在一个点到多点的 EPON 系统中实现点到点的仿真，支持点到多点网络中多个 MAC 客户层实体，并支持对额外 MAC 的控制功能。图 5-14 示意了 EPON 协议参考模型及多点 MAC 控制协议的位置。MPCP 主要处理 ONU 的发现和注册，多个 ONU 之间上行传输资源的分配、动态带宽分配（dynamic bandwidth allocation，DBA），统计复用的 ONU 本地拥塞状态的汇报等。

下行方向，OLT 发出的信号以广播式发给所有的用户。上行方向，ONU 采用时分复用（Time Division Multiple Access，TDMA）技术。下行采用针对不同用户加密广播传输的方式共享带宽。

EPON 可以提供 1.25Gbit/s 的上下行带宽，传输距离可达 10～20km，支持最大光分路比 1:64，因此可大大降低 OLT 和主干光纤的成本压力。高速宽带，充分满足接入网客户的带宽需求，并可方便灵活地根据用户需求的变化动态分配带宽。

EPON 的应用通常是作为骨干网络中，即 35kV 以上的电网通信，EPON 的优点：① 能够提供透明宽带的传送能力，数据传输速率快。② 组网灵活，能够组建复杂的混合型网络，并且根据网络节点的实际地理位置灵活联网或改变网络拓扑结构。③ 维护简单，长期运营和管理成本低；④ 网络可靠性以及安全性高。EPON 的缺点则是建设光纤的铺设工程量大，初期投资高；同时，由于配电信息点分布日新月异，拓扑结构不稳定，EPON 的组网难度大，后期运维和故障排查工作量较大。

5.2.1.5 电力载波网

电力线载波通信（PLC）是一种电力系统特有的通信方式，利用现有的电力电缆作为传输媒质，通过载波方式传输语音和数据信号。在中低压配电网中，PLC 可以为配电网自动化、AMI 等提供数据传输通道。目前，PLC 的传输速率可以达到数十千位每秒，而随着科技的发展，其传输速率会更大。现在又出现了一种新的 PLC 通信技术，就是基于 OFDM（正交频分复用）的 PLC 技术。它对传统 PLC 技术进行了改进，提高了可靠性和传输速率。

PLC 技术主要应用在室内环境，比如 AMI 的通行，而不需要安装在专用的通信线路上。PLC 的优点：① 利用电力线缆作为传播媒介，降低了建设成本。② 它的通信通道可靠性较高，抗破坏能力强。同时，PLC 也有缺点：① 由于电力线信道的恶劣性，传输距离较短。② 易受电网负载和结构的影响，抗干扰能力差。

5.2.2　无线通信

无线通信（Wireless Communication）是利用电磁波信号可以在自由空间中传播的特性进行信息交换的一种通信方式，近些年信息通信领域中，发展最快、应用最广的就是无线通信技术。在移动中实现的无线通信又通称为移动通信，人们把二者合称为无线移动通信。

5.2.2.1　无线公网

2G 网络指第二代无线蜂窝电话通信协议，能够进行窄带数据通信。常见技术有 GSM 频分多址，通用分组无线业务（general packet radio system，GPRS），是介于第二代和第三代之间的一种技术，通常称为 2.5G。GPRS 是 GSM 移动电话用户可以使用的一种移动数据业务。GPRS 可以说是 GSM 的延续。GPRS 和以往连续在频道传输的方式不同，是以封包方式来传输的，因此使用者所负担的费用是以其传输资料单位计算，并非使用其整个频道，理论上较为便宜。GPRS 可使若干移动用户能够同时共享一个无线通道，一个移动用户也可以使用多个无线通道。GPRS 网络使用户的呼叫建立时间大为缩短，可以实现"实时在线"。GPRS 网为移动数据用户主要提供突发性数据业务，能够快速建立连接，无连接时延。GPRS 适合频繁传送小数据量的应用和非频繁传送的大数据量。

GPRS 的传输速率可提升至 56～114kbit/s，GPRS 可以应用在需求响应、家庭网络自动化的应用中，以及有线通信无法达到或者需要建设成本较低的地区。GPRS 的缺点是：① 由于是公网，容易接入，安全性比较差。② 稳定性比较差，信号容易受干扰。

3G 网络指第三代无线蜂窝电话通信协议，主要指在 2G 的基础上发展起来的高宽带数据通信，提高了语音通话安全性。3G 一般的数据通信带宽在 500kbit/s 以上。目前 3G 常用的标准有 3 种标准，分别是 WCDMA、CDMA2000、TD-SCDMA，该标准通信协议传输速度快。

4G 网络指第四代无线蜂窝电话通信协议，是集 3G 与 WLAN 于一体并能够传输高质量视频图像以及图像传输质量与高清晰度电视不相上下的技术产品。4G 系统能够以 100Mbit/s 的速度下载，比拨号上网快 2000 倍，上传的速度也能达到 20Mbit/s。2G、3G、4G 速率对比见表 5-3。

表 5-3　　　　　　　　　　2G、3G、4G 速 率 对 比

通信标准	2G（Kbit/s）		3G（Mbit/s）			4G（Mbit/s）
蜂窝制式	GSM	CDMA2000	CDMA2000	TD-SCDMA	WCDMA	TD-LTE
下行速率	236	153	3.1	2.8	14.4	100
上行速率	118	153	1.8	2.2	5.76	50

5.2.2.2 全球微波接入系统

全球微波接入系统（WIMAX）是基于 IEEE 802.16X 系列标准的宽带无线接入城域网技术，能够实现固定与移动用户的高速无线接入。其基本目标是为企业以及用户提供"最后一公里"的宽带无线接入方案，WIMAX 网络体系由核心网和接入网组成，核心网包含路由器、AAA 代理服务器、用户数据库和网关设备，实现用户认证、网络管理等功能，并提供与其他网络之间的接口，接入网包含基站和用户，负责为 WIMAX 用户提供无线接入。

WIMAX 技术可以应用在 AMI、用户最后一公里接入领域。其优点：① 通过无线方式实现宽带连接，不需要敷设线缆、组网速度快、建设成本低。② 网络覆盖面积广，只需要少量基站即可以实现全城覆盖，无线覆盖范围广。

WIMAX 的缺点：① 容易受天气、地形等影响，使得传输质量降低。② 虽然技术比较成熟，但是中国没有分配电力专用频段。

5.2.2.3 Zigbee

Zigbee 是基于 IEEE802.15.4 标准的低功耗局域网协议。根据这个协议规定的技术是一种短距离、低功耗的无线通信技术。Zigbee 可以把设备发出的信息传输给用户，而用户也可以获得他们实时的电力消费信息。

在家庭自动化、能源监测和 AMI 的应用中，Zigbee 是个比较理想的通信技术。Zigbee 的优点：功耗和成本低，容量比较大，安全性高。Zigbee 的缺点：传输速率比较低，传输距离比较近，同时其抗干扰能力较差，安全性较低。各种通信方式的优缺点如表 5-4 所示。

表 5-4　　　　　　　　　　　　各种通信方式的优缺点

通信技术	频率范围	传输速率	传输距离	限制	应用范围
EPON	——	1.25Gbit/s	20km	成本较高，不容易拓展	骨干通信网
PLC	1~30MHz	2~3Mbit/s	1~3km	抗干扰能力差	AMI 需求响应
WIMAX	2.5、3.5、5.8GHz	超过 75Mbit/s	1~5km	没有广泛应用	AMI 需求响应
Zigbee	868MHz~2.4GHz	250kbit/s	30~50m	传输速率低，距离短	AMI HAN 家庭局域网络
GPRS	900~1800MHz	170kbit/s	1~10km	传输速率低，安全性差	AMI 需求响应 HAN

5.3　配电网通信架构与协议

5.3.1　现代网络构成

现代网路划分比较多，一般而言可以分为核心网、接入网、用户驻地网，现代网络划分如图 5-15 所示。

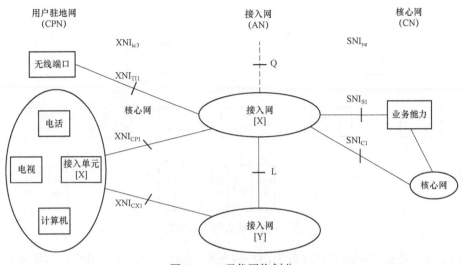

图 5-15　现代网络划分

所谓核心网，即网络处理的核心，负责数据交换、转发、接续、路由的地方。该网络离用户较远。

接入网是指通过各种有线或者无线通信技术将广大用户一级一级接入到核心网中，实现用户与核心网的连接，接入网是整个网络的边缘部分，也是与用户距离最近的一部分，被称为"最后一公里服务"。

用户驻地网，顾名思义是用户的有线或者无线局域网络，包括光端机、路由器、交换机、HUB 以及终端设备。

这里有一个形象的比喻，一辆汽车通过高速路口收费站进入高速路是一个司空见惯的事情，这辆汽车可以比作为用户数据，那么高速路口收费站相当于用户驻地网与接入网接口（XNI 用户网路接口），上高速的 RAMP 即匝道相当于接入网，驶出 RAMP 后将会有一个收费站，该站作用相当于接入网与核心网接口（SNI 业务节点接口），进入高速路主干线后，这辆汽车将会快速驶入各种立交桥，用户的数据在核心网上高速的传递和转发就相当于立交桥一样，各种复杂的立交桥完成了数据的交换和转发、路由等功能，而进入上下立交桥的高速公路相当于传输网。

在这里整个高速公路，不含 RAMP 相当于核心网功能，那么将核心网功能细分的话有两个部分，分别是传输网和 NSP 核心网部分。在数据发送方用户的接入网把数据向 NSP 核心网传输，或者 NSP 核心网向接收方用户的接入网传输的那部分专门负责数据中继传输的网络，称之为"传输网"。NSP 核心网络，是用来进行数据交换处理的，因此也被称为"交换网"。

配网自动化系统通信网络架构中主站作为核心网组成部分，远程工作站及配电终端层与主站之间的网络作为接入网，不同于电信网，配网主站这个"核心网"兼具数据处理、转发任务之余，还具有数据主站的人机交互功能。核心网可以分为无线接入和有线接入，核心网接入方式如图 5-16 所示。

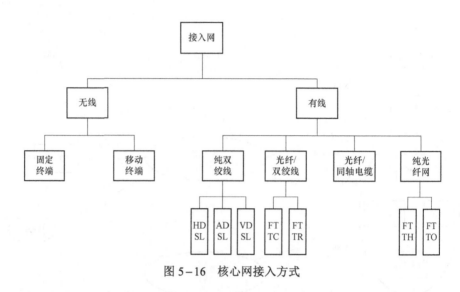

图 5-16 核心网接入方式

远程工作站与配电终端可以理解为用户驻地网,远程工作站的人机交互功能负责与工作人员进行信息传输,配电终端层负责向配网自动化系统传输采集数据并执行工作人员的操作指令。

常见的配网自动化通信结构由互联网网络和无线网络组成。主站各个服务器以及工作站使用互联网网络,这种组成方式的网络传输速率快、误码率低,能够满足数据之间大量的传输需求,另外主站和远程工作站之间采用运营商专线宽带,这样的网络结构信号稳定,速度较快。通信介质传输表如表 5-5 所示。

表 5-5   通 信 介 质 传 输 表

数据链路名	通信媒介	传输速率	主要用途
以太网	同轴电缆	10Mbit/s	LAN
	双绞线电缆	10Mbit/s～100Gbit/s	LAN
	光纤电缆	10Mbit/s～100Gbit/s	LAN
无线	电磁波	数个 Mbit/s	LAN－WAN
ATM	双绞线电缆、光纤电缆	25、155、622Mbit/s	LAN－WAN
FDDI	光纤电缆、双绞线电缆	100Mbit/s	LAN－WAN
帧中继	双绞线电缆、光纤电缆	约 64kbit/s～1.5Mbit/s	WAN
ISDN	双绞线电缆、光纤电缆	64kbit/s～1.5Mbit/s	WAN

无线网络由无线微网、运营商无线网络 TD-LTE、GSM 等组成。采用该网络的设备均是户外现场部署的配电终端层,这种通信方式虽然传输速度不能和互联网网络相提并论,但是不受网线等设备的束缚,安装自由度很高,因此现场采用该通信方式。

5.3.2 配电网通信方案设计

配网自动化通信层的主要功能是提供通道,将控制中心的命令准确传送到数量众多的配电终端层，并将反应远方设备运行情况的数据信息收集到配网主站，实现主站和各远程工作站的通信。通信系统是配网自动化实现各项功能的基础。目前光纤通信、移动通信是配网自动化中常用的两种通信方式。选择何种通信方式，使网络既能满足要求，又能尽可能节省资源，配网自动化通信方案的设计需要满足以下要求：

（1）可靠性。由于配网自动化通信系统在户外运行，材料易老化，且受噪声、电磁场、闪电等的干扰。因此，要求通信系统能经受恶劣天气考验，在电力设备发送故障时，能抵抗事故所产生的瞬间强电磁干扰。

（2）实时性。配网自动化一项重要功能是实时监控配电网的运行，并进行在线分析。正常运行时，配网自动化系统能够在 3s 内刷新全部 RTU、FTU 等终端的数据。发生故障时，主站系统和 RTU、FTU 之间需要交换的数据较正常情况下突然增加。因此，除了考虑刷新速度外，还要考虑能快速、及时传送大量故障数据。同时，还需考虑今后传送现场实时图像等需要。

（3）双向性。主站不仅要向终端下发控制命令，还需要接收终端上传的数据。如故障区段隔离和恢复正常区域供电，要求远方 FTU 向主站上报故障信息，以确定故障区间，主站向 FTU 或者远程工作站向 FTU 发布控制命令。事实上，配网自动化系统每一项功能的实现，均要求进行双向通信，通信系统必须具备双向通信的功能。

（4）灵活性。通信系统点多面广，规模庞大，要求系统中的通信设备具有较强的灵活性，采用标准的协议，便于安装、调试、运行和维护。

配网自动化系统通信方案优先选择光纤通信和运营商无线通信网络。

其中光纤通信技术在电力系统中广泛应用。光纤通信配电终端融合了以太网技术和光纤技术，代表配网自动化通信的未来发展方向。以太网通信方式提供了 10Mbit/s 的网络带宽，最大下载速度 1.25Mbit/s，具有安全、高速的特点。

光纤通信的优点：

（1）传输频带宽，通信容量大。多模光纤的传输容量一般在 140Mbit/s 以下，而单模光纤的传输容量可达 140Mbit/s。

（2）传输损耗小，适合长距离传输。当工作波长为 0.8～0.9μm 时，中继距离为 10km；当工作波长为 1.0～1.6μm 时，中继距离为 100km；当工作波长为 2.0μm 以上时，中继距离为 1000km，完全可以满足地区配网自动化通信要求。

（3）光纤体积小、重量轻、可绕性强，敷设方便。

（4）输入与输出距离，不受工频电场和工频磁场的干扰。

（5）保密性好，无漏信号和串音干扰。

光纤通信方式的缺点：

（1）一次性建设投资大，路径要求高，架设比较困难，这是阻碍光纤发展的主要因素。

（2）连接比较困难，修复工艺要求较高。

（3）维护费用高，每年需要专项进行维护和管理。

通过分析光纤通信的实用性，可知光纤主要适用于配网自动化的 SCADA 系统、馈线自动化系统，如主站与配网远程工作站、中心城区、重要负荷等。

配网自动化系统建设中，由于各种因素，建设有线方式投资很大且实施困难。在这种情况下,可利用运营商无线通信网络的强大技术作为支撑,实现配网自动化,以提高通信质量,降低成本投资。

目前,配网自动化已大量利用移动 GSM 作为其通信系统。GSM 是第二代数字通信,GSM 将数据以短信息的方式发送到主站,其优点是费用低,缺点是延时和不确定性,并且需要对方确认。

移动运行商提供了面向物联网用户的专用号段,10 647、10 648、1440 号段,该 13 位号码总容量 12 亿,支持短信、无线数据通信,但不支持语音业务。14 764~14 766、18 490~18 499、17 892~17 894、17 240~17 245 等号段为 11 位号码,总容量为 2200 万,支持短信、无线数据通信和语音。该物联网卡的功能主要包括通信服务和智能通道服务两方面,通信服务包含有提供短信、无线数据通信(2G、3G、4G)和语音服务,智能通道服务包含连接管理平台、API 能力接口、位置定位、静态 IP 地址等基于物联卡的各项增值服务。

结合运营商无线互联网的特点后,可知其使用范围为动作数据量较少的终端:偏远地区部署 FTU、故障指示器,无线抄表系统,无功补偿系统,采集负控系统等。

因此,对于不同层次和系统的配网自动化通信,可选择不同的通信方式。这样,即能满足系统通信系统需要,又能减少了投资,实用性强。不同层次的通信网络都采用了当今成熟、可靠、比较先进的通信技术,系统通信不仅安全、可靠、高速,并且可拓展性强。配网自动化的通信方式应该首选光纤,特别是中心城区和重要负荷等可靠性要求高的终端。在光纤不易到达的地方,实时数据通道速率、容量要求不高的地方选择运营商无线网络。

配网自动化通信方案按照实际情况,配电终端采集模块采用 RF480MHz 无线电波传输信号,经过处理后采集模块与其他模块采用 RS232 通信模块,无线通信模块采用运营商网络进行传输,至主站前置系统后采用以太网进行传输,主站与远程工作站采用运营商专线宽带,保障通信稳定。

配网自动化通信方案有两个方面:

(1)城网负荷密集型。随着城镇化建设的加快,越来越多的人选择在城市或者县城就业、居住,这样城市的人口密集程度也越来也高,居民生活用电、商业用电等负荷也将越来越高。用户对城网的供电可靠性、用户平均停电时间要求也越来越严格,城网一次网架越来越绝缘化,相应城网的配网自动化通信要求时延小、容量大,并且支持双通道。因此对于城网的 FTU、故障指示器等配电终端建议采用光纤接入配网自动化系统。

农网线路具有负荷小、负荷分布分散、线路走径长等特点。光纤接入成本过高,因此建议采用运营商无线网络,物联网卡选择 2G 或者 3G 这些覆盖面广的网络频段。

(2)城网负荷稀少型。对于欠发达地区,城网负荷与农网负荷相比差距不太明显,部分城网尚处于架空裸导线阶段,因此对于这类城网建议使用运营商无线网络接入配电终端,使用 4G 物联网卡,提高传输速率,农网使用运营商无线网络接入配电终端,使用 2G 或者 3G 这些覆盖面广的网络频段。

5.3.3 电力通信协议——IEC 60870-5-101

智能配电网通信中的许多应用、技术等,有些已经比较成熟,有些则正在研究中。目前配电网通信标准较多,但是这些不统一的标准会影响到智能电力设备、智能电表和可在生能源的融合以及它们之间的相互操作，电力系统通信规约如表 5-6 所示。

表 5-6   电 力 系 统 通 信 规 约

通信标准	简　介	应用领域
IEEEC 37.1	描述 SCADA 与电力变电站自动化系统的定义和规范等	SCADA 及变电站自动化控制
IEEE 1379	变电站 IED 与 RTU 之间的通信指导	变电站自动化控制
IEEE 1547	描述与电网互相连接的分布式能源的通信	需求响应
IEEE 1646	变电站内外通信传输时间的需求	变电站自动化控制
IEC 60870	电力系统通信与控制的数据交换	控制中心间的通信
IEC 61850	配电和变电站中设备的通信标准	变电站自动化控制
IEC 61968	配电领域的通信模型	能量管理系统
IEC 62351	定义了通信协议的网络安全	信息安全系统
ANSIC 12.19	通用数据结构的测量模型、电能表数据通信的工业标准	AMI
ANSIC 12.18	智能电能表与用户之间的双向通信	AMI

5.3.3.1　IEEE 标准

IEEE 建立了很多电力系统的标准，其在电力通信方面的标准主要有以下几种：

（1）IEEE C37.1 标准提供了 SCADA 系统与变电站自动化系统的基础定义、规范、技术性能分析和应用。它定义了变电站中系统结构和功能——协议选择、人机界面和执行问题。另外，它还规定了可靠性、可维护性、安全性和拓展性等网络性能需求。

（2）IEEE 1379 标准介绍了变电站的 IED（智能电力设备）和 RTU（远程终端单元）之间的通信与相互操作的操作指导与实际应用。该标准特别描述了变电站网络通信协议栈对 IEC 60870 和 DNP3 的映射。该标准还讨论了如何扩展在变电站中应用的数据元素和目标，以提高网络功能。

（3）IEEE 1547 标准定义了电网相互连接的分布式能源，包括电力系统、信息交换和验证检验三部分。

（4）IEEE 1646 标准规定了变电站内部和外部的通信传输时间需求。这个标准把变电站通信分为几个类别，并定义了每个类别的通信延时需求。

5.3.3.2　ANSI 标准

ANSI 标准设定的电力通信标准：

（1）ANSI C12.9 标准描述了电力行业终端的数据表，该标准定义了终端设备和计算机之间数据传输的表结构，终端设备和计算机之间利用二进制码与 XML 传输。

（2）ANSI C12.18 标准是专为智能电表通信设立的，该标准负责智能电能表（C12.18 设备）和用户（C12.18 客户）之间的双向通信。

5.3.3.3 IEC 在电力系统的通信和控制方面的标准

（1）IEC 60870 提出了电力系统通信和控制方面的许多标准。标准定义了用于电力系统控制的通信系统，通过这个标准，电力设备间可以相互操作，以实现自动管理。

（2）IEC 61850 标准侧重于变电站的自动控制，该标准定义了全面的系统管理功能和通信需求，以促进变电站的管理。

（3）IEC 61968 标准提供了配电领域与输电领域的设备和电网之间数据交换的信息模型。

（4）IEC 62351 标准描述了网络安全，该标准规定了达到不同安全目标的需求，包括数据认证、数据保密、接入控制和入侵检测。

配网自动化系统重点应用 IEC 60870-5-101，IEC 60870-5-101 是电力系统远动通信标准，该通信标准采用 FT1.2 帧格式，对物理层、链路层、应用层、用户进程做了具体的规定和定义。该协议适用于地理位置分散的低速（速率小于 64kbit/s）通道上实现高效和可靠的数据传输。它具有实时性较强、功能强大等特点，适用于平衡电路和非平衡电路。

IEC 60870-5-101 标准（以下简称 101）的传输机制灵活多样，既支持循环式传送，又支持轮询（Polling）的顺序处理机制，以及平衡传输机制，一般应用时采用顺序巡测同时穿插请求数据传送的通信方式，即通信双方一问一答的通信方式，能实现点对点、一点对多点的通信。

5.3.3.4 通信模型

101 通信协议的网络层次模型源于开放式互联的 OSI 参考模型，但由于实际应用领域要求在有限的带宽下满足较短的实时响应时间，所以采用增强性能结构（enhanced performance architecture，EPA）模型。该模型仅有三层，即物理层、链路层、应用层。增强性能结构模型如图 5-17 所示。

物理层是 OSI 模型的第一层，采用无记忆传输通道的异步帧格式，实现通信的比特流服务。

图 5-17 增强性能结构模型

数据链路层将一条不太可靠的通信链路转化为对高层协议而言是一条无错误的可靠传输链路。数据链路层上的数据传送单元为帧。

应用层是 OSI 模型的最高层，为用户进程提供服务和工作环境。

在应用层，将用户的数据组成应用服务单元（application service data unit，ASDU）。然后又将 ASDU 和应用协议控制信息（application protocol control information，APCI）组成应用层的应用协议数据单元（application protocol data unit，APDU），在 101 协议中 APCI 为空，因此，APDU 就是 ASDU。

经应用层的 APDU 传输到链路层，组成链路服务单元（links service data unit，LSDU）和链路协议控制信息（link protocol control information，LPCI），两者组成链路协议数据单元（link protocol data unit，LPDU）。以上数据单元之间的关系如图 5-18 所示。

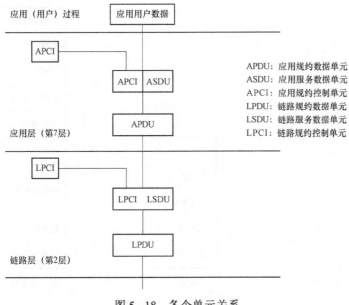

图 5-18 各个单元关系

5.3.3.5 链路传输规则

链路服务类别分为三类，传输规则分别是 S1—发送/无回答、S2—发送/确认和 S3—请求/响应。

（1）S1—发送/无回答：用于远程工作站循环给主站刷新数据，无需认可和回答。如果接收方检测到报文出现差错，丢弃该报文。

（2）S2—发送/确认：用于由启动站向从站发送信息，包括参数设置、遥控命令、升降命令、设定命令等，适用于突发传输。从站接收到信息后，进行如下校验：

1）如果报文检测没有差错，且接收缓存区可用，向启动站发送肯定认可。

2）如果报文检测没有差错，但接收缓存区不可用，向启动站发送否定认可。

3）如果报文检测发现差错，就不予回答并丢弃该报文。

（3）S3—请求/响应：用于由启动站向从动站召唤信息，适用于按请求传输信息。

1）从动站的链路层如果有被请求的数据就回答它。

2）从动站的链路层如果没有被请求的数据就回答否定认可。

3）如果报文检测发现差错不作回答。

5.3.3.6 帧格式

链路层的帧结构采用明确的 LPCI 和 LSDU（101 中即 ASDU）组成，链路层传输的帧格式为 FT1.1 格式。链路帧的最大帧长字节数是特定通信系统的参数，如果需要的话，在各个方向上的最大帧长可以不同，一般认为通道的上行、下行速率相同，而且为了方便管理，最大帧长为 255。

FT1.2 格式为 101 中定义的传输格式的一种。FT1.2 格式帧分为 3 种，即单字节帧、可变长度帧、固定长度帧。FT1.2 帧结构如图 5-19 所示。

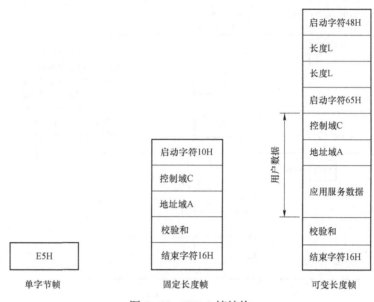

图 5-19 FT1.2 帧结构

（1）单字节帧。单字节帧取值为 E5H，如图 5-20 所示，用于信息确认。

（2）固定长度帧。由一个启动字符 10H，控制域 C、地址域 A、校验和（CS）和结束字符 16H 组成。固定长度帧如图 5-21 所示。

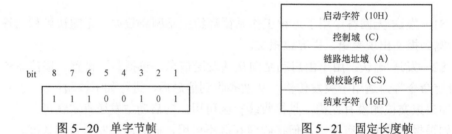

图 5-20 单字节帧　　　　　图 5-21 固定长度帧

1）启动字符。10H 为固定帧标志。

2）控制域：一个字节，上行和下行所代表的意义不同，图 5-22 为上、下行报文链路控制域。

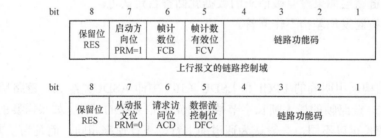

图 5-22 上、下行报文链路控制域

在上、下行控制域中，RES：保留位，取 0；PRM：下行报文取 1，上行报文取 0；FCB：

帧计数位，用于对厂站传输的信息报文确认和否认，取 0 或 1，被控站通过判断其是否反转，确认是否重发一帧报文；FCV：下行报文中帧计数位是否有效，FCV=1 时表示 FCB 有效，FCV=0 时表示 FCB 无效；ACD：请求访问一级用户数据，ACD=1 表示被控站有一级数据；DFC：数据流控制位，DFC=1 表示被控站不能接收后续数据。

链路功能码，表明链路层服务的类别，下行报文链路功能码见表 5-7。上行报文链路功能码见表 5-8。

表 5-7　　　　　　　　　　　　　　　下行报文链路功能码

功能码序号	帧类型	业务功能	FCV 位状态
0	发送/确认帧	复位远方链路	0
1	发送/确认帧	复位远动终端的用户进程（撤销命令）	0
2	发送/确认帧	用于平衡式传输过程 测试链路功能	
3	发送/确认帧	传送数据	1
4	发送/无回答帧	传送数据	0
5		备用	
6, 7		制造厂和用户协商后定义	
8	请求/响应帧	响应帧应说明访问要求	0
9	请求/响应帧	召唤链路状态	0
10	请求/响应帧	召唤用户一级数据	1
11	请求/响应帧	召唤用户二级数据	1
12, 13		备用	
14, 15		制造厂和用户协商后定义	

通信系统中将主站向从站传输的信息称之为下行报文。从站向主站传输的信息称之为上行报文，上行报文链路功能码见表 5-8。

表 5-8　　　　　　　　　　　　　　　上行报文链路功能码

功能码序号	帧类型	业务功能
0	确认帧	确认
1	确认帧	链路忙，未接收报文
2~5		备用
6, 7		制造厂和用户协商后定义
8	响应帧	以数据响应请求帧
9	响应帧	无所召唤的数据
10		备用
11	响应帧	以链路状态或访问请求回答请求帧
12		备用
13		制造厂和用户协商后定义
14		链路服务未工作
15		链路服务未完成

非平衡传输链路上行、下行报文功能码对照表见表5-9。

表5-9 非平衡传输链路上行、下行报文功能码对照表

启动方向链路功能码	从动方向所允许的功能码和服务
<0>复位远方链路	<0>确认：认可，<1>确认：否定
<1>复位远方进程	<0>确认：认可，<1>确认：否定
<3>发送/确认用户数据	<0>确认：认可，<1>确认：否定认可请求
<4>发送/非应答用户数据	无回答
<8>访问请求	<11>响应：链路状态
<9>请求/响应，请求链路状态	<11>响应：链路状态，<14>响应：链路服务未工作，<15>响应：链路服务未完成
<7>请求/响应，请求一级数据	<8>响应：用户数据，<9>响应：无所请求的用户数据
<8>请求/响应，请求二级数据	<8>响应：用户数据，<9>响应：无所请求的用户数据

3）链路地址域：通信目的设备的地址。

4）帧校验和（链路控制域+站地址）MOD256。

5）结束字符16H为固定帧尾标志。

（3）可变帧结构。由一个启动字符（68H），重复两次长度L，启动字符68H，固定L个字节的用户数据8为位组，帧校验和，结束字符（16H）组成。可变帧结构如图5-23所示。

启动字符（68H）
长度L
L重复
启动字符（68H）
链路控制域（C）
链路地址域（A）
链路用户数据（可变长度）
帧校验和（CS）
结束字符（16H）

图5-23 可变帧结构

1）启动字符68H。

2）长度L。应用规定的内容字节数，链路控制域（C）到ASDU结束的字节总数，帧中第三个字节长度L重复帧中第二个字节的长度L，即在报文中，长度重复了一次。

3）链路控制域（C）。一个字节，和固定帧长度报文的链路控制域（C）相同。

4）链路地址域（A）。同固定帧长度报文的链路地址域（A）。

5）应用服务数据单元（ASDU）。

6）帧校验和（CS）。从链路控制域（C）到ASDU的所有字节模256之和。7帧结束字符16H。FT1.2的传输标准要求线路上低位先传；线路的空闲为二进制的1；两帧之间的线路空闲间隔需不小于33位；每个字符包括1位起始位、1位停止位、1位偶校验位、8位数据位，字符间无需线路空闲间隔；信息字节求和校验（Check Sum）。

长度L=C+A+链路用户数据的长度。

主站向子站传输时：DIR=0，PRM=1；

子站向主站传输时：DIR=1，PRM=0。

主站向同一个子站传输新一轮的发送/确认和请求/响应传输服务时，将FCB位取反；主站为每一个子站保留一个帧计数位的拷贝，若超时没有从子站收到所期望的报文，或接收出

现差错，则主站不改变帧计数位的状态，重复传送原报文，重复次数为 3 次。

FCV 若等于 0，FCB 的变化无效。

5.3.3.7 应用服务数据单元（ASDU）

应用服务数据单元由数据单元标识符和信息体组成。应用服务数据单元如图5-24所示。

ASDU	ASDU的域	
数据单元标识	数据单元类型	类型标识
		可变结构限定词
	传送原因	
	公共地址	
信息体	信息体地址	
	信息体元素	
	信息体时标（如有必要）	

图 5-24 应用服务数据单元

应用服务数据单元 ASDU 由数据单元标识和信息体组成，数据单元标识有类型标识、可变结构限定词和传送原因以及公共地址组成。

（1）类型标识包括：

1）子站→主站过程信息：

1—不带时标的单点信息；

2—带时标的单点信息；

3—不带时标的双点信息；

4—带时标的双点信息；

5—步位置信息（变压器分接头信息）；

6—带时标的步位置信息（变压器分接头信息）（未用）；

7—子站远动终端状态（未用）；

9—测量值；

10—带时标的测量值（未用）；

15—电能脉冲计数量；

16—带时标的电能脉冲计数量（未用）；

17—带时标的继电保护或重合闸设备单个事件；

18—带时标的继电保护装置成组启动事件（未用）；

19—带时标的继电保护装置成组输出电路信息事件（未用）；

20—具有状态变位检出的成组单点信息；

21—不带品质描述的测量值；

22~24—为配套标准保留；

232—BCD 码（水位值）。

2）主站→子站在控制方向的过程信息：

46—双点遥控命令（控单点也可）；

47—升降命令（未用）；

48—设定命令（未用）。

3）子站→主站在监视方向的系统信息：

70—初始化结束；

71～99—为配套标准保留。

4）主站→子站在控制方向的系统信息：

100—召唤命令；

101—电能脉冲召唤命令；

102—读数据命令（未用）；

103—时钟同步命令；

104—测试命令（未用）；

105—复位进程命令（未用）；

101～109—为配套标准保留。

（2）可变结构限定词，其结构如下：

高位		低位
SQ	信息体的个数	

SQ=1：表明此帧中的信息体是按信息体地址顺序排列的。

SQ=0：表明此帧中的信息体不是按信息体地址顺序排列的。

信息体的个数小于128。

（3）传送原因，其字节的结构如下：

高位			低位
T	P/N	传送原因	

1）P/N=0：肯定认可；P/N=1：否定认可。

2）T=0：未试验；T=1：试验。

3）传送原因：1—周期、循环；2—背景扫描；3—突发；4—初始化；5—请求或被请求；6—激活；7—激活确认；8—停止激活；9—停止激活确认；10—激活结束；11—远程命令引起的返送信息（未用）；12—当地命令引起的返送信息（未用）；13—文件传送（未用）；14～19—保留；20—响应总召唤；21—响应第一组召唤；22—响应第二组召唤；23—响应第三组召唤；24—响应第四组召唤；25—响应第五组召唤；26—响应第六组召唤；27—响应第七组召唤；28—响应第八组召唤；29—响应第九组召唤；30—响应第十组召唤；31—响应第十一组召唤；32—响应第十二组召唤；33—响应第十三组召唤；34—响应第十四组召唤；35—响应第十五组召唤；36—响应第十六组召唤；37—响应计数量总召唤；38—响应第一组计数量召唤；39—响应第二组计数量召唤；40—响应第三组计数量召唤；41—响应第四组计数量召唤；42～47—为配套标准保留；48～63—为特殊用途保留。

（4）信息体地址：信息体地址这一部分，不同调度系统厂家、不同区域、不同组织的定义会有所不同。国内几个已经投入使用了接受 IEC 60870－5－101 远动规约的调度系统，主要包括南瑞的 SD6000 系统、北京南瑞在天津城东应用的调度系统、广东中山应用的德国 SIEMENS 调度系统、华中网调应用的 ABB 调度系统等，这些调度系统对于信息体地址的定义不尽相同。

5.3.3.8　协议应用过程

协议应用分为站初始化、对时任务、总召、遥控命令传输、事件等。

1. 站初始化

当系统运行时，控制站通过一定的超时和重传策略确定链路和被控站已断开，传送重复的"请求链路状态"和被控站监理链路连接；一旦被控站的链路可用时，它以"链路状态"回答；然后控制站发送"复位远方链路"回答。被控站以"认可（ACK）"确认回答控制站的复位命令（期望下一次帧计数为 FCB=1）。然后控制站以重复的"请求链路状态"向被控站召唤，当被控站以"链路状态"回答时，并指明有一级用户数据，控制站就向被控制站"请求一级用户数据"，被控站的应用初始化完成。控制站以总召唤刷新控制站数据库，接着进行时钟同步，然后开始正常通信，平衡链路建立过程如图 5−25 所示。

报文示意：

TX：10 49（C，FC=9）B9 03（地址域 A，2Byte）85（CS）16【主站请求链路状态】

RX：10 8B（C，FC=11）B9 03（地址域 A，2Byte）47（CS）16　　　【从站链路状态】

TX：10 40（C，FC=0）B9 03（地址域 A，2Byte）7C（CS）16【主站复位远方链路】

RX：10 80（C，FC=0）B9 03（地址域 A，2Byte）3C（CS）16　　　【从站链路被复位】

RX：　　10 C9（C，FC=9）B9 03（地址域 A，2Byte）85（CS）16【从站请求链路状态】

TX：10 0B（C，FC=11）B9 03（地址域 A，2Byte）C7（CS）16　　　【主站链路状态】

RX：10 C0（C，FC=0）B9 03（地址域 A，2Byte）7C（CS）16　　　【从站复位远方链路】

TX：10 00（C，FC=0）B9 03（地址域 A，2Byte）BC（CS）16　　　【主站链路被复位】

RX：68 0B（L）0B（L）68 00（C）B9 03（地址域 A，2Byte）46（类型标识符 TI=70：初始化结束）01（VSQ）04 00（COT，2Byte）B9 03（ASDU 公共地址）00 00（信息对象地址，2Byte）00（初始化原因 COI）C3（CS）16【COT=4：初始化】

TX：10 00（C，FC=0）B9 03（地址域 A，2Byte）BC（CS）16【初始化结束】

2. 对时任务

在链路完好的情况下，主站的定时组召唤，目的是对于没有越死区的遥测量和没有变位的遥信量进行一次更新，这个过程是可以被打断的，但回答组召唤镜像报文之前不可以打断。对时分为三个流程：延时获得、延时传递和时钟同步。

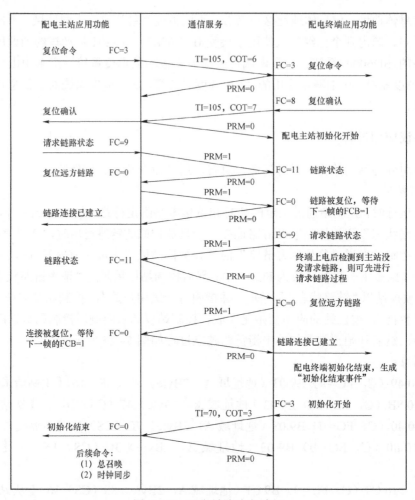

图 5-25 平衡链路建立过程

（1）延时获得。平衡链路延时获得流程如图 5-26 所示。

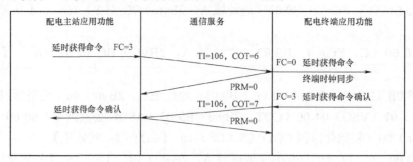

图 5-26 平衡链路延时获得流程

报文示例如下：

TX：68 0A 0A 68 F3（C）7F 02（地址域 A，2Byte）6A（TI=106：延时获得命令）01（VSQ）06 00（COT，2Byte）7F 02（ASDU 公共地址）00 00（信息对象地址，2Byte）07 03（时标，2Byte）70（CS）16

RX：10 00 7F 02 81 16【报文确认】

RX：68 0A 0A 68 73（C）7F 02（地址域 A，2Byte）6A（TI＝106：延时获得命令）01（VSQ）07 00（COT，2Byte）7F 02（ASDU 公共地址）00 00（信息对象地址，2Byte）39 03（时标，2Byte）23（CS）16

TX：10 00 7F 02 81 16【报文确认】

（2）延时传递。延时传递过程如图 5－27 所示。

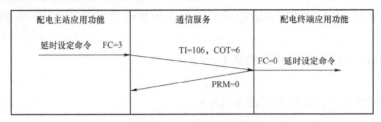

图 5－27　延时传递过程

报文示例如下：

TX：68 0A 0A 68 D3（C）7F 02（地址域 A，2Byte）6A（TI＝106：延时获得命令）01（VSQ）03 00（COT，2Byte）7F 02（ASDU 公共地址）00 00（信息对象地址，2Byte）76 01（时标，2Byte）BA（CS）16

RX：10 00 7F 02 81 16【报文确认】

（3）时钟同步。平衡链路传输模式时钟同步如图 5－28 所示。

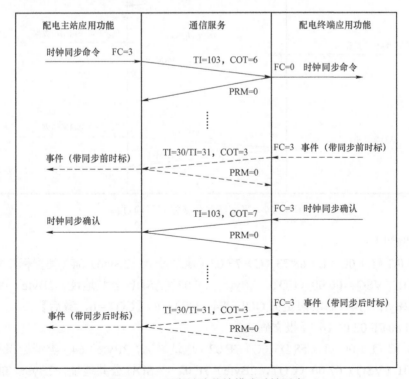

图 5－28　平衡链路传输模式时钟同步

报文示例如下:

TX: 68 12 (L) 12 (L) 68 F3 (C) B9 03 (A) 67 (类型标识符 TI=103: 时钟同步) 01 (VSQ) 06 00 (COT) B9 03 (ASDU 公共地址) 00 00 (信息对象地址) 09 21 2D 08 04 05 12 (时标) 53 (CS) 16

RX: 10 80 B9 03 3C 16 【报文确认】

RX: 68 12 (L) 12 (L) 68 00 (C) B9 03 (A) 67 (类型标识符 TI=103: 时钟同步) 01 (VSQ) 07 00 (COT) B9 03 (ASDU 公共地址) 00 00 (信息对象地址) 08 DE 24 08 A4 05 A2 (CS) 16

TX: 10 00 B9 03 BC 16【报文确认】

3. 总召

平衡链路传输模式召唤过程如图 5-29 所示。

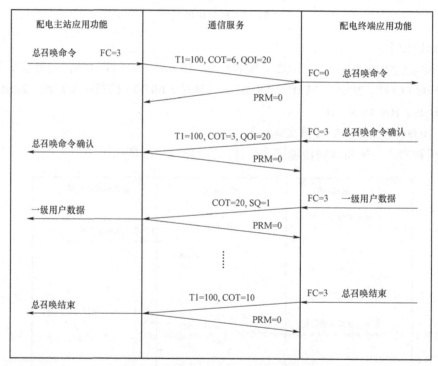

图 5-29 平衡链路传输模式召唤过程

报文示例如下:

TX: 68 0C (L) 0C (L) 68 73 (C) 7F 02 (地址域 A, 2Byte) 64 (类型标识符 TI=100: 召唤命令) 01 (VSQ) 06 00 (COT, 2Byte) 7F 02 (ASDU 公共地址, 2Byte) 00 00 (信息对象地址, 2Byte) 14 (召唤限定词 QOI) F4 (CS) 16 【COT=6, 激活】

RX: 10 80 7F 02 01 16 【报文确认】

RX: 68 0C (L) 0C (L) 68 D3 (C) 7F 02 (地址域 A, 2Byte) 64 (类型标识符 TI=100: 召唤命令) 01 (VSQ) 07 00 (COT, 2Byte) 7F 02 (ASDU 公共地址, 2Byte) 00 00 (信息对象地址, 2Byte) 14 (召唤限定词 QOI) 55 (CS) 16 【COT=7, 激活确认】

TX：10 00 7F 02 81 16 【报文确认】

RX：68 50（L）50（L）68 F3（C）7F 02（地址域 A，2Byte）09（类型标识符 TI=9，遥测）97（VSQ，23 元素）14 00（COT，2Byte）7F 02（ASDU 公共地址）

01 40（信息对象地址，2Byte）

22 09（值）00（质量码）

19 02（值）00（质量码）

00 00（值）00（质量码）

6F 01（值）00（质量码）

A2 01（值）00（质量码）

AC 01（值）00（质量码）

01 00（值）00（质量码）

CD 00（值）00（质量码）

1C 00（值）00（质量码）

DE 03（值）00（质量码）

EC 2C（值）00（质量码）

14 00（值）00（质量码）

00 00（值）00（质量码）

00 00（值）00（质量码）

EC 2C（值）00（质量码）

14 00（值）00（质量码）

4C 1D（值）00（质量码）

96 00（值）00（质量码）

02 0D（值）00（质量码）

90 01（值）00（质量码）

00 00（值）00（质量码）

00 00（值）00（质量码）

F4 01 00（信息元素集，23 个）

A7（CS）16 【COT=20，响应总召唤】

TX：10 00 7F 02 81 16 【报文确认】

RX：68 1D 1D 68 D3（C）7F 02（地址域 A，2Byte）01（类型标识符 TI=1，遥信）92（VSQ，18 元素）14 00（COT，2Byte）7F 02（ASDU 公共地址）

01 00（信息对象地址，2Byte）

00（值）

00（值）

00（值）

00（值）

00（值）

01（值）

00（值）

00（值）

00（值）

01（值）

01（值）

00（值）

00（值）

00（值）

00（值）

01（值）

00（值）

00（值）【信息元素集，18个】

81（CS）16 【COT=20，响应总召唤】

TX：10 00 7F 02 81 16 【报文确认】

RX：68 0C（L）0C（L）68 F3（C）7F 02（地址域 A，2Byte）64（类型标识符 TI=100：召唤命令）01（VSQ）0A 00（COT，2Byte）7F 02（ASDU 公共地址）00 00（信息对象地址，2Byte）14（召唤限定词 QOI）78（CS）16 【COT=10，激活终止】

TX：10 00 7F 02 81 16 【报文确认】

4. 遥控命令传输

一般情况下，单命令用于控制单点信息对象，双命令用于控制双点信息对象。以单点遥控为例描述遥控的过程。平衡链路中遥控传输模式如图 5-30 所示。

报文示例如下：

（1）预置。

TX：68 0C 0C 68 F3 B9 03 2E（类型标识符 TI=46：双点）01（VSQ）06 00（COT=6：激活）B9 03（ASDU 公共地址）01 60（信息对象地址）81（值，预置最高位置 1）81（CS）16

RX：10 80 B9 03 3C 16 【报文确认】

RX：68 0C 0C 68 00 B9 03 2E（类型标识符 TI=46：双点）01（VSQ）07 00（COT=7：激活确认）B9 03（ASDU 公共地址）01 60（信息对象地址）81（值，预置最高位置 1）B2（CS）16

TX：10 00 B9 03 BC 16 【报文确认】

（2）执行。

TX：68 0C 0C 68 D3 B9 03 2E（类型标识符 TI=46：双点）01（VSQ）06 00（COT=6：激活）B9 03（ASDU 公共地址）01 60（信息对象地址）01（值）E1（CS）16

RX：10 80 B9 03 3C 16 【报文确认】

RX：68 0C 0C 68 00 B9 03 2E（类型标识符 TI=46：双点）01（VSQ）07 00（COT=7：激活确认）B9 03（ASDU 公共地址）01 60（信息对象地址）01（值）B2（CS）16

TX：10 00 B9 03 BC 16 【报文确认】

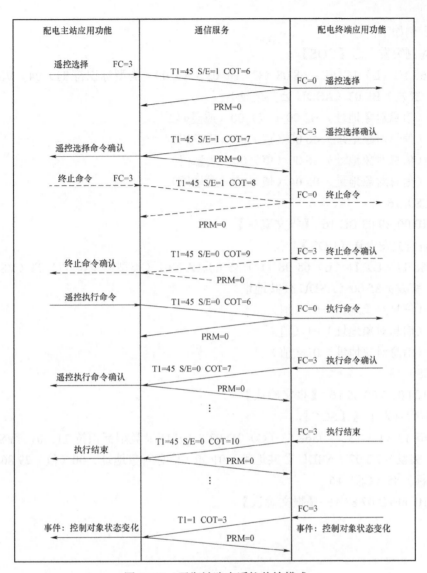

图 5-30　平衡链路中遥控传输模式

5. 事件

主要包括遥测和遥信的 COS（不带时标）、SOE（带时标），成对出现。

平衡链路中事件采集过程如图 5-31 所示。

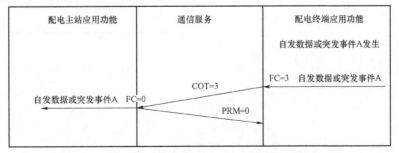

图 5-31　平衡链路中事件采集过程

报文示例如下：

（1）遥测突发上送【COS】。

RX：68 1C（L）1C（L）68 08（C）B9 03（A）09（类型标识符 TI）04（VSQ）03 00（COT＝3：突发）B9 03（ASDU 公共地址）

01 40（信息对象地址）B2 00（值）00（质量码）

03 40（信息对象地址）46 00（值）00（质量码）

06 40（信息对象地址）46 00（值）00（质量码）

08 40（信息对象地址）05 04（值）00（质量码）

E9（CS）16

TX：10 00 B9 03 BC 16 【报文确认】

（2）遥信突发上送【COS】。

RX：68 11（L）11（L）68 08（C）35 00（A）01（类型标识符 TI）03（VSQ）03 00（COT＝3：突发）35 00（ASDU 公共地址）

01 00（信息对象地址）01（值）

03 00（信息对象地址）01（值）

05 00（信息对象地址）01（值）

85（CS）16

TX：10 00 35 00 35 16 【报文确认】

（3）遥信突发上送【SOE】。

RX：68 13（L）13（L）68 53（C）7D 07（A）1E（类型标识符 TI）01（VSQ）03 00（COT＝3：突发）7D 07（ASDU 公共地址）01 00（信息对象地址）00（值）29 86 1D 14 0B 0A 12（时标）85（CS）16

TX：10 00 7D 07 83 16 【报文确认】

第 6 章

配网地理信息系统及信息交互

地理信息系统（GIS）是一个特殊的空间信息辅助系统，它在计算机软、硬件系统支持下，对全部或部分地球表面空间中有关地理分布数据进行采集、存储、管理、计算、分析、描述。GIS 技术把地图这种独特的视觉化效果和地理分析功能与一般的数据库操作（如查询和统计分析）集成在一起，来分析和处理空间信息。而电网资源的地理分布特征决定了地理信息系统在电网企业的广泛应用。

6.1　电力 GIS 系统

随着近年来社会用电量的快速增长，电网规模和覆盖面积迅速扩大，电网管理和服务区域随之扩大，以往主要依靠图纸和专职人员的工作经验进行管理的配网信息、用户档案资料、杆型结构、线路走径及杆号记录、配电变压器的型号记录存在着数据更新困难，资料易丢失、损毁，日常查询不便、无法为配网改造提供决策依据等弊端，严重制约了工作效率。这种仅通过文字、数字的传统描述与电网现代化的管理要求差距甚远。而在地理信息系统（GIS）平台上，结合电网设备、网络和生产管理核心特点构建的电力 GIS 信息系统成为提升电网安全生产管理水平、提高工作效率的必然选择。因此，对于电力系统来说，GIS 成为构建"数字化电网，信息化企业"不可或缺的重要技术。

电力 GIS 系统通过对电力空间数据、台账数据及业务流程数据进行一体化建模与管理，集中在同一系统中的电力设备设施数据，电网运行状态信息，以及外部自然环境的信息，形成电力图形资源和空间信息综合管理资源库，可为电力提供电网资源管理、可视化及地理空间信息管理等强大功能服务，配合生产管理系统、营销系统以及配网自动化系统应用，成为电力企业精细化管理和高质量发展的技术支撑，越来越受到电力企业的重视。因此，开展电力 GIS 系统统一研发、应用和推广，实现电力管理创新、技术创新和工作效率和经济社会效益的提升，是发展智能化电网的必然选择。

6.1.1　配网 GIS

配网 GIS 实际上是 GIS 在配网系统中的专业应用平台。由于电力系统的生产过程分为发电、输电、变电、配电、用电几个环节，在业务管理上还有调度、信息、通信、规划等不同的领域应用，因此在不同的电力管理体制下，为了便于企业管理，GIS 会在不同的生产过程环节领域分别建设和应用，这也是电力 GIS 在称呼上有差别的原因。这些专用 GIS，比如发电企业建设的发电 GIS 平台，统一管理企业内发电厂及其关于地理信息相关的数据；供电企业也可以建设供电 GIS，统一管理公司内电力企业输电、变电、配电、用电业务及其与地理信息相关的数据，比如国家电网有限公司统建统推的电网 GIS 等。其中，不同的 GIS 还可以根据不同的应用分类划分成若干子 GIS 应用模块，比如输电 GIS、配网 GIS、营销用电 GIS 等模块。本章结合前后内容仅对配网简版 GIS 进行介绍。

配网 GIS 给管理带来的不仅是地图显示、空间资源拓扑的关联、各种电网运行数据直观的、可视化的分析和查询，更重要的是借助于 GIS 可以采用公共信息模型，以图形化、可视化等方式实现配网的数字化建模，为在配网规划、设计、建设、运维、检修等专业领域开展信息化的深度应用提供便利，为配网自动化等系统提供数据支撑，最终实现对完整配网拓扑的现代化管理。

6.1.2 建设目标

配网自动化地理信息采集系统（简版配网 GIS）建设以实现"集中采集、分区应用"为原则，即首先在各市分公司分别建设市级 GIS 主站，集中采集和处理全市配网设备信息；其次，在各县分公司设立远程工作站，维护和使用所属配网信息；最后在总部对各地区 WebGIS 信息进行整合，实现总部全配网信息的浏览和管理，通常按照省、市、县、站所四级监控体系建立配网 GIS 平台的业务应用功能体系。

地理信息技术与配网业务结合的配网 GIS 系统，实现了配网线路及设备的管理可视化，还原配网网架本身的客观现实，为运行维护提供基础平台支撑，为配网安全运行监控奠定坚实基础。配网地理信息工程应坚持"统一标准、统一规划、统一建设"的原则。建设完成后，可将配网数据与现有配网相关系统数据进行整合，实现"配电一张网"的目标。在统一的系统模型规范和信息采集规范的基础上，建设满足配网自动化需要的地理信息采集系统，实现从总部、各市、县浏览和使用相关信息，并在已建成的配网 GIS 平台基础上，扩展与其他系统对接，实现如配网可视化监控、配网移动巡检、与生产管理系统交互等高级应用，提高配网生产运行管理水平，提高信息化应用水平。

6.1.3 配网 GIS 应用定位

6.1.3.1 配网数据平台

配网 GIS 平台中可存储电子地图、卫星影像等基础地理信息以及配网的空间资源信息。配网 GIS 的底层是存储地理位置、图形信息和拓扑关系等的空间数据库。配网 GIS 空间数据库与 Oracle 等关系型数据库、实时和历史数据库以及台账资料等非关系型数据库成为企业重要的数据平台。

6.1.3.2 可视化工具

对于配网线路而言，地理分布是其基本特征。通过 GIS 技术，在地理图背景上实现线路设备、污区分布的可视化管理，对生产和经营具有重要作用。而且由于地理信息的数据量相当庞大，常规 CAD、JPG 等矢量和栅格图形技术难以展现。如此庞大的数据量，目前只能通过 GIS 技术才能展现，这一点也已经得到广泛认同。

6.1.3.3 配网数字建模工具

配网资源模型在整个生产系统数据模型中处在核心地位，是配网运行、调度、规划等各种业务的核心基础数据模型，包含台账信息、图形信息、拓扑信息、空间信息等多维模型。由于电网 MIS、SCADA 等系统各自维护电网资源的一部分内容，相互之间很多信息重复，信息之间又没有关联，无法形成完整的电网模型。例如，在 MIS 中维护配网设备的台账信息，在 SCADA 中维护的配网拓扑和量测模型，两者的设备编码各不相同，SCADA 无法访问 MIS 中的设备台账信息，MIS 也无法利用 SCADA 中的网络拓扑和量测数据。根据实践经验，在配网资源模型中，地理位置、空间关系、电气拓扑关系等都需要借助 GIS 来表达，并且模型的建立和维护也必须通过 GIS 以图形化的方式来进行。例如，在 GIS 提供的地理背景上，配网自动化运行维护人员采用"图—模—库"一体化的建模工具，来建立配网线路的电网资源模型，线路和设备之间（包括开关站等配电站内部）的拓扑关系、设备台账，并且通过图形化方式处理改造和新建工程。

6.1.3.4 生产系统支撑平台

配网 GIS 还为生产经营的各项业务提供必须的分析工具和服务，这些工具与生产管理系统结合，应用于运行、规划、营销等各个业务部门。电网 GIS 采用面向服务的组件提供对生产、营销和规划等业务应用支持，配网 GIS 基于其核心服务引擎向外整体统一地提供电网资源数据模型、图形展现、电网分析、地理空间分析等服务，为电力企业生产经营提供坚实的基础支撑平台。

6.2　GIS 平台架构

电力信息化的发展要求构建一体化的应用平台，而配网 GIS 作为该应用平台的重要组成部分，在架构上必然满足一体化平台的设计要求。配网 GIS 应基于 CIM 标准在开放的商用关系型数据库上构建一体化的配电网拓扑模型，技术上满足省级集中的部署方式和性能要求，提供丰富的 GIS 功能应用，做到业务与技术等方面的无缝衔接。

按照配网 GIS 平台的定位及各业务应用的需求进行抽象和设计，可以将配网 GIS 平台的总体功能架构划分为管理工具层、数据层、物理层等部分。各部分既独立地支撑配网 GIS 平台的某个部分，相互之间又协调配合，同步建立数据工程标准规范体系与安全保障体系，整体构成配网 GIS 平台体系及架构。简版配网 GIS 平台总体架构如图 6-1 所示。

（1）管理工具层。管理工具层主要面向应用，通过对业务模型的理解，以系统分析的方法，对配网 GIS 平台的应用过程和目标进行分析和归纳，形成配网 GIS 平台的功能模块对应的管理工具层，包括对平台元数据管理、数据显示配置、平台权限管理、导航树配置、平台日志管理等功能。

（2）数据层。数据层遵循 IEC 61970/61968 等标准，定义统一的配网 GIS 平台中的数据模型、数据分类、部署方式等，目标是为配网 GIS 平台提供数据服务，可以针对配网 GIS

平台所需要的数据源实现数据收集和接入，通过数据中心、数据交换平台实现各业务应用系统和配网 GIS 平台基础数据同步维护，保证基础数据的一致性。通过一体化平台的数据中心和数据交换，实现集团与地市的纵向贯通。

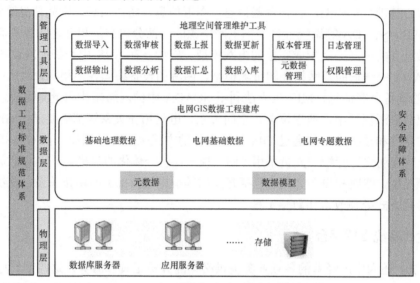

图 6-1　简版配网 GIS 平台总体架构

（3）物理层。物理架构是配网 GIS 服务平台的最底层，为上层的应用提供软硬件支撑的平台，主要包括服务器、软件平台、网络、存储等软硬件设施。物理层需重点考虑配网 GIS 平台的高可靠性和高效性，需要达到系统高效稳定运行的目的。

（4）数据工程标准规范体系。数据工程标准规范体系是规范、保障配网 GIS 数据工程的顺利实施的技术支撑，主要包括制定数据工程建设方案、开发数据管理工具、外业采集软件技术培训、外业数据质量审核、内业数据整理、电网模型设计、电网建模、成果数据输出等内容，上述职能可全部流程化开展，也可以部分职能单独运行。

（5）安全保障体系。安全保障体系指提供系统软硬件方面整体安全性的所有服务和技术工具的总和。依据配网 GIS 平台对安全防护的要求，对配网 GIS 平台进行全面的安全防护，防护措施覆盖配网 GIS 平台的各部分，包括边界防护、网络防护、主机防护、应用防护等。在业务应用环境层次从身份管理、身份认证、访问控制、安全审计、数据保护等方面进行设计，具备完善的权限控制机制以保证平台的高度安全性。

6.3　配网 GIS 功能

完成基础的配网线路、设备图形化建模展示，采用地理图、影像图等方式展示，实现变电站内一次接线图、配网沿线图等专题图展示，方便管理部门对配网的统一管理。

6.3.1　典型功能应用

典型功能框架通过调用配网空间信息服务为业务应用提供综合数据展示和图形分析应

用。典型应用功能包括图形基本操作、查询定位、视图管理、功能导航、空间分析、电网分析、专题图管理、图形输出和系统管理等功能。

在 GIS 中，以电子地图和卫星影像为背景，叠加电网线路与设备信息。系统对图形应采用分层显示的方式，如地理背景层（建筑物层、水系层、其他地物层、卫星影像层）、电网设备层（变电站层、开关房层、杆塔层、开关层）等。

6.3.1.1 图形管理

（1）图层管理。

1）地理图图层管理。通过地理图图层控制功能，可以对地理图图层进行新建、命名、删除、加载等操作，可以方便地显示或隐藏指定地理图图层，能够选择显示和关闭电子地图、卫星影像，能够具体控制电子地图每个图层的显示和标注方式，包括显示的比例尺范围、显示图符和颜色、标注比例尺、标注字段内容、标注字体和颜色。例如，动态路名：道路标注自动沿道路在当前窗口的显示范围中平均标注。

2）电网设备图层管理。能够选择显示和关闭电网的设备，根据设置，对输配电和通信网络的线路和设备进行自动标注；能够控制电网设备图层中每个图层的显示方式。例如，动态线路名：线路名称自动沿线路在当前窗口的显示范围中平均标注；动态图符和动态着色：线路和设备的显示图符和颜色能够随电气状态改变。

3）通用图形编辑。通用图形编辑功能根据平台电网模型的元数据，提供针对各种图形的各种资源的添加、删除、移动等基本编辑功能。通用图形编辑功能根据图形的电网模型规则自动维护编辑后的拓扑、关联、从属关系及编辑后的响应操作。通用图形编辑功能可以根据各类图形的需要，在各种图形中进行使用。

系统至少采用 1:2000～10 000 的电子地图、1.0～4.0m 卫星遥感图两种形式，可以实现视图缩放、漫游、距离测量、分类图层的显示等功能。

4）图形和数据的录入及编辑功能。利用系统提供的界面或工具，能够绘制 GIS 图形、编辑 GIS 图形，包括图元组合、复制、删除、粘贴、移动、缩放等。根据设备不同，实现图元的分层管理。

图形基本操作功能包括缩放、漫游、全图等功能，适用于地理图、厂站一次接线图等图形浏览操作。显示管理包括比例尺显示和设置、图层显示控制功能。

（2）专题图管理。

1）线路单线图管理。能够绘制变电站的一次接线图、配网线路单线图，对线路同杆共架图自动生成和更新。

2）图形输出。支持专题图更新、CAD 导出，图片导出，打印管理。对馈线一次图进行维护更新，确保设备数量、连接关系和现场一致。同时将维护好的一次接线图打印出来，供外采人员采集、数据核查和数据建模，供基建工作人员规划、设计线路工程等使用。

6.3.1.2 设备管理

提供电网设备管理功能界面，在功能界面中可以创建设备变更管理工程及任务，选择需要进行变更的电网设备及设施范围，创建图形变更版本。在设备变更管理操作界面可选择设备变更任务打开版本图纸进行电网编辑操作并提交任务单进行变更工程版本发布及归档。同时，可以选择相关图形版本进行图形变更信息查询及变更前后接线图展示，包括设备变更工程管理、设备变更任务管理、设备变更维护、设备变更版本同步更新。

（1）设备变更工程管理。填写设备变更工程相关信息创建新工程，选择设备变更范围进行版本创建。同时，提供设备变更工程删除、修改、更新设备版本变更范围、发布及归档操作。当变更工程下的所有任务完成后，变更工程才允许进行发布；设备变更工程归档后将不允许进行任何版本编辑操作。设备变更工程版本发布将当前工程下所有任务设备变更信息同步更新到在运行版本中，并将版本信息进行保存。

（2）设备变更任务管理。选择设备变更工程，填写相关设备任务信息创建新任务，并提供变更前后图纸展示功能。同时，提供设备变更任务删除、修改（可更改任务状态：启动状态或结束编辑提交状态）等功能操作，并在列表中显示设备变更操作信息。

（3）设备变更维护。设备变更维护实现在设备变更任务中对变更版本中的电网资源的图形和台账公共信息的修改，可直接使用图形编辑功能及属性维护功能对电网生产设备、设施进行编辑维护。同时，在编辑过程中对编辑设备进行设备操作权限验证及操作设备进行锁定，避免当编辑操作设备时在其他版本中被编辑，确保电网接线的准确性和一致性，被锁定设备将不允许在其他版本中进行操作，直至版本发布解除设备锁定。

（4）设备变更版本同步更新。在设备变更版本图形界面中，提供用户同步更新功能操作，实现当前版本从父版本中更新相关变更信息功能，并提供冲突解决机制。

（5）设备的快速定位功能。根据变电站名称、线路名称、杆塔号、主要设备名称，快速实现设备在图形上的定位和显示（闪烁、变色等）。

（6）系统参数和设备台账维护。系统提供设备台账维护功能，对系统的参数和设备台账进行维护，包括增加、删除、修改等。

（7）查询统计。实现对配网设备的统计、查询等，包括按设备分类统计，按所属线路、所属变电站统计、模糊查询统计等。

6.3.1.3 拓扑管理

对 GIS 系统地理信息的配网拓扑分析，实现对电网中设备状态的实时监控，并对网络中设备的电气状态等信息，用不同颜色进行分压分色显示，对配网设备进行动态着色，反映设备状态和所发生的实时事件。网络的动态着色是自动进行的。当发生了影响网络连通性的事件时（实时或者人工），它使用事先定义的启动点自动修改网络着色，可以在具有地理信息的图中及时、有效、准确地反映电网的拓扑结构。

通过电网拓扑分析的专业应用模块为相关部门服务。电网拓扑分析应用模块包括连通性分析、最佳路径分析、管网最短路径、电缆线路走廊、供电范围统计、电源点追溯、配网网络模拟操作等专业应用。

（1）连通性分析。选择电网地理接线图、站内接线图、系统图、单线图上的两个设备，可分析出这两个设备在电网逻辑上是否连通，如果连通，则以连通路径的方式返回经过的设备列表。连通性分析包含两种类型，一种是考虑电气状态的连通性分析，另外一种是不考虑电气状态，只考虑网络拓扑是否连通。

（2）供/停电范围分析。通过选择变电站、开关站、开关、变压器、变电站出线等设备，分析由该设备供电的区域，在图形中高亮显示，并显示设备、负荷、用户等相关统计信息。

（3）电源点追踪。分析选择设备的供电电源，可设置分析的供电电源类型（如 10kV 开关站、变压器），在图形中高亮显示供电路径，并按顺序显示供电路径的设备列表。

（4）供电半径分析。通过选择变电站、开关站、开关、变压器等设备，可按最大、主干线路两种模式分析设备的供电半径，在图形中高亮显示供电半径路径。

（5）停电模拟分析。通过模拟开关拉开/合上操作，分析开关断开后影响的用户和设备，并以不同的颜色在图上区分出带电和不带电的设备，同时显示停电设备和用户的列表。

（6）拓扑连通性校验。通过选择变电站或线路对电网设备、设施进行连通性分析，并在连通性分析过程中检测对应的拓扑数据是否与图形数据一致，对存在问题的图形数据进行高亮显示，以列表的形式显示拓扑所有信息。

（7）图数关联校验。提供生产设备与属性信息关联分析功能，查找图、数没有关联的设备、有图无数的设备和有数无图的设备，以列表的形式显示分析结果，并在设备导航树以不同的图表显示不同的关联错误类型。

（8）图数一致性校验。对于已建立图形和台账关联的设备，提供图形拓扑与设备属性从属字段一致性校验，分析已经关联属性的设备在业务系统中的关联关系、从属关系与电网模型中的关联关系、从属关系是否一致。

6.3.1.4 WebGIS 展示

配网 GIS 图形能够实现 Web 发布的功能，在 Web 上，能够对线路沿线布置、设备运行状态等信息进行浏览、设备查询与统计等，具备市、县 10kV 运维班设备汇总统计分析功能。

（1）基本操作工具。提供漫游、开窗、放大、缩小、全景显示、视点回退等工具，完成图形的无级缩放、迅速定位。

（2）通用报表输出工具。能够对系统各种数据的查询、统计结果进行报表输出、打印。集团公司总部实现所有配网一张图一张网的展示、统计和分析，市级公司能展示所辖配网线路和设备信息，以线路为单位收集整理已有配网线路、杆塔附属设备的台账信息，并集中打印，供外业采集人员现场核查使用。

6.3.1.5 权限控制

系统具备权限控制功能，不同角色的用户登录，其管理功能也不同。系统管理员可以自定义各个用户的权限，对角色和用户可以进行维护，包括删除、增加、修改等。

权限包括功能权限、数据权限、授权权限三种类型，功能权限对平台功能是否可用进行控制，数据权限对用户可以操作、查询的数据种类及数据范围进行控制，授权权限对用户具有的授权范围进行控制。可以对角色进行授权，用户可以绑定角色并可以直接分配具体权限。

6.3.2 配网空间信息服务

配网 GIS 平台实现配网资源的结构化管理和图形化展现，为各类业务应用提供电网图形和分析服务的企业级电网空间信息服务。

6.4 数 据 采 集

6.4.1 数据整理和检查

数据整理的目的是将不同方法采集的数据进行转换、分类、计算、编辑等，为下一步的图形处理提供必要的绘图信息数据文件。数据整理包括控制测量平差、细部坐标的生成、属性数据的输入和编辑等。数据检查的目的是保证数据处理后的成果质量标准具有准确性、一致性和通用性。

数据整理的内容可分为两大类：对参与电网拓扑的各类导电类设备数据，可以按照配网GIS数据工程典型设计中的数据模型要求整理其数据信息（包括属性数据、空间数据、拓扑连接关系数据等），以便在工程实施过程中为图形数据和基础台账的录入提供必要的数据。对不参与电网拓扑的点状（如杆塔、电缆井等）或线状数据（如电缆隧道、电缆沟等），可以依照《配网 GIS 数据工程数据准备模版》所列电网资源类型和格式整理，整理后的数据可以通过配网 GIS 数据工程的数据导入工具实现批量数据导入。

数据的质量控制是数据准备的关键一环，在配网 GIS 数据工程上线前，需要对系统内的数据进行统一的数据质量检查，不符合数据质量要求的，则不具备上线条件。

6.4.2 数据质量保证措施

6.4.2.1 数据质量

如前所述，配网 GIS 数据工程准备的数据类型包括基础地理空间数据、电网资源空间数据和电网资源属性数据等。其数据质量内容主要包括位置精度、属性精度、逻辑一致性和完整性。具体包括以下五个方面的内容：

（1）位置精度或称定位精度，是指基础地理空间数据和电网资源空间数据空间坐标位置的精度。

（2）属性精度又称专题性精度，主要指电网资源的属性值与其真值相符的程度。包括属性编码的正确性、属性值的正确性，以及名称的正确性等方面。

（3）时间精度主要指数据的现势性。它可以通过数据采集时间、数据库更新时间和频率来表现。

（4）逻辑一致性主要指图数一致性、空间一致性和拓扑一致性。图数一致性是指数据不仅在数据结构、数据格式和属性编码上正确，还必须保证图形数据和属性数据的一致。空间一致性的内容包括：面状要素应闭合、节点匹配应正确；要素应具有唯一性、是否有线段自相交、是否有重叠弧段、几何类型和空间关系是否正确等。拓扑一致性是指电网资源的空间拓扑关系和电气拓扑关系的正确性。

（5）数据完整性包括空间完整性和属性完整性。空间完整性主要指具有同一准确度和精度的数据在类型上和特定空间范围内的完整程度。数据完整性包括空间数据完整性和属性数据完整性两个方面,空间数据完整性主要包括电网资源数据和基础地理数据的几何描述应完整;数据的分层应正确,不得有重复或遗漏;注记应完整、正确。属性完整性主要包括实体完整性、域完整性、参照完整性、用户定义完整性。

6.4.2.2　数据采集要求

（1）数据采集人员进行仪器设备校验和数据采集方法试验工作,确定数据采集仪器和数据采集方法。

（2）在进行实地采集前先梳理原始的设备台账,之后到现场进行数据采集;对实地采集回来的数据和照片资料进行处理和编辑工作,并汇总实地设备与原始电网数据的差异性记录。

（3）根据差异性记录业务部门对相关业务系统与实地不相符的设备数据进行梳理和整改工作。

（4）数据采集人员对数据成果开展自查工作,将有问题的数据进行重测整改。

（5）数据采集人员对采集成果自查无误后,将采集阶段性成果提交给相关业务部门进行审核确认。

6.4.2.3　数据质量审核

数据质量审核主要包括数据质检人员组织、数据质检制度的建立以及数据质量的检查措施等。应根据各实施单位的具体情况,建立相应的质量保证体系组织机构,配备相应的人员,并建立详细具体的数据质量检查制度和定期的数据质量检查通报,确保质量体系的正常运行和数据质量优良。

对数据质量的检查和控制必须贯穿整个作业过程。数据质量检查和验收体现在数据坐标的精度、属性正确性、逻辑一致性、数据唯一性、数据完整性。外业数据采集成果实行二级检查一级验收制度。一级检查即过程检查,由外业数据采集作业组进行自检;第二级检查即最终检查,先由数据采集单位组织外业数据采集作业员进行按比例抽查,最后市公司组织验收。检查和验收都要对成果质量做出评价,并对检查结果提交验收文档报表。内业台账数据实行二级检查一级验收制度。一级检查即过程检查,由内业数据作业组和班组进行自检,第二级检查即最终检查,由内业处理单位组织数据作业员进行按比例抽查,最后由集团公司组织验收。检查和验收都要对成果质量做出评价,并对检查结果提交验收文档报表。

6.4.2.4　数据模板整理

电网数据采集回来后由专业测量人员进行数据导出,并将测量数据与设备照片一一匹配、梳理,整合到配网 GIS 数据工程数据准备模板中,由供电公司人员配合进行数据校验、修正,校验修正后的数据交给电力公司人员进行备份、归档。

6.4.3　数据备份

数据备份是容灾的基础,是指为防止系统出现操作失误或系统故障导致数据丢失,而将全部或部分数据集合从应用主机的硬盘或阵列复制到其他存储介质的过程。传统的数据备份主要是采用内置或外置的磁带机进行冷备份。这种方式只能防止操作失误等人为故障，而且恢复时间也很长。随着技术的不断发展，数据海量增加，不少企业开始采用网络备份。网络备份一般通过专业的数据存储管理软件结合相应的硬件和存储设备来实现。

通常配网 GIS 主站采用基于服务器的纯软高可用性备份软件，在 2 台服务器之间进行实时数据镜像，实现了应用高可用及数据的低成本、高效率解决方案，亦称之为纯软双机备份。常见数据备份模式如图 6-2 所示。

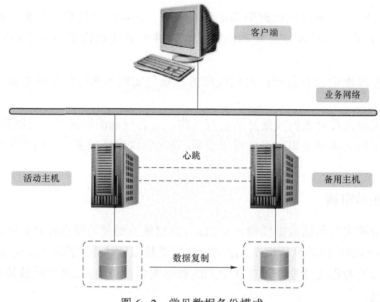

图 6-2 常见数据备份模式

6.4.3.1 方案优势

采用纯软件双机，只需要 2 台服务器（配置建议相同）就可以构造出一套高可用集群系统，相较于传统方案，至少节省出一套硬件磁盘阵列柜，同时还可以避免单点故障。

6.4.3.2 实现原理

通过实时数据镜像技术，实现双机无需共享盘阵即可实现业务连续性（双机热备）。

传统高可用性系统需要通过共享存储来实现数据的共享并提升性能，但同时增加了可用性系统的成本。实时数据镜像技术利用现有以太网络基础环境，通过 TCP/IP 协议，在 2 台主机间实现数据实时镜像，无需额外硬件投资，在充分利用已有资源的基础上，通过先进的软件技术，实现纯软的高可用性系统。

6.4.3.3 运行机制

基于纯软双机备份的高可用性系统，可以对主机的 IP、应用程序、数据等进行监控和保护，当应用程序或主机发生故障后，将自动、快速地切换到应用备机，确保应用服务的持续和可用性，保证相关业务的持续运行。它通过网络在 2 台主机之间进行实时的数据复制。

当 Active 主机发生故障时，将自动将服务迅速地切换到备机。并在备机镜像数据的基础上，继续为客户提供业务服务。

6.4.3.4　工作模式

纯软双机备份支持 Active/Standby（主从热备）和 Active/Active（双工）两种模式。在 Active/Standby 方式中，其中 1 台主机作为 Active 主机，运行重要的应用程序，向客户端提供各种应用服务，另一台主机作为备机，实时监控 Active 主机运行情况，只有当 Active 主机发生故障后，备机才接管 Active 主机上的应用服务。主从热备数据备份模式如图 6-3 所示。双工（互备）数据备份模式如图 6-4 所示。

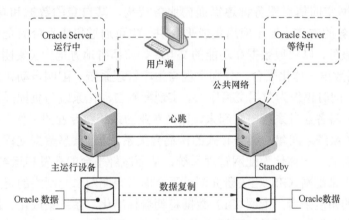

图 6-3　主从热备数据备份模式

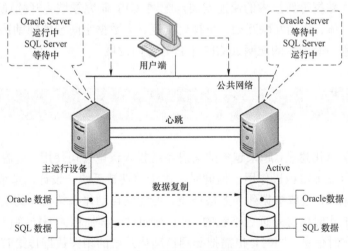

图 6-4　双工（互备）数据备份模式

在 Active/Active 配置方式中，每台主机上运行各自的应用程序。服务器在运行自身的应用服务时，同时也是另一台主机的备机，即 2 台主机互为备机。通过上述两种工作模式的对比，结合实际应用需求，建议采取 Active/Standby，力保性能最优的同时，尽可能利用现有资源，减少不必要的额外投入。

6.5 配网 GIS 发展展望

配网 GIS 平台是建立在企业一体化平台（数据中心、应用集成和数据交换）的整体框架之内，其定位是构建配网结构模型，实现配网资源的结构化管理和图形化展现，为各类业务应用提供配网图形和分析服务的企业级平台。

配网 GIS 平台依托企业一体化平台数据中心的共享机制，基于电力 GIS 基础软件平台，构建各类 GIS 应用功能和服务；通过应用集成平台实现对业务应用系统的支撑。配网 GIS 平台中的各种电网空间信息服务都遵循面向服务架构，其自身的数据和功能均可以 Web service 等标准服务的方式注册于应用集成平台中，也可通过集成平台的企业服务总线调用其他应用系统的服务，以实现数据和功能的交互。如陕西省地方电力（集团）有限公司将配网 GIS 作为配网数据一体化平台，分别实现与生产管理系统、配网自动化系统、负控采集系统的数据交互，同时也作为数据交换中心，实现配网自动化系统与负控采集系统及其他系统间的数据交互，将各业务系统串联起来，以"专业的系统做专业的工作"的理念，将配网 GIS 与各电力业务系统之间建立类分布式的松耦合关系，通过共享数据支撑相关系统业务转换，避免形成庞大的"一体化"配网管理系统，从而减轻平台的开发和运维难度。

综上所述，未来配网 GIS 相关研究侧重于全面考虑配网二元网络的资产统一可视化管理。从电力系统的角度来看，配网 GIS 数据将朝着标准化、系统集成化、网络多元化、平台化和社会化的方向发展。同时，配网 GIS 的功能应用也将更加全面。随着智能电网、物联网、云计算、大数据等新技术的快速发展，配网 GIS 研究领域将开始往面向智能电网的全景全息、三维一体、移动互联互动、可视化交互、大数据空间智能辅助决策、支撑"全时空一张网、全过程一套图"的配网云 GIS 平台等方向发展。

6.6 信 息 交 互

经过多年的信息化建设，越来越多的信息系统投入供电公司使用，覆盖了多个业务部门和工作流程，各自发挥着积极作用。但同时，由于前期缺乏统一设计，造成数据冗余度大，同样的数据重复录入，造成数据孤岛效应严重。而配网自动化系统处理的信息量大面广，单靠配电终端采集的实时信息是远远不够的，它必须通过与其他相关系统接口来获得必需的实时、准实时和非实时信息。同时，也需把配网自动化系统的相关数据传给有关应用系统。这些信息包括实时数据、图形和设备参数等。

另外，配网自动化的一些高级或综合应用功能，如停电抢修管理、配网运营全景管控等，都需要多个应用系统的互联和配合，通过信息流和业务流的高效互动来完成，因此，配网自动化系统与其他相关系统之间的数据通信乃至信息交互是非常重要的环节。

信息交互不但是数据互补、扩大信息覆盖面的有效手段，也是实现互动化应用的基础。在建设智能电网的今天，信息交互有着特别的意义。

6.6.1 信息交互方式

信息交互一般分为传统的接口形式以及总线形式。传统的接口形式通常是采用点对点方式，即每个需要数据通信的系统相互都需要与对方系统两两之间做专用接口，如图 6-5 所示。如果应用系统多于一定的数量，这种接口形式会非常繁杂，不但开发上困难，给日后的运维也带来巨大工作量。

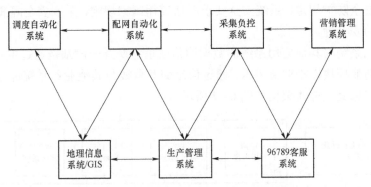

图 6-5　多系统间传统接口型交互示意图

IEC 61968（DL/T 1080）标准为电力企业内部各应用系统间的信息共享提供了接口标准和实现机制。IEC 61968 提出了总线型的接口标准，使得多系统的接口关系变得简单，每个系统相对于总线只要做一个接口，即可实现与多个应用系统的信息交互，如图 6-6 所示。运用信息交互总线，可将若干个相对独立的、相互平行的应用系统/模块（信息孤岛）整合起来，在实现实时、准实时和非实时数据交互或共享的同时，使每个系统/模块继续发挥作用，形成一个有效的整体。

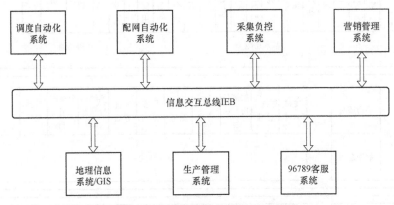

图 6-6　多系统信息总线交互示意图

总线型的接口方式需要配网自动化主站系统和其他需要实现信息交互的系统在接口定义、数据模型以及传输规约都必须符合标准，标准 IEC 61968、IEC 61970 为此做出了明确详细的规定。并且对配网自动化系统与相关应用系统之间须互相提供的信息内容也有明确的定义。

在配网自动化系统建设中，如果对相关系统和信息的整合和关联缺乏整体的考虑，尤其是对 GIS 和 SCADA 之间的模型、图形和接口等没有细致周密的设计和切实可行的解决方案，将直接导致后期的系统交互无法实用化。因此，配网自动化系统和 GIS 应用系统的接口尤为重要。如果说电气拓扑分析和电力系统仿真是实时系统（即 SCADA 系统）的强项，而 GIS 系统则在空间数据处理和图形展示上有它的专业优势，通过两者之间的优势结合，可以实现较为理想的配网自动化高级应用功能。

配网自动化系统在与其他相关系统的信息交互、共享及应用集成过程中，还必须严格遵守国家相关的安全防护规定，系统安全要求严格遵循国家规定，采取安全隔离措施，确保各系统及其信息的安全性。

配网自动化系统与其他应用系统的数据通信或信息交互一般都是通过主站来完成，主站系统应用层各功能模块根据业务需求，通过信息交互总线与其他业务系统进行信息交互，配网自动化系统信息交互总体架构如图 6-7 所示。

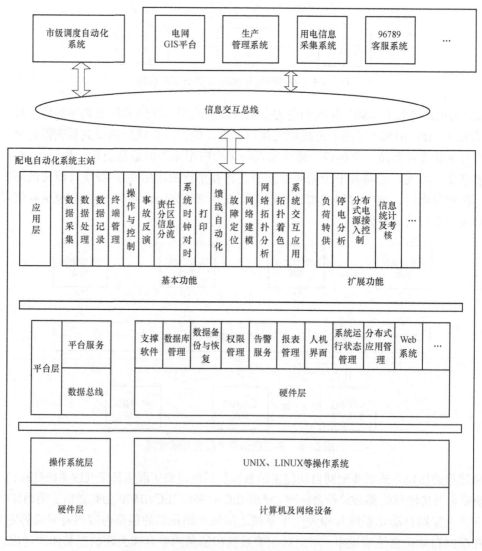

图 6-7　配网自动化系统信息交互总体架构图

6.6.2 信息交互内容

信息交互是智能电网的主要表现，信息交互的主要特征是信息流来自多个系统，随着配网自动化应用的持续深化，各相关电力业务贯穿多个业务系统。以常见的停电管理为例，停电管理涉及配网自动化系统、采集负控系统、96789 客服系统、配网 GIS 系统等，加强多个系统信息流交互的效率，尽可能提高供电可靠性和客户满意度是研究信息交互、实现各业务系统高效耦合的主要目的。常见系统信息交互内容如图 6-8 所示。

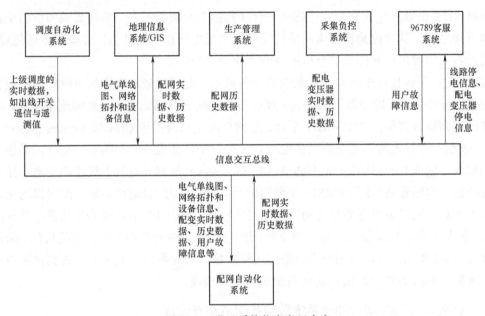

图 6-8　常见系统信息交互内容

6.6.2.1 配网自动化与配网 GIS 的交互

配网自动化系统信息按照储存方式和更新情况分为静态信息和实时信息两大类：

（1）静态信息主要包含配电网参数、重要客户参数、拓扑参数、量测点配置参数、配网主站与配电终端的配置参数、通信通道配置信息等。

（2）实时信息按照"运行数据、故障信息、设备监控"分成三类。

运行数据：反映配电网的实时、准实时或历史运行状态，包括变电站中压出线开关、刀闸、中压馈线分段或联络开关的位置状态、分布式电源及微网的并网开关位置状态、馈线段、配电变压器或分布式电源的三相或两相电流、线电压、有功、无功等遥测数据，遥测越限、开关或隔离开关变位形成的报警、SOE 等信息，根据采集信息通过计算或统计形成的结果信息，实时网络拓扑分析结果。

故障信息：通过调度自动化系统转发的变电站事故总动作信息、中压配网线路事故跳闸及保护动作信号，以及配电终端采集的馈线故障信息，如线路过流、短路信号、失压信号、故障隔离信号等。

设备监控：包括通过调度自动化系统对公司变电站中压出口开关的遥控操作，通过配电终端对馈线分段或联络开关的遥控操作,对配电终端的远程复位、定值下发、配电终端蓄电池的活化、配电终端遥控压板的投退,以及对配电主站服务器的切换、通道切换、进程启停操作等。

配网自动化系统存在对配网设备图形化描述的需求,通过获取配网设备拓扑及图形来构建其基础配网模型,配网 GIS 平台可为配网自动化系统提供这种模型和图形数据的支撑。配网 GIS 平台和配网自动化系统的电网模型数据集成,是实现双方系统交互和业务流程耦合的基础。

配网 GIS 平台是建立在企业一体化平台(包括企业数据中心、应用集成和数据交换)的整体框架之内,其定位是构建电网结构模型,实现电网资源的结构化管理和图形化展现,为各类业务应用提供电网图形和分析服务的企业级平台。

配网 GIS 平台根据配网自动化系统的业务需求,配网基础地理图的电网结构和设备信息生成电网模型描述,即单线图来表达,反映各类配网设备间的拓扑关系和连接关系,并按一定成图规则进行调整;由配网 GIS 平台、配网自动化系统基于 CIM(Common Information Model)表达,进行电网数据交换。在配网 GIS 平台中,如果电网结构发生变化,系统就以线路为单位,生成 CIM/SVG(Scalable Vector Graphics)数据(对其电气连接关系、拓扑关系进行描述,电网设备 ID 为 PMS17 位编码体系),通知配网自动化系统,配网自动化系统接收到消息后,通过调用服务将变动后的电网结构从配网 GIS 平台经隔离装置,进行接收和解析,转化为自有空间信息数据实现支持配网自动化系统的各类上层应用的目的。确保在配网 GIS 系统和配网自动化系统之间进行图模数据、实时数据、故障信息的数据接口一致性,实现配网 GIS 系统与配网自动化系统双向数据集成。

6.6.2.2 配网 GIS 与配网自动化系统数据及图模交互流程

初始化阶段:GIS 以管理辖区(10kV 运维组)为单位,导出辖区内的全量配网线路图模数据给配网自动化系统,配网自动化系统完成数据初始化,形成完整的电网架构。

增量更新阶段:当电网模型发生变更时,GIS 在模型发布节点,将发生变更的线路列表通过服务通知到配网自动化系统,配网自动化系统接收到通知后,以线路为单位取变更后的图模数据,从而更新自身系统的电网模型,具体如图 6-9 所示。

配网 GIS 不断提供更新变化的配网线路图模数据到配网自动化系统,配网自动化系统解析图模数据,更新配网模型,如图 6-10 所示。

(1)配网 GIS 图模导入配网自动化主站。

(2)配网自动化实时数据导入配网 GIS。

配网自动化系统向 GIS 推送实时运行数据和故障信息,并通过 WebGIS 客户端进行展现,实现配电网四级监控体系中站所(10kV 运维班)对配网实时运行数据的主动监测。配网自动化向配网 GIS 数据推送拓扑图如图 6-11 所示。

配网 GIS 系统通过服务维护配电网图模数据,将发生变更的线路列表通知给配自动化系统。配网自动化系统根据线路 ID,通过配网 GIS 系统应用服务程序获取线路的图模数据(CIM、SVG),解析生成可用于自身系统的网架结构,进而开展相关业务应用。

（3）配网 GIS 与配网自动化数据交互的应用效果。

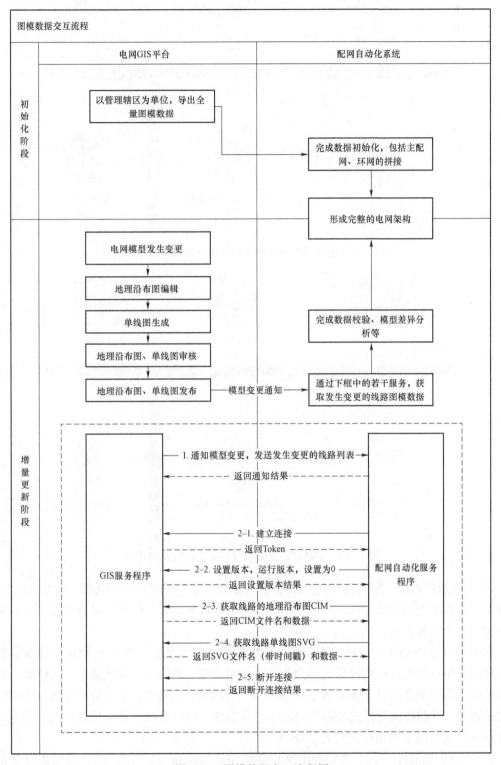

图 6-9　图模数据交互流程图

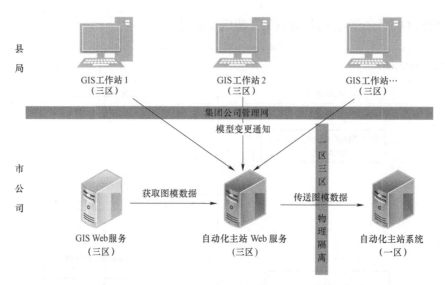

图6-10　配网GIS向配网自动化系统数据推送拓扑图

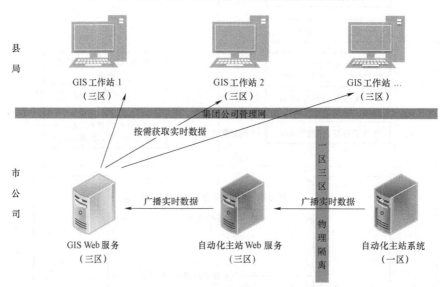

图6-11　配网自动化向配网GIS数据推送拓扑图

1）实时数据监控。配网自动化系统主动发布配网开关遥测负荷、电流、电压以及10kV母线实时信息给配网GIS系统，通过E文件格式将数据发布。配网实时数据需要实现每3分钟发送一个数据断面。

配网GIS接收到实时数据，更新到后台服务程序的内存中，当Web页面需要展示实时数据时，将相应的实时数据推送到客户端在地理沿布图、单线图、系统图、厂站内部一次接线图上标注显示来自自动化系统设备的遥信值、有功值、无功值、电流值、电压值等实时和准实时数据，以翻牌图元样式显示故障指示器状态值，确保配网线路运维管理人员通过GIS系统能够全面监控电网系统的运行情况。

2）故障信息监控。基于转发的配网自动化系统故障信息，配网GIS提取故障设备内码，通过定位功能快速准确地在地理图中定位到故障区段或设备并展示故障区段、停电区域动态着色、故障区域、隔离及恢复方案、受影响台区、失电负荷及用户信息 GIS 端显示。故障信息监控分为故障实时信息以及故障处理结果监控。故障发生后，配网自动化系统根据配电终端传送的故障信息，可快速判断出故障区段，并将配网故障实时信息推送给配网 GIS。故障发生后，调度员会隔离故障区域，部分区域恢复供电，只剩故障区域失电，此时向 GIS 推送配网故障处理结果，GIS 接收到实时数据，更新到后台服务程序的内存中，当 Web 页面需要展示故障信息时，将故障信息以及通过空间信息服务拓扑分析的结果推送到客户端进行展现。一般情况下，配网故障信息数据实现实时传送，延时不应超过 15s。

3）重过载监控。根据线路、导线和配电变压器的实时电流和允许电流计算负载率，在图中对重过载的线路、导线、配电变压器进行着色；以列表方式显示重过载详细清单。

4）故障指示器状态监控。根据故障指示器的翻牌状态信息，在 GIS 图中通过不同状态的动态图符，明显标识出来进行故障定位和故障范围分析。故障指示器动态翻牌信息展示如图 6-12 所示。

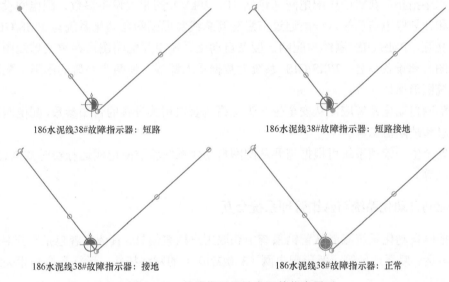

186水泥线38#故障指示器：短路　　　　　　186水泥线38#故障指示器：短路接地

186水泥线38#故障指示器：接地　　　　　　186水泥线38#故障指示器：正常

图 6-12　故障指示器动态翻牌信息展示

5）馈线自动化策略的展示。根据接入的故障信息提取馈线自动化策略中的跳闸开关及描述信息、隔离方案内容、转供恢复方案内容，GIS 通过图形化效果展示隔离方案、转供恢复方案内的设备信息，并结合 GIS 的空间拓扑分析自动计算出故障影响的负荷、故障影响中压用户信息，并显示故障区域、隔离方案、恢复方案、受影响用户信息等。

基于配网 GIS 的配网自动化数据集成与应用，基层班组配网管理人员也能通过配网 GIS 系统全面监控配网系统的运行情况辅助决策，同时通过将"网格化服务"与基于配网 GIS 平台的多系统集成应用的"技术＋管理"双提升手段，快速获取故障信息并通过图形化界面直观获得故障位置及故障停电的范围，高效指导运维人员提升客户服务质量，以此达到对配网的精细化管理和对客户的高质量服务。因此，基于 GIS 的配网自动化数据集成与应用对实际工作起到强有力的支撑作用，具有很强的实用价值。

6.6.2.3 配网自动化系统与上级调度自动化系统交互

从上一级调度（一般指地区调度）自动化系统实现变电站的图形、模型和运行数据导入。一般通过计算机网络采用 104 通信协议进行单向数据传输，由调度自动化系统向配网自动化系统提供高压配电网（包括 35、110kV）的电气接线图、网络拓扑、实时数据和相关设备参数等。

（1）配网自动化系统从市级调度自动化系统获取主网的网络拓扑、站内接线图、相关设备参数、实时数据以及 10kV 出线开关的保护动作情况。

（2）调度自动化系统可根据需要从配网自动化系统中获取配网实时数据、历史数据以及分布式电源信息。

6.6.2.4 配网自动化系统与生产管理系统交互

从生产管理系统（PMS）/配电 GIS 系统获取中压配电网（包括 10、20kV）的馈线电气单线图、网络拓扑；获取中压配电网（包括 10、20kV）的相关设备参数、配电网设备计划检修信息和计划停电信息等。一般通过信息交互总线实现配网自动化系统与 PMS/GIS 之间接口信息交互。PMS/GIS 系统与配网调度及自动化系统交互配网图形参数（单线图、联络图、地理图）和设备信息。PMS/GIS 系统为数据录入源端，使两个系统的图形、配网现场实物与系统图形保持一致。

（1）配网自动化系统应能从安全生产管理系统获取相关设备的台账参数、配电网设备计划检修信息和缺陷信息等。

（2）安全生产管理系统可根据需要从配网自动化系统获取配电网运行实时数据、故障告警跳闸信息等。

6.6.2.5 配网自动化系统与营销管理系统交互

（1）配网自动化系统应能从营销系统中获取用户档案信息，具体内容包括客户名称、客户编号、电话、联系地址等；低压配电网（380/220V）的网络拓扑、运行数据和相关设备参数等。

（2）营销管理系统可根据需要从配网自动化系统获取配电网运行实时数据、故障告警跳闸信息等。

6.6.2.6 配网自动化系统与"96789"系统交互信息

从"96789"系统获取用户故障信息、低压公用变压器/专用变压器用户的相关信息。配网自动化主站系统通过信息交互总线，把设备停电信息以及计划停电信息发布在某一主题上，传递给"96789"呼叫中心。呼叫中心把故障信息发送到配网主站系统关心的主题上，并通过反向隔离装置，传递到内网的主站系统相应的适配器上，从而在地理图上供调度人员分析。这一过程要求符合 IEC 61968 标准。

（1）配网自动化系统应能从"96789"客服系统中获取重要客户的故障报修信息，具体内容包括客户名称、客户编号、报修电话、报修内容、报修时间、报修地址等。

（2）配网自动化系统可根据 96789 客服系统的需要发送配网设备停电事件以及停电影响用户等。

6.6.2.7 配网自动化系统与负控采集系统交互信息

从负控采集系统得到大用户配电变压器（专用变压器）参数、遥测数据，在负控系统中将配电变压器以 E 格式通过反向隔离向配网自动化主站传送配电变压器数据，传送频率由负控采集系统决定。

（1）信息交互内容。配网自动化系统应能从电能量信息采集系统中获取配电变压器的准实时数据和实时事件信息，具体内容包括三相电压、三相电流、三相总有功、三相总无功、低压侧电压、掉电事件、失压事件等。支持数据随抄功能，配网自动化主站系统主动发起的请求（指定终端和数据项），采集系统实时召测指定变压器对应终端当前负荷数据，并反馈给配网自动化系统。通过提取上述信息，调度人员可以实时掌握配电变压器运行情况，及时告知运维班组对故障区域进行处理，进而提高故障抢修效率。表 6-1 对配电变压器采集信息进行了规范。

表 6-1   配电变压器采集信息类型表

序号	信息点名称	信息分类			采集要求 （必选：M， 可选：O）	事件记录 （有：√，无：空）	备注
		运行 数据	故障 信号	设备 监控			
一					遥测量信息		
1	A 相电压	√			M		15min 一次
2	B 相电压	√			M		15min 一次
3	C 相电压	√			M		15min 一次
4	A 相电流	√			M		15min 一次
5	B 相电流	√			M		15min 一次
6	C 相电流	√			M		15min 一次
7	三相总有功	√			M		15min 一次
8	三相总无功	√			M		15min 一次
9	低压侧电压	√			O		15min 一次
10	配电变压器负载率	√			O		15min 一次
二					遥测量信息		
1	掉电事件		√		M	√	实时主动上送
2	失压事件		√		M	√	实时主动上送
3	配电变压器过负荷		√		M	√	实时主动上送

（2）信息交互方式。配网自动化系统部署电力生产系统在 I / III 区，负控系统部署在 III 区；配网自动化系统与负控系统数据流向如图 6-13 所示。

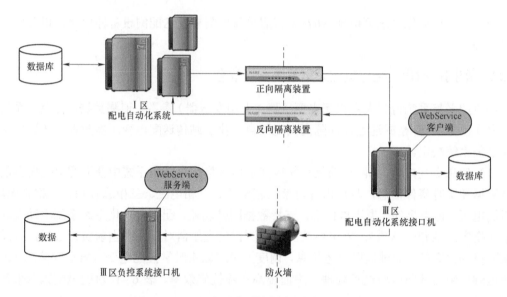

图 6-13　配网自动化系统与负控系统数据流向

WebService 技术通常应用于分布式互联系统之间，其特点是开放性、跨平台性，不受开发语言、操作系统、防火墙的限制，可以自由地进行数据交互。配网自动化系统推送实时数据给地理信息系统的 XML 文件模式，数据交互内容包括三相电压、三相电流、失电等，统计数据由配网自动化系统的统计模块完成。

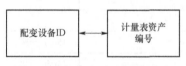

图 6-14　配网设备关联对应表

由于配网自动化系统无法掌握配电变压器实时运行状况，需要在采集负控系统中与配网自动化系统建立对应关系，确保数据显示正常。配网自动化系统中设备的 MRID 和负控系统中采集负控中电表的资产编号都是相对固定的属性，以这两个属性为依据制作配网自动化系统配电变压器 MRID 与采集负控系统计量资产编号对应关系表如图 6-14 所示。

采集负控系统与配网自动化系统交互主要是配电变压器台账和计量表计进行对位，由于配电变压器设备数量大，基础信息核对工作量大且容易出错，如果负控系统有配电变压器 MRID 与电能表固定资产编号对位的数据，可由负控提供配网自动化系统对位文件及文件格式约定，由配网自动化系统根据对位文件自动完成对应。

（3）信息交互的一致性。为确保各应用系统对同一个对象描述的一致性，配网自动化系统与采集系统在信息交互时应采用统一编码，保障电气图形、拓扑模型的来源（如上一级调度自动化系统、配网自动化系统、电网 GIS 平台、生产管理系统等）和维护的唯一性。

（4）数据存储。在配网自动化系统中展示数据，每台配电变压器需采集遥测点 7 个、遥信点 3 个，考虑到配电变压器数量较大，为确保系统使用的友好性，配电变压器的三相电压、三相电流历史数据不在配网自动化系统中做历史存储，只存储配电变压器负载情况。

负控数据的采集间隔通过数据库中的 PERIOD 字段体现（单位为分钟），默认采集间隔是 60min，也可以根据电能表实际采集周期进行设置。

（5）数据交互注意事项。为了保证两套系统的数据基于相互独立的基础上进行交互，可在配网自动化系统采集端与负控系统之间建立防火墙或者隔离装置，即两套系统数据相通，但互不影响。采集负控系统推送实时数据、准实时数据以及故障信息到配网自动化系统，配网自动化系统负责解析，需要通过安全装置将非实时数据和故障信息在配网自动化系统进行显示。

采集负控数据的定时刷新和随抄，涉及配网自动化系统和负控系统的双向通信。配网自动化系统Ⅰ、Ⅲ区之间已经部署了正、反向隔离装置，考虑到负控配电变压器数据量较大，如果与配网自动化系统共用隔离装置，会影响配网自动化系统的采集，可为负控系统数据进入配网自动化系统新增加正反向隔离装置，确保配电终端数据与负控数据互不干扰。

第 7 章

配网自动化系统工程实例

本章重点介绍"市县一体化"模式的配网自动化，主要有咸阳供电分公司、延安供电分公司、安康供电分公司、汉中供电分公司的配网自动化建设情况，介绍各个分公司配网自动化的硬件组成、界面、特色功能。例如延安供电分公司在数据库筛选上比较突出，可以通过设置不同周期查询设备上线率、遥控成功率以及开关变位次数等。咸阳供电分公司将配网自动化系统与负控采集系统融合应用，在运行管理和故障管理上实现了横向和纵向两个维度分析电网运行情况。根据集团公司三级监督四级监管的要求，在运行管理中通过配网自动化系统实现对 10kV 重载线路负载率的监管，通过负控采集系统对配电变压器的"三相不平衡""电压合格率""最大负载率"进行筛选。在故障管理中本章将配网工作站的信息来源分为主动信息和被动信息，面对不同信息来源配网工作站采取不同的应对方法。本章最后通过故障工单的行政干预手段实现设备→人→工单的闭环管理，即设备发送故障或异常信息，配网工作站处理该信息并根据网格化划分手段将该信息派发至运维班组或供电所，通过工单等行政干预手段实现设备上报信息至人、人管理设备的闭环管理。

7.1 配网自动化系统配电终端安装

配网自动化系统配电终端安装分为 FTU 安装和故障指示器安装。配电终端安装在 10kV 配网架空线路上，FTU 与分段开关、分支开关通过航空插头连接组成"智能开关"。

分段开关的安装通常按照线路长度或者所带负荷的原则进行分段设置，负荷较小的农网线路，线路长度较长。因此设置分段开关时多考虑线路长度的因素。如果线路为负荷较大且密集的城网线路，设置分段开关应多考虑负荷影响的因素。图 7-1 所示为配电终端安装流程。

工作开始由县公司为建设管理单位。新投入开关及 FTU 时需要出库试验，试验内容包括绝缘电阻测试、回路电阻测试、传动试验、耐压试验。其中传动试验应手动操作柱上断路器分合闸 6 次，应连续操作成功。连接 FTU 以及柱上断路器，使用分合闸按钮电动操作 6 次，均应操作成功。试验完成后填写新接入开关试验以及联调记录，对于试验结果不达标的设备，应进行原因排查以及消缺，直至试验成功。若是设备质量问题，则要求厂商更换设备，不能安装未经试验或试验失败的自动化设备。

出库试验以及准备工作完成后，配网工作站向市调通信自动化班申请接入，配网工作站自动化班完成建库工作（厂站信息库、遥信库、遥测库、遥控定义库、通道定义库、历史数据信息库、SOE 库），市调通信自动化班将通信标准点表发给配网工作站。

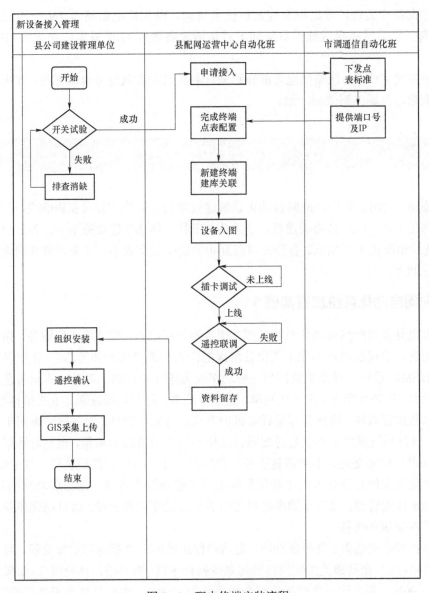

图7-1　配电终端安装流程

　　市调通信自动化班配合配网工作站对终端进行插卡测试，确保上线，未经上线则排查原因直至设备上线。在测试过程中，配网工作站自动化班在设备上线后对终端设备进行信息对调，向终端注入模拟量，按照标准点表逐一核对，确保遥信、遥测各采集点信息与主站一致，遥控测试前必须保证设备上线，终端时间与主站时间同步。遥控操作设备应能够正确响应，成功分合闸各两次，配网工作站自动化班或配合调试工作人员进行现场确认。测试期间所需仪器设备软件等由终端厂商提供，之后自动化班保存相应仪器设备以及调试软件，具备条件的可以向厂商购买或者无偿获取相关备品备件，方便后期试验和维护等。调试完成后配网工作站负责完善新接入设备试验的调试记录。

县配网工作站完成新接入开关调试记录后，市通信自动化班同步更新接入台账。

自动化设备安装前，应组织安装人员技术培训，确保柱上断路器 TV 一次侧以及二次侧接线准确。安装时线路运维人员应同步对新增设备进行 GIS 采集，并录入 GIS 地理信息系统。

设备在安装完成后、线路供电之前分别进行两次远程和就地分合闸操作，并再次确认远程工作站数据与现场终端数据一致。

7.2 配网自动化系统建设

集团公司于 2015 年启动配网自动化系统建设项目，9 个分公司积极响应，先后投入 4 个配网自动化主站，由厂商协助建设。在秉持"市县一体化"建设原则下，各分公司根据自身条件，建设情况也不尽相同。各分公司在互相协助中又有竞争，齐头并进共同为建设一流配电网企业助力。

7.2.1 配网自动化系统建设实例 1

咸阳供电分公司配网自动化系统按照"技术为管理服务，管理为指标服务，指标为发展服务"的理念，重视配网自动化系统市县两级操作人员的"用户体验感"，在市县两级应用界面提升 DEMO 设计。提出将遥控预先成功率设为指标管理的一部分，将设备在线率、遥控预选成功率、遥控使用率、遥控成功率、遥信正确率、自动化覆盖率这 6 类指标综合管理，设置加权系数进行考核，通过公布运行简报的方式进行闭环管理。设备在线率用于管理设备维护情况，遥控预选成功率不仅是对配网自动化系统应用情况的考量，也是对远程工作站—主站—FTU 通信信道畅通、主站前置服务器程序稳定性、FTU 通信模块稳定性的综合管理。遥控使用率是对配网自动化人员主动使用智能开关能动性的考核。遥控成功率则是对 FTU 遥控操作稳定性的管理。遥信正确率是对遥控操作位置变位的考量。而自动化覆盖率则是对 FTU 客观覆盖情况的考核。

通过遥控预选成功率、遥控成功率、遥信动作正确率三个指标的加权处理，可以在两个方面进行考量：① 在县调使用配网自动化系统操作 FTU 的"用户体验感"，如果每个指标的成功率为 90%，那么这三个指标的综合加权仅为 72.9%，因此县调值班员在操作 FTU 时的"用户体验感"仅为 72.9%。② 通过这三个指标的加权处理，可以衡量 FTU 从预选操作到遥控执行到遥信变位的稳定性，如果每个指标的成功率为 90%，那么这三个指标的综合加权仅为 72.9%，因此 FTU 的稳定性仅为 72.9%。

7.2.1.1 网络拓扑

按照集团公司对于配网自动化系统的建设要求，咸阳供电分公司与国电南京自动化股份有限公司（简称国电南自）合作，采用 Nbuntu 系统搭建平台，在咸阳供电分公司 3 楼机房搭建配网自动化主站，主站拓扑关系图如图 7-2 所示。

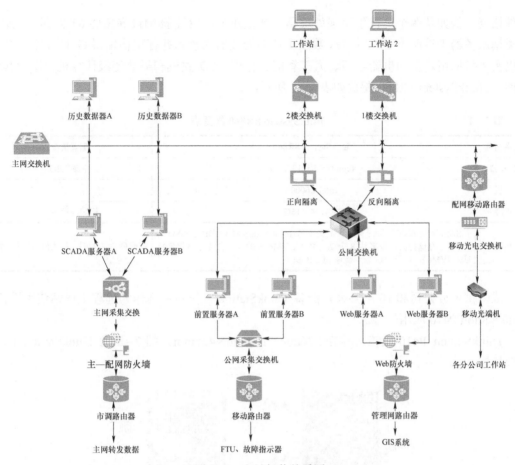

图7-2　主站拓扑关系图

咸阳供电分公司主站由8台服务器组成，分别是历史服务器、SCADA服务器、Web服务器和前置服务器，均采用一主一备运行。其中历史服务器和SCADA服务器属于Ⅰ区设备，Web服务器和前置服务器属于Ⅲ区设备。Ⅰ区设备集中在Ⅰ区交换机上，Ⅲ区设备集中在Ⅲ区交换机上，Ⅰ区交换机和Ⅲ区交换机用正反向隔离实现数据转发。Ⅰ区交换机与Ⅰ区路由器连接，该路由器实现与10M光纤设备的数据接入与转换，因此咸阳分公司与10个县公司实行10M带宽接入，最大传输速率为1.25Mbit/s。Ⅲ区交换机与Ⅲ区路由器连接，该路由器实现接收FTU和故障指示器传输的数据收发。另外将Web服务器与内网网线连接，通过内网查看配网自动化系统Web版本。

7.2.1.2　硬件建设

咸阳供电分公司服务器选用ThinkSystem SR860。其中历史服务器主要用于数据储存，RAID磁盘阵列方面选择1T容量。SCADA服务器和Web服务器以及前置服务器主要用于数据计算，RAID磁盘阵列选择500G容量。

ThinkSystem SR860既能够满足速度和可靠性要求，在可拓展性和多功能性上也满足未来趋势，作为配网自动化系统的数据处理中心能够快速响应。该类型服务器能够提供灵活的硬件拓展。例如从两个英特尔至强处理器拓展至四个，48 个插槽最高拓展 6T 内存。此外，该类型服务器支持两个 GPU 计算，数以千计的处理器内核和并行架构使得 GPU 非常适合计算机密集型应用。例如机器学习、人工智能、分析、3D 建模和需要超级计算机应用的其他功能。ThinkSystem SR860 配置如表 7−1 所示。

表 7−1 ThinkSystem SR860 配置表

设备名称	ThinkSystem SR860	配置情况
处理器	Xeon Gold 5118 2.3G	主频 2.3G
主板	Intel C6000	
内存	DDR4，4×16GB	标配内存 64G
硬盘	SAS，4 块 600GB SAS 硬盘，最大支持 16 个 SAS/SATA HDD 和 SSD 的 2.5 英寸存储托架，或多达 8 个 2.5 英寸 NVMe SSD（包含 4 个直接连接 U.2/NVMe）；以及多达 2 个镜像 M.2 Boot	标配硬盘 2400G，最大硬盘容量 32T

咸阳供电分公司和 10 个县公司配备 ThinkStation 工作站系列作为远程工作站使用设备，ThinkStation P410 应用较多。

ThinkStation P410 机箱尺寸为 376mm×175mm×426mm。图 7−3 为 ThinkStation P410 接口拓展。

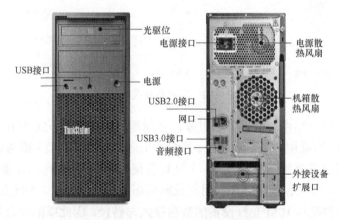

图 7−3 ThinkStation P410 接口拓展

机箱正面有电源键开关、光驱位和 USB 接口，背面接口较多，有电源插口、电源散热风扇、机箱散热风扇及外接硬盘拓展口。

ThinkStation P410 系列详细参数如表 7−2 所示。

表 7−2 ThinkStation P410 系列详细参数

处理器	E5−1603V4/4 核/2.8G/10M 缓存
内存	支持 4 个 DIMM 内存插槽，可扩展至 256GB
硬盘	标配 2 个硬盘位置，可扩展至 4 个硬盘位（安装第四个硬盘时，拆掉光驱即可）
芯片组	Intel C612

显卡	支持 P400 等图形专用显卡
网卡	集成千兆网卡
光驱	RAMbo
电源	标配 450W 80PLUS 单电源

图 7-4 为 Intel 处理器 XEON E5-1603 V4 处理器背面参数,图 7-5 为处理器正面外观。

图 7-4　Intel 处理器背面　　　　图 7-5　XEON E5-1603 V4 处理器正面外观

硬盘外形如图 7-6 所示。内存条外观如图 7-7 所示。

图 7-6　硬盘外形　　　　　　图 7-7　内存条外观

双列直插内存模块(dual inline memory module,DIMM)提供了 64 位的数据通道,因此它在奔腾主板上可以单条使用。它有 168 条引脚,故称为 168 线内存条。它要比 SIMM 插槽长一些,并且它也支持新型的 168 线 EDO-DRAM 存储器。适用 DIMM 的内存芯片的工作电压一般为 3.3V(使用 EDORAM 内存芯片的 168 线内存条除外),适用于 SIMM 的内存芯片的工作电压一般为 5V(使用 EDORAM 或 FBRAM 内存芯片),二者不能混合使用。

7.2.1.3 应用界面

咸阳供电分公司应用界面分为 CS 和 BS 架构。所谓 CS 架构是 Client/Server 模式建立在局域网的基础上。而 BS 架构 Browser/Server 模式建立在广域网的基础上，是 Web 兴起后的一种网络结构模式，Web 浏览器是客户端最主要的应用软件。而 CS 架构一般建立在专用的网络上，小范围内的网络环境，局域网之间再通过专门服务器提供连接和数据交换服务。

CS 架构一般面向相对固定的用户群，对信息安全的控制能力很强。一般高度机密的信息系统采用 CS 架构适宜。BS 建立在广域网上，对安全的控制能力相对弱，可能面向不可知的用户，可以通过 BS 发布部分可公开的信息。

CS 架构的咸阳供电分公司主界面以深海蓝作为背景色，体现现代科技风格。

7.2.1.4 主站人机交互功能

按照集团公司配网自动化市县一体化的建设要求，市公司主站人机交互界面满足市级调控中心对县级配网运营中心配网运行情况的监管，市公司通过指标管理市县对各县配网自动化运行情况的实时监管，图 7-8 为咸阳供电分公司主站系统人机交互界面。

图 7-8 咸阳供电分公司主站系统人机交互界面

主站系统由功能模块、供电区域、运行管理指标、辅助监管模块四个方面组成。

1. 功能模块

功能模块辅助主站维护人员应用系统功能对配电终端设备进行管理。例如，告警检索提示事故、开关变位信息判断 FTU 事故动作情况；报表浏览展示 FTU 在线率、开关跳闸情况；曲线查看展示 FTU 线电压、电流变化情况；"三遥"监视展示设备在线情况；FA 配置用于对 10kV 线路设置 FA 策略。

2. 供电区域

供电区域可以快速定位相关县公司，查看县公司远程工作站人机交互界面。

3. 运行管理指标

运行管理指标模块通过设备在线率、遥控使用率、遥控成功率、自动化覆盖率，对各单位配电终端进行管理。图 7-9 为运行管理指标示意图。

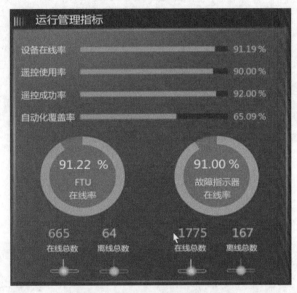

图 7-9 运行管理指标示意图

其中设备在线率分为 FTU 在线率和故障指示器在线率，FTU 在线率为实时统计指标，故障指示器在线率的统计方法是 24h 之内主站收到故障指示器在线响应报文，则视为当天在线。

遥控使用率=实际遥控次数/可遥控次数×100%。其中实际遥控次数=智能开关遥控成功次数。可遥控次数=智能开关总遥信（fieldState）变位次数-事故跳闸次数（判断是三遥）。

遥控成功率=遥控成功次数/所有遥控次数×100%。

遥信正确率=遥信正确动作次数/（遥信总变位次数+拒动次数）×100%。其中遥信正确动作次数=遥控成功次数+事故跳闸次数。拒动=遥控失败或超时次数。

自动化覆盖率是每一条 10kV 线路安装一台 FTU，则视为全覆盖。

自动化覆盖率=关联了终端的馈线数/所有馈线数×100%。

设备在线率不仅考核各单位设备在线情况，而且对该单位配电厂商接入设备进行考核，图 7-10 为县域分类统计设备在线情况。图 7-11 为厂商分类统计设备在线情况。

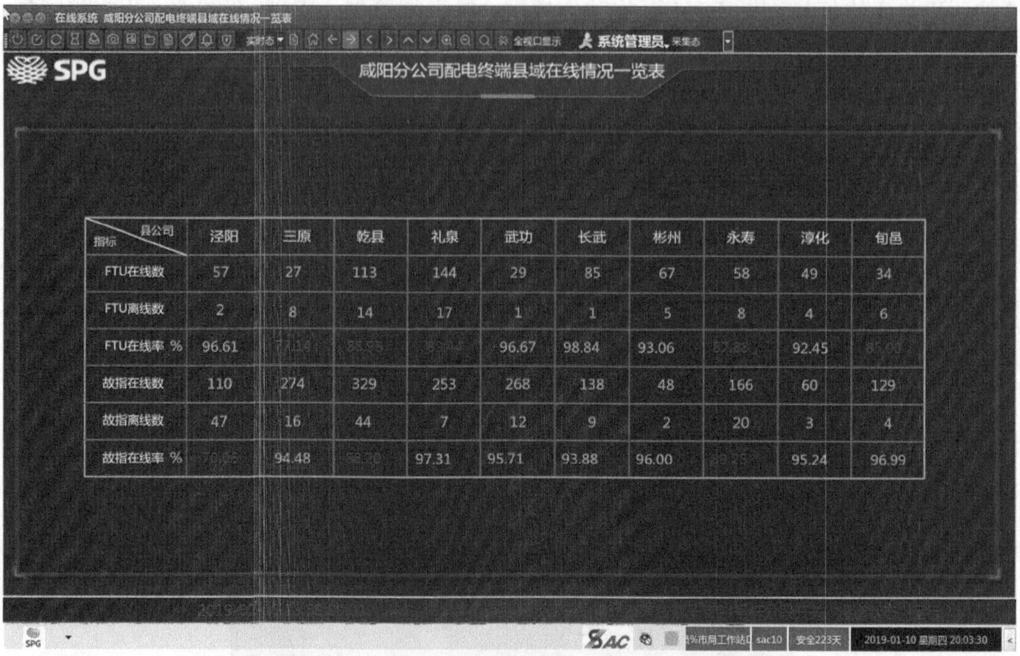

咸阳分公司配电终端县域在线情况一览表

指标＼县公司	泾阳	三原	乾县	礼泉	武功	长武	彬州	永寿	淳化	旬邑
FTU在线数	57	27	113	144	29	85	67	58	49	34
FTU离线数	2	8	14	17	1	1	5	8	4	6
FTU在线率 %	96.61				96.67	98.84	93.06		92.45	
故指在线数	110	274	329	253	268	138	48	166	60	129
故指离线数	47	16	44	7	12	9	2	20	3	4
故指在线率 %		94.48		97.31	95.71	93.88	96.00		95.24	96.99

图 7-10　县域分类统计设备在线情况

咸阳分公司配电终端厂家在线情况一览表

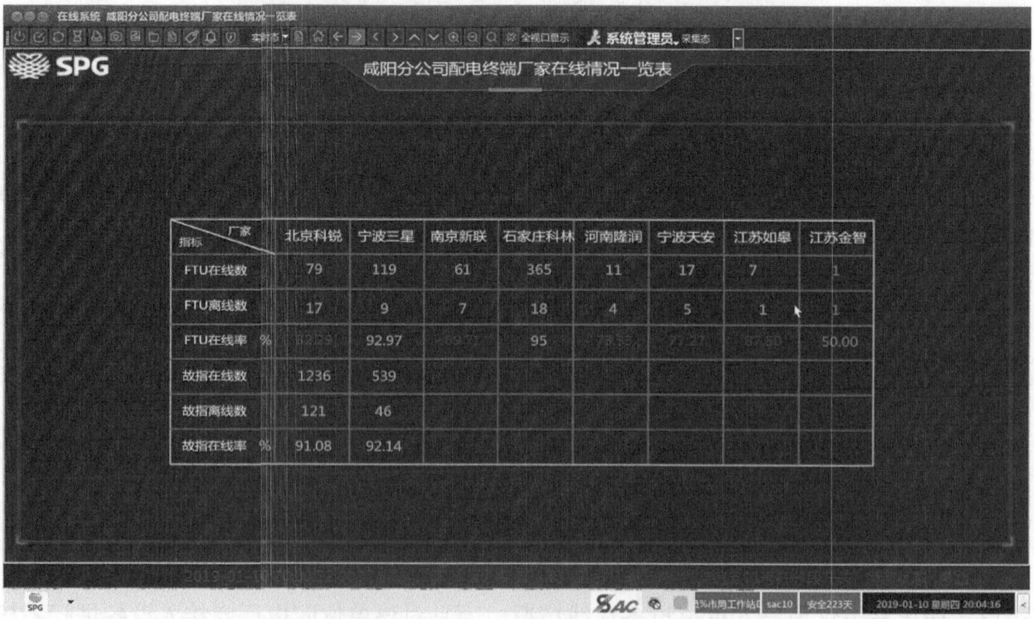

指标＼厂家	北京科锐	宁波三星	南京新联	石家庄科林	河南隆润	宁波天安	江苏如皋	江苏金智
FTU在线数	79	119	61	365	11	17	7	1
FTU离线数	17	9	7	18	4	5	1	1
FTU在线率 %		92.97		95				50.00
故指在线数	1236	539						
故指离线数	121	46						
故指在线率 %	91.08	92.14						

图 7-11　厂商分类统计设备在线情况

市公司通过以上两个表格对各单位以及厂商设备上线情况进行考核。咸阳供电分公司将在线率低于 90%的数据用红色预警显示。县域设备在线可以考核各单位设备维护情况。厂商在线情况考核厂家设备在线情况。

4. 辅助监管模块

辅助监管模块由线路负载、新能源接入、供电能力、网络拓扑组成。

（1）线路负载。按照 2 级负荷预警要求，将负载率高于 70%并持续 10min 以上的线路，定义为 2 级重载线路，出现红色预警和数字预警，图 7-12 为 10kV 重载线路一览表。

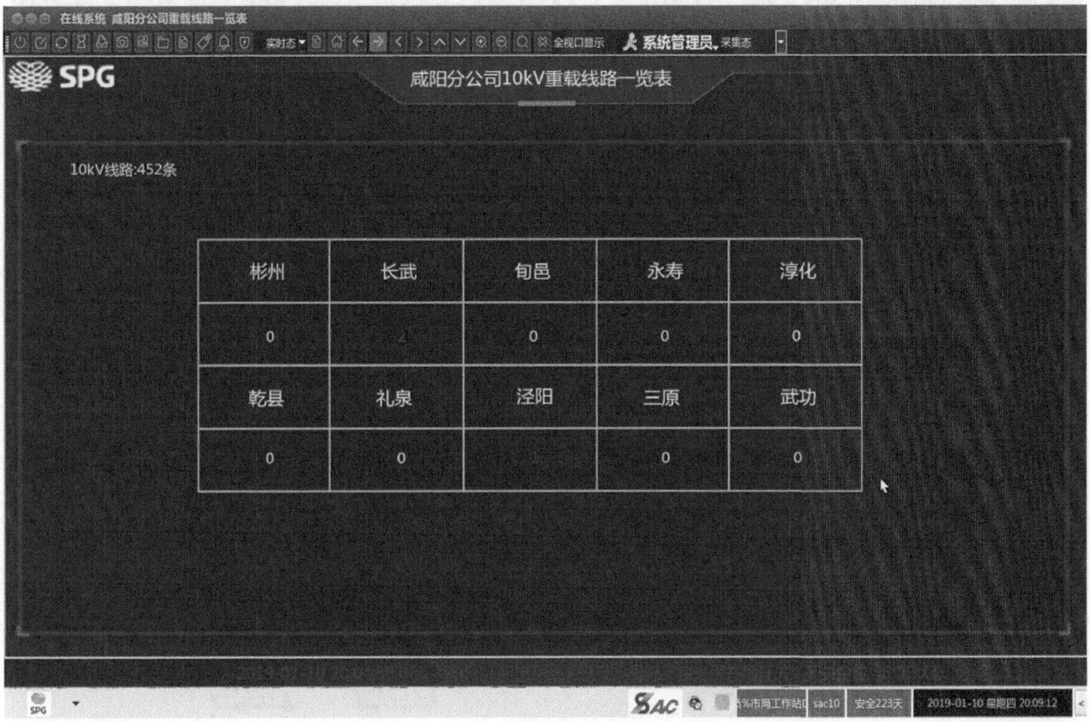

图 7-12　10kV 线路重载线路一览表

通过颜色和数字预警手段，市公司对县公司所辖范围内 10kV 线路负载率进行管理，具体是负载率 60%以下使用绿色，负载率 60%~70%使用黄色，负载率 70%~85%使用橙色预警，负载率 85%以上使用红色预警。点击该表的数字，将进入各单位 10kV 馈线实时负荷表，图 7-13 为三原县供电分公司 10kV 馈线实时负荷表。

通过该界面县公司工作人员可以掌握所辖县域内 10kV 馈线负荷运行情况，并根据负荷预案进行调控。

（2）新能源接入。随着国家提倡发展新能源，光伏发电已经越来越多并入 0.4、10kV 配网中，配网自动化系统将 10kV 并网点接入系统，图 7-14 为 10kV 线路光伏发电并网示意图。

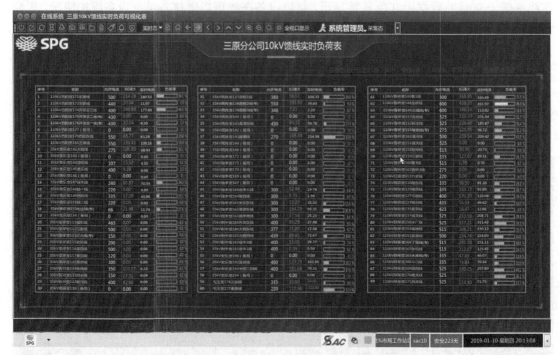

图 7-13　三原县供电分公司 10kV 馈线实时负荷表

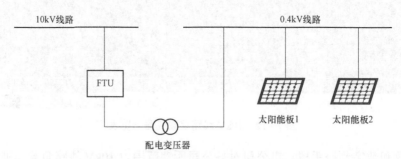

图 7-14　10kV 线路光伏发电并网示意图

　　市公司主站系统对光伏并网情况的实施负荷、并网点容量进行统计，图 7-15 为咸阳供电分公司新能源接入一览表。

　　通过该表可以掌握咸阳地区光伏发电并网点个数、装机容量、实时负荷以及当日最大负荷。图 7-16 为光伏发电曲线图。通过该图可以掌握咸阳地区光伏发电的当日情况以及昨日情况，并可掌握实时值与最大值。

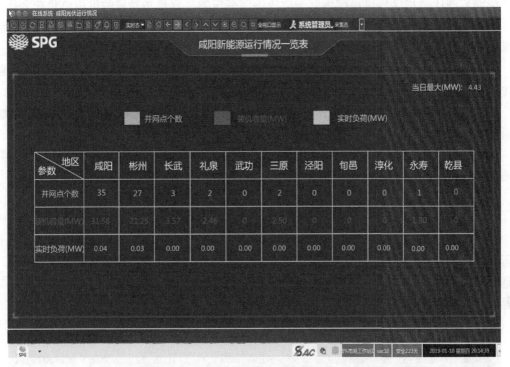

图7-15 咸阳供电分公司新能源接入一览表

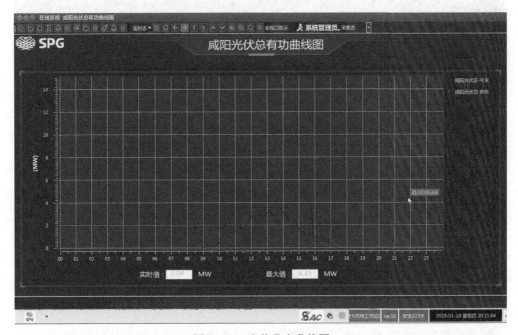

图7-16 光伏发电曲线图

（3）供电能力。配电网供电能力分为配网容载比、配电变压器重载比、户均容量、不同变电站10kV线路联络比例四部分。

配网容载比是指区域供电网内同一电压等级变压器总容量与对应的供电总负荷之比。

配电变压器重载比是将当年重载变压器个数除以该地区全部变压器个数。通过该指标可以掌握负荷高峰期配电变压器运行情况。

户均容量定义为负责居民供电的配电容量除以居民用户数。通过该指标可以掌握该地区配电网供电能力。

不同变电站 10kV 线路联络比例是不同变电站 10kV 联络线路数量占总 10kV 线路数量的百分比。通过该指标工作人员可以掌握各单位配电网负荷转供能力。

配网主站人机交互界面能够实现市公司对县公司指标管理，通过《运行简报》等管理手段对各单位配网自动化进行闭环管理。

7.2.1.5　远程工作站人机交互功能

远程工作站承接主站对配电终端层设备运行情况的监控任务，是主站监控功能的延伸。远程工作站接收主站传送的配电终端运行数据包括电流、电压等。其又对配电终端 FTU 进行遥控操作实现分/合开关，完成配网的负荷转供。图 7-17 为三原县供电分公司远程工作站界面。

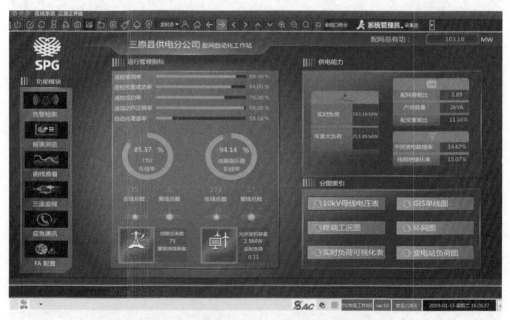

图 7-17　三原县供电分公司远程工作站界面

远程工作站由功能模块、运行管理指标、供电能力、分图索引四部分组成。

1. 功能模块

功能模块能够实现告警检索、报表浏览、曲线查看、三遥监视以及配置 FA。

告警检索查询配电终端层的事故信息、异常信息、变位信息、通道信息、越限信息、告知信息、SOE、系统信息，图 7-18 为告警检索。

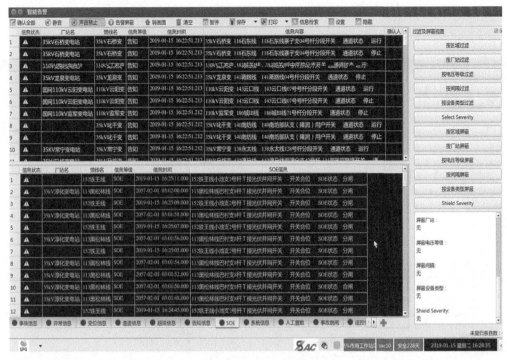

图 7-18 告警检索

报表浏览查看配电终端的开关变位次数、FTU 在线率等。

曲线查看用于展示配电终端线电压、电流。图 7-19 为开关曲线查看。

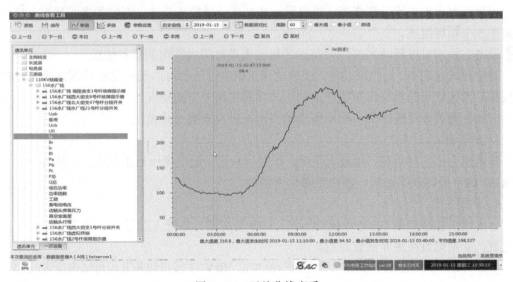

图 7-19 开关曲线查看

根据安装要求，TV 安装在电源侧，由此可以通过查询线电压、电流判断该开关是否带电。

"三遥"监视用于查看配电终端遥测、遥信以及在线情况，图 7-20 为"三遥"监视。

163

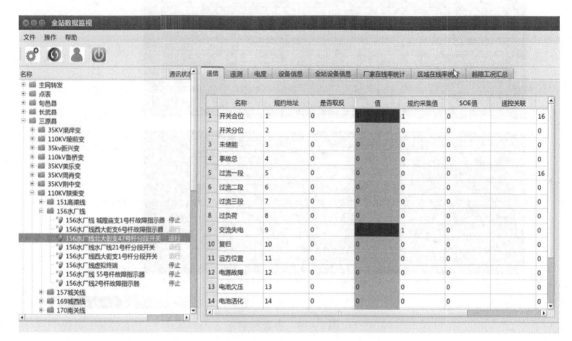

图7-20 "三遥"监视

2. 运行管理指标

运行管理指标由设备在线率、遥控预选成功率、遥控成功率、遥信动作正确率、自动化覆盖率5个指标组成。

设备在线率可以反映当前该公司自动化班人员对配电终端的维护情况。

遥控预选成功率、遥控成功率、遥信动作正确率这三者可以反映配电终端遥控操作的稳定性和县调值班员远程操作智能开关的用户体感度两个方面情况。

自动化覆盖率反映该公司配电终端购买情况以及安装合理情况。

3. 供电能力

供电能力由实时负荷、年最大负荷、配网容载比、配电变压器重载比、户均容量、不同变电站10kV线路联络比例、线路绝缘化率组成。

4. 分图索引

分图索引能够实现10kV母线电压表、GIS单线图、终端工况图、环网图、实时负荷可视化表、变电站负荷图6部分功能。

（1）10kV母线电压表。该部分显示部分变电站10kV Ⅰ段母线和Ⅱ段母线电压表,图7-21为三原地区变电站10kV母线电压表。通过该表县调值班员在馈线发生单相接地时,可以方便地拉合线路智能开关并观察该馈线所在10kV母线电压是否恢复正常。

（2）GIS单线图。该功能可以查询不同变电站所带10kV馈线情况,图7-22为三原县供电分公司GIS目录,该目录中可以查询相关馈线正交化单线图。

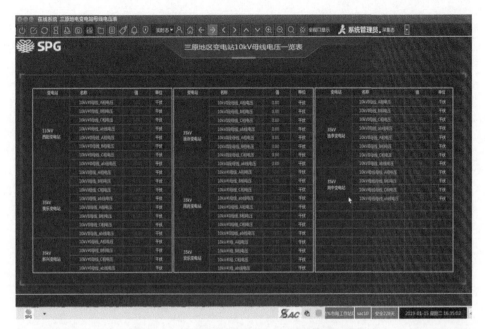

图 7-21 三原地区变电站 10kV 母线电压表

图 7-22 三原县供电分公司 GIS 目录

单线图是将 10kV 线路实际地理走径正交化的结果。包含有线路距离、杆型、配电变压器容量、开关（普通开关、智能开关）位置、隔离开关位置。配网自动化系统中的单线图还添加了智能开关的遥测、遥信数据、故障指示器位置与遥信数据。

配网自动化系统与 GIS 系统进行交互，将实时数据与故障数据发送至 GIS 系统，GIS 系统将线路走径、导线型号、设备信息等发送至配网自动化系统，完成两个系统的交互融合，本书在后面章节将进行介绍。

（3）终端工况图。配电终端的在线情况通过颜色预警显示，图 7-23 为三原县供电分公司 FTU 在线情况。

图 7-23　三原县供电分公司 FTU 在线情况

该界面对 FTU 实时在线情况和离线情况进行统计，计算出 FTU 实时在线率。当界面上出现红色预警时，表示该设备已经离线。此时相关人员将对该设备进行消缺。

故障指示器上线情况按照 24h 该设备向总站发送链路连接报文一次，则视为上线，图 7-24 为故障指示器上线情况。

图 7-24　故障指示器上线情况

该界面显示故障指示器上线、离线个数，并计算故障指示器在线率。当界面上出现红色预警时，表示该设备已经离线。此时相关人员将对该设备进行消缺。

（4）环网图。该功能可以掌握联络线路运行情况。可分为两部分，其中一部分是显示变电站 10kV 馈线负载率和变压器负载率，图 7-25 为三原县供电分公司 10kV 线路负荷转供联络图；另一部分是显示线路所有开关的环网图，图 7-26 为三原县供电分公司环网图。

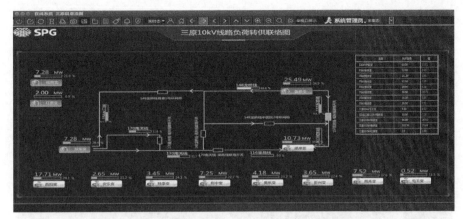

图 7-25　三原县供电分公司 10kV 线路负荷转供联络图

该部分显示各个联络线路变电站主变压器负载率、10kV 线路负载率。当线路负载率达到 85% 以上时，通过该表查询联络线路的 10kV 线路负载率是否具备转供条件，比如负载率过高则不能转供。另外还需要考虑该链路线路的变电站主变压器负载率是否也具备转供条件，若 10kV 线路可进行转供，但是变电站不能转供，那么依然不采取转供措施。

若变电站主变压器和联络线路都具备转供能力，那么通过图 7-26 三原县供电分公司环网图进行负荷转供。

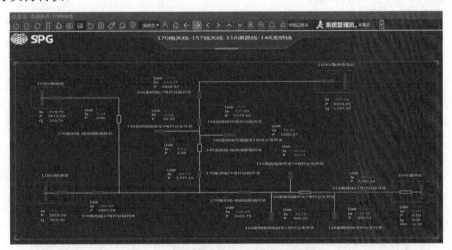

图 7-26　三原县供电分公司环网图

负荷转供有两种方案：

1）先分分段开关，后拉合联络开关。根据联络线路 10kV 出线开关的允许电流，在重载线路上拉开相应智能分段开关，并拉合联络开关。

2）通过辅助应用软件等判断联络线路是否具备合环转供条件。若具备合环转供能力，则先拉合联络开关，再分断重载线路的分段开关，完成负荷转供。

工作人员使用的功能有两个：① 10kV 馈线实时负荷表，该部分已在主站内容中进行讲述，不在赘述。② 变电站负荷表，县调值班员通过该部分对所辖区域内变电站允许负荷进行监控，并掌握该地区国家电网和地方电力供电负荷。图 7-27 所示为三原地区变电站负荷图。

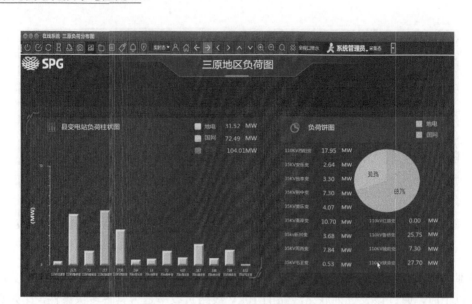

图 7-27　三原地区变电站负荷图

　　咸阳供电分公司主界面以集团公司 LOGO、配网自动化系统主站标题、工具栏、功能模块、供电区域、运行管理指标、辅助监管模块、配网总有功实时显示等组成。图 7-28 为 CS 架构咸阳供电分公司主界面。

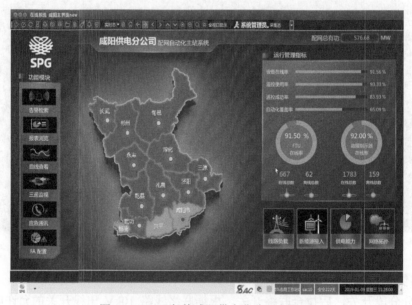

图 7-28　CS 架构咸阳供电分公司主界面

　　功能模块中有告警检索、报表浏览、曲线查看、三遥监视、应急通信、FA 配置等常用模块。

　　供电区域显示咸阳地区 10 个县公司供电区域，通过点击可以方便进入各县公司配网自动化系统主界面。

　　运行管理指标和辅助监管模块属于咸阳供电分公司建设亮点内容，在设备在线率中按照县域和厂商进行分类统计实现颜色和数据的预警。图 7-29 为县域在线情况一览表。

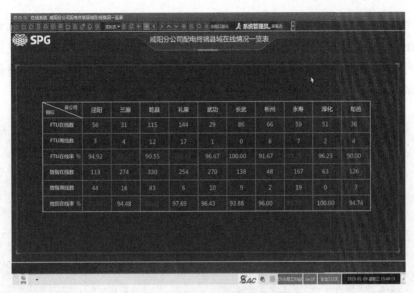

图 7-29 县域在线情况一览表

指标＼县公司	泾阳	三原	乾县	礼泉	武功	长武	彬州	永寿	淳化	旬邑
FTU在线数	56	31	115	144	29	86	66	59	51	36
FTU离线数	3	4	12	17	1	0	6	7	2	4
FTU在线率	94.92		90.55		96.67	100.00	91.67		96.23	90.00
故指在线数	113	274	330	254	270	138	48	167	63	126
故指离线数	44	16	43	6	10	9	2	19	0	7
故指在线率 %		94.48		97.69	96.43	93.88	96.00		100.00	94.74

7.2.1.6 负荷转供

咸阳供电分公司将低于 90% 的数据用红色预警显示。通过该界面可以掌握各单位设备在线情况。管理设备的过程中，将在线情况按生产厂商进行分类统计，图 7-30 为厂商设备在线情况一览表。

图 7-30 厂商设备在线情况一览表

指标＼厂家	北京科锐	宁波三星	南京新联	石家庄科林	河南隆润	宁波天安	江苏如皋	江苏金智
FTU在线数	79	122	63	363	10	16	7	1
FTU离线数	17	6	5	20	5	6	1	1
FTU在线率 %		95.31	92.65	95				50.00
故指在线数	1241	542						
故指离线数	116	43						
故指在线率 %	91.45	92.65						

通过该界面可以掌握哪些厂商供应的设备在线率较低,市公司管理部门对其进行考核并制订消缺计划，提高在线率。

　　辅助监管模块中有线路负载、新能源接入、供电能力、网络拓扑。其中线路负载中将负载率高于 70%并持续 10min 以上的线路定义为 2 级重载线路，对该类型线路采取预警关注的方法，对于负载率高于 85%并持续 10min 的重载线路采取限制负荷等方式降低负载率。图 7-31 为咸阳供电分公司 10kV 重载线路一览表。

图 7-31　咸阳供电分公司 10kV 重载线路一览表

　　该界面中使用颜色和数字预警提示值班人员关注各公司重载线路运行情况。点击预警数字，进入各公司 10kV 馈线实时负荷表，图 7-32 为 10kV 馈线实时负荷表。

图 7-32　10kV 馈线实时负荷表

　　通过该界面的 10kV 馈线实时负荷运行情况进行监盘。当负荷大于 85%以后并持续 10min 则启动 1 级预警响应,对其进行负荷转供,此处以旬邑供电分公司 176 城关线—179 城南线为例。

　　点击咸阳供电分公司配网自动化系统主界面供电区域中的旬邑县图标,进入旬邑县供电分公司配网自动化系统主界面。图 7-33 为旬邑县供电分公司配网自动化工作站界面。

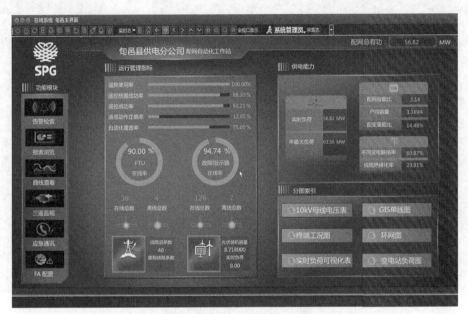

图 7-33　旬邑县供电分公司配网自动化工作站界面

　　县公司配网自动化工作站采取与咸阳供电分公司配网自动化系统主界面相同蓝色科技背景。

　　点击环网图,进入 176 城关线—179 城南线环网图界面,如图 7-34 所示。

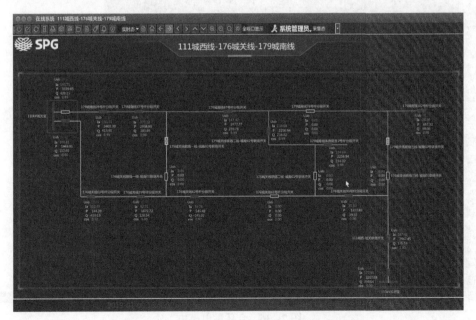

图 7-34　176 城关线—179 城南线环网图界面

在联络开关处右键点击选择合环供电功能，出现界面如图 7-35 所示。

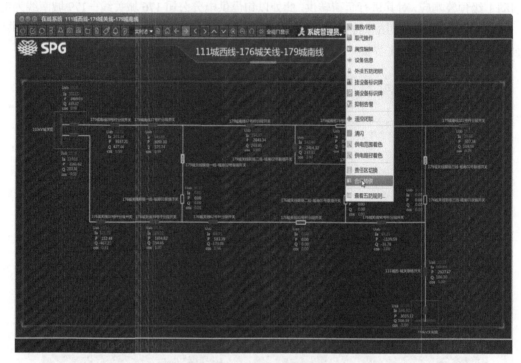

图 7-35　启动合环供电功能

进入合环供电模块，如图 7-36 所示。

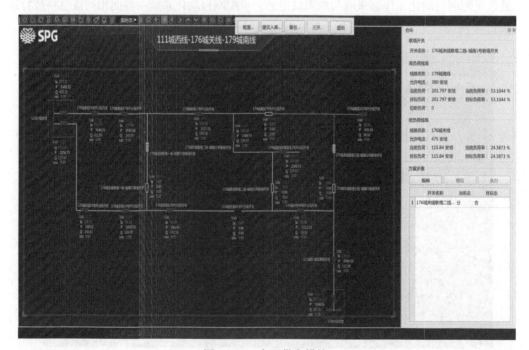

图 7-36　合环供电模块

合环供电模块需要变电站满足合环要求，启动合环模块，该模块可以分析计算出转供负荷量。

7.2.2 配网自动化系统建设实例2

7.2.2.1 网络拓扑

按照集团公司对配网自动化系统的建设要求，延安供电分公司与积成电子合作，采用Ubuntu系统搭建平台，延安供电分公司网络拓扑结构如图7-37所示。

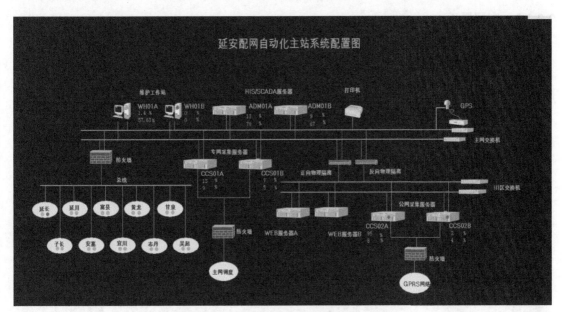

图7-37　延安供电分公司网络拓扑结构

各个节点有内存和硬盘使用率显示，方便管理设备。

7.2.2.2 硬件建设

延安供电分公司服务器选用 DELL R720 和 IBM X3850X5。其中实时服务器、前置服务器、公网服务器、Web 服务器 A 使用 DELL R720，表7-3为 DELL R720 参数，Web 服务器 B 使用 IBM X3850X5。表7-4为 IBM X3850X5 参数。

表7-3

DELL R720 参数

设备名称	DELL R720	参数
处理器	e5-2620 2G	
主板	Intel C6000	
内存	8-748G	标配 8G
硬盘	2×1024G	

表 7−4   **IBM X3850X5 参数**

设备名称	IBM X3850X5	参数
处理器	E7550 2G	主频 2G
主板	Intel C6000	
内存	DDR4 4−6000G	标配 4G
硬盘	32TB SAS/SATA 2.5 英寸 HDD；121.6TB SAS/SATA 2.5 英寸 SSD；32TB 2.5 英寸 U.2/NVMe	

7.2.2.3 应用界面

延安供电分公司按照集团公司"市县一体化"建设配网自动化系统要求，与积成电子合作研发了 DMS1000E 系统，延安供电分公司管辖 10 个县公司。图 7−38 为延安供电分公司配网自动化主界面。

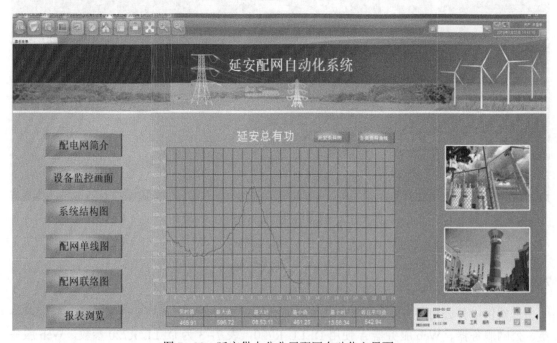

图 7−38   延安供电分公司配网自动化主界面

延安供电分公司配网自动化系统界面分为配网自动化功能模块、延安供电分公司总有功图、悬浮窗口三个部分。

DMS1000E 具备设备节点监控功能，通过设备监控画面监控设备工作状态，如图 7−39 所示。

该界面可以掌握主站服务器运行情况以及各个远程工作站运行情况，其中绿色节点表示运行情况良好，红色情况表示设备异常。

延安供电分公司配网联络图的特色是不同电源点的不同线路着色不同，图 7−40 为配网网络图。

延安配电自动化系统设备监控画面

安全I/III区　机器运行状态

节点名	类型	状态	CPU使用率（%）	磁盘使用率（%）	节点名	类型	状态	CPU使用率（%）	磁盘使用率（%）
ADM01A	实时服务器	○	24	70	WH01A	维护员工作站	○	0.91	57.63
ADM01B	实时服务器	○	8	67	WH01B	维护员工作站	○	0	0
OCS01A	前置数据采集服务器	○	15	9	WEB1A	WEB服务器		5	41
OCS01B	前置数据采集服务器	○	12	5	WEB1B	WEB服务器		4	4
OCS02A	前置数据采集服务器	○	26	8					
OCS02B	前置数据采集服务器	○	5	4					

县局　机器运行状态

节点名	类型	状态	CPU使用率（%）	磁盘使用率（%）	节点名	类型	状态	CPU使用率（%）	磁盘使用率（%）
ASMM101A	安塞工作站A	○	1	6	ZCMM101A	子长工作站A	○	13	1
ASMM101B	安塞工作站B	○	2	3	ZCMM101B	子长工作站B	○	14	4
ZDMM101A	志丹工作站A	○	1	2	GQMM101A	甘泉工作站A	○	4	2
ZDMM101B	志丹工作站B	○	1	3	GQMM101B	甘泉工作站B	○	2	2
WQMM101A	吴起工作站A	○	7	4	FXMM101A	富县工作站A	○	4	2
WQMM101B	吴起工作站B	○	7	4	FXMM101B	富县工作站B	○	1	2
YCHAMM101A	延长工作站A	○	6	2	YICMM101A	宜川工作站A	○	2	3
YCHAMM101B	延长工作站B	○	4	2	YICMM101B	宜川工作站B	○	1	3
YCHUMM101A	延川工作站A	○	4	4	HLMM101A	黄龙工作站A	○	41	8
YCHUMM101B	延川工作站B	○	2	3	HLMM101B	黄龙工作站B	○	35	4

图 7-39　节点监控

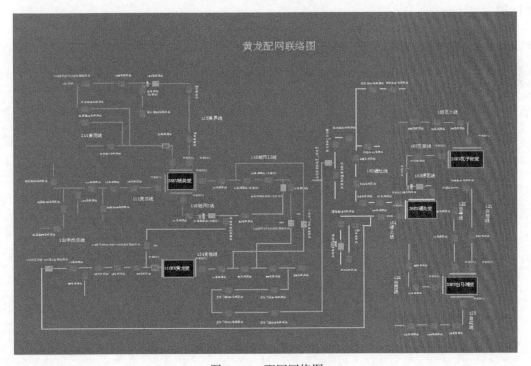

图 7-40　配网网络图

　　5座变电站的配网联络图，不同变电站出线线路通过不同颜色着色区分联络开关两侧电源点。负荷分布图，通过负荷分布图可以直观掌握各分公司负荷情况。图7-41为负荷分布图。

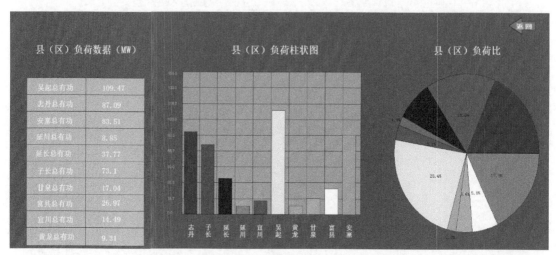

图7-41　负荷分布图

　　通过列表、柱状图、饼图三种方法形象表现各分公司负荷运行情况。延安供电分公司管辖志丹、子长、延长等10个县公司，图7-42为志丹县供电公司配网自动化系统界面图。

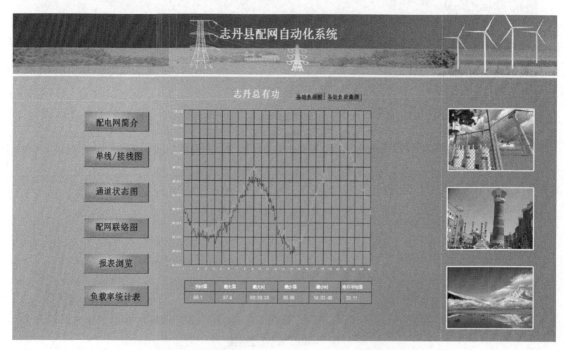

图7-42　志丹县供电公司配网自动化系统界面图

县公司界面分为功能模块、总有功图、浮窗三部分。

延安供电分公司在数据库应用方面特点比较鲜明：

（1）上线率分析：按照厂家、终端类型、终端功能、通信模式等方式分类进行实时终端状态查询。

该功能可以根据实际功能设置查询终端类型、所在县公司、通信方式等查询设备在线情况。

（2）遥控操作统计：按时间段查询到具体的遥控操作记录，并按照县域进行汇总统计。

该部分可以设置任意时间段，查询遥控情况。

（3）开关及通道状态查询：按照开关动作次数、通道状态次数、保护动作次数、遥测遥信不一致、开关遥测进行统计。图7-43为开关及通道状态查询。

图7-43 开关及通道状态查询

（4）各类型终端及各厂家终端分析：覆盖线路占比分析。图7-44为线路覆盖率统计。

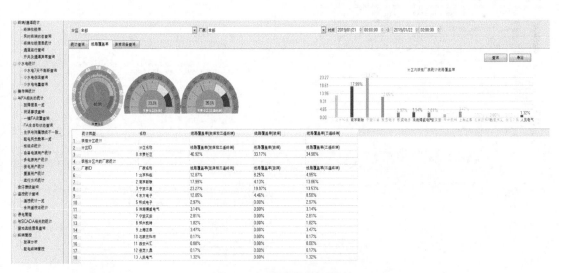

图7-44 线路覆盖率统计

该部分可协助市县公司合理部署配电终端，提高线路覆盖率。

（5）各厂家终端按周期统计分析上线率：通过自定义设置周期时间可以分析不同时长的各个厂商设备上线率。图7-45为"三遥"周期在线率分析。

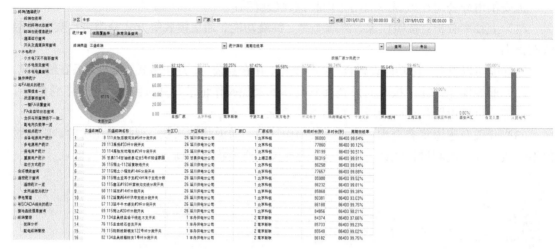

图 7-45 "三遥"周期在线率分析

（6）FA 历史策略查询：图 7-46 为一次真实线路支线跳闸记录。

图 7-46 真实线路支线跳闸记录

（7）FA 策略模拟测试：主站进行 FA 测试，选取国网 132 李虎店线进行测试，模拟出线开关后第一级开关 05 号杆分段开关过流跳闸，16 号杆分段开关过流。图 7-47 为手动输入开关故障跳闸。

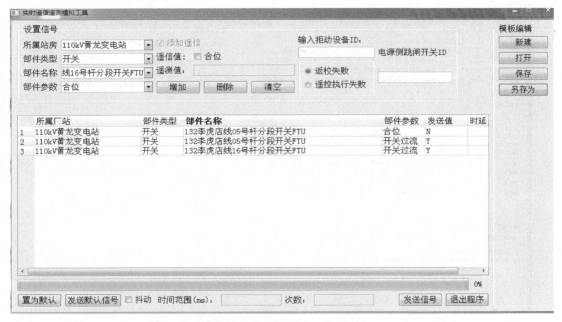

图 7-47 手动输入开关故障跳闸

FA 启动效果展示及策略弹窗。

FA 启动之后系统会自动显示故障隔离以及恢复供电方案,图 7-48 为 FA 策略过电流设备。图 7-49 为 FA 策略故障跳闸设备。

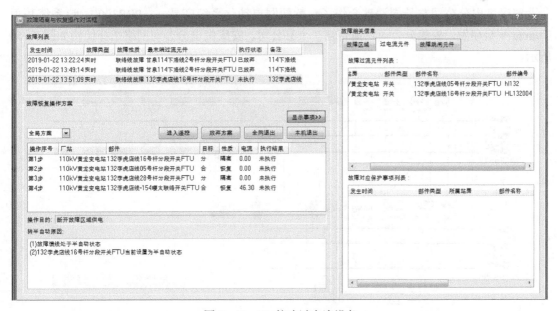

图 7-48 FA 策略过电流设备

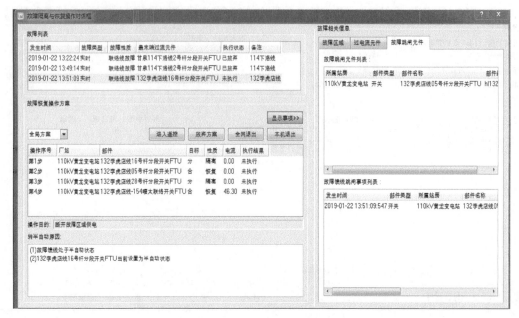

图 7-49　FA 策略故障跳闸设备

7.2.3　配网自动化系统建设实例 3

7.2.3.1　网络拓扑

安康供电分公司与长园深瑞合作了一款配网自动化系统产品——PRS3000。该系统基于 Ubuntu 平台研发，安康分公司目前管辖 7 个县公司。安康供电分公司网络拓扑结构如图 7-50 所示。

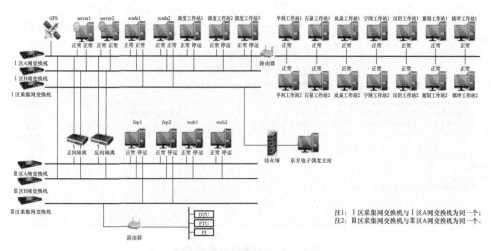

图 7-50　安康供电分公司网络拓扑结构

7.2.3.2 硬件建设

安康供电分公司配网自动化系统的服务器选用 HP ProLiant DL580 G7。该类型服务器性能稳定，能够积极响应服务请求并进行处理，处理能力、稳定性、可靠性、安全性、可扩展性、可管理性等方面能力比较突出。自 2018 年 11 月，安康供电分公司配网自动化系统部署该类型服务器。表 7-5 为 HP ProLiant DL580 G7 参数。

表 7-5   HP ProLiant DL580 G7 参数

设备名称	HP ProLiant DL580 G7	
处理器	E7-4807 1.86	主频 1.86G
主板	Intel C6000	
内存	DDR3 32G	标配内存 32G
硬盘	SATA，/SAS/SSD 4T	最大硬盘容量 4T

7.2.3.3 应用界面

安康供电分公司配网自动化主站系统分为三部分，分别是功能模块、各县公司索引目录、PRS-3000 控制台浮窗。图 7-51 为配网自动化主站系统。

图 7-51   安康供电分公司配网自动化主站系统

浮窗功能方便维护人员快速操作维护配置、实时运行、历史查询、调试工具，以及结束进程。图 7-52 为浮窗详情。

图 7-52   浮窗详情

在线率按照县公司将设备上线率进行分类，图 7-53 为在线率上线图。

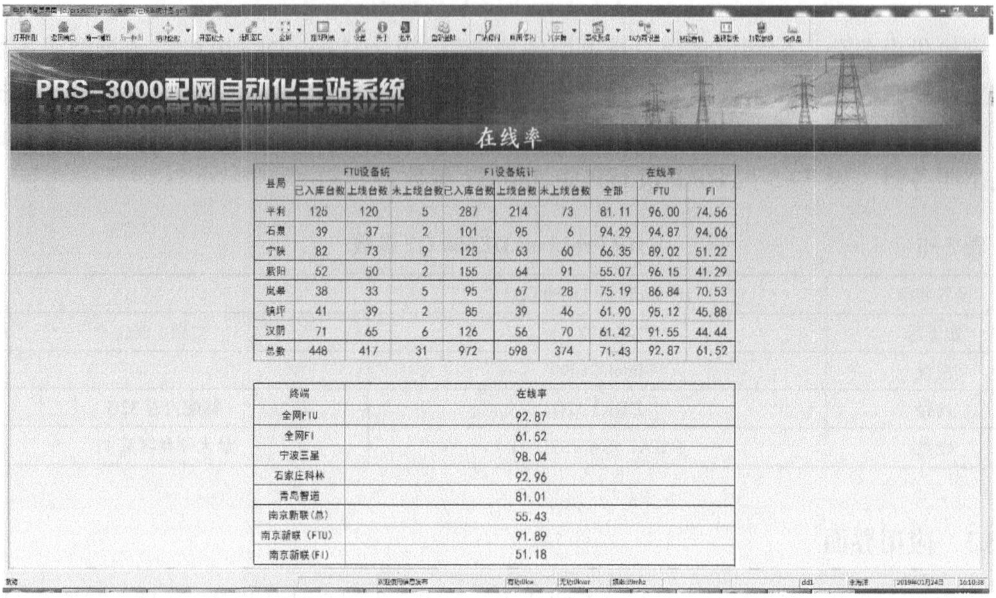

县局	FTU设备统			FI设备统计			在线率		
	已入库台数	上线台数	未上线台数	已入库台数	上线台数	未上线台数	全部	FTU	FI
平利	125	120	5	287	214	73	81.11	96.00	74.56
石泉	39	37	2	101	95	6	94.29	94.87	94.06
宁陕	82	73	9	123	63	60	66.35	89.02	51.22
紫阳	52	50	2	155	64	91	55.07	96.15	41.29
岚皋	38	33	5	95	67	28	75.19	86.84	70.53
镇坪	41	39	2	85	39	46	61.90	95.12	45.88
汉阴	71	65	6	126	56	70	61.42	91.55	44.44
总数	448	417	31	972	598	374	71.43	92.87	61.52

终端	在线率
全网FTU	92.87
全网FI	61.52
宁波三星	98.04
石家庄科林	92.96
青岛智道	81.01
南京新联(总)	55.43
南京新联（FTU）	91.89
南京新联(FI)	51.18

图 7-53　在线率上线图

该部分可以掌握各县公司以及厂商在线情况，方便管理在线率较低的公司。

安康供电分公司将国网变电站 10kV 出线线路按照县域进行分类统计，图 7-54 为国网 10kV 出线馈路负荷监视图。

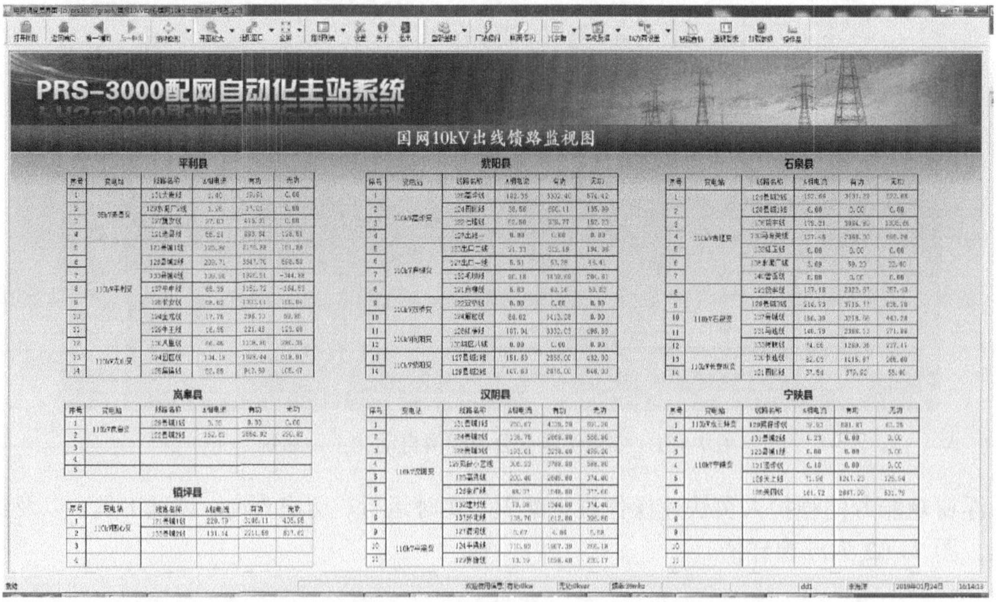

图 7-54　国网 10kV 出线馈路负荷监视图

县公司配网自动化系统界面分为实时监控模块、系统功能模块两部分。图 7-55 为平利县供电公司配网自动化系统。

图7-55 平利县供电公司配网自动化系统

实时监控模块包含配网总图、GIS 图、单站图、潮流图、负载率、出口开关、通道工况、功率总加。系统功能包含事项查询、实时数据、告警窗口、曲线查看、报表目录。

县公司线路负载率按照变电站进行分类，图7-56为汉阴县供电公司线路负载率图。

图7-56 平利县供电公司线路负载率图

绿色表示线路轻载，负载率为0～30%；黄色表示线路经济运行，负载率为30%～70%；红色为重载线路，负载率为70%～85%；深红色为过载线路，负载率为85%及以上。

为方便县公司人员使用配网运行数据，将变电站10kV 母线以及出线开关运行数据进行显示，图7-57为汉阴县供电公司出线开关图。

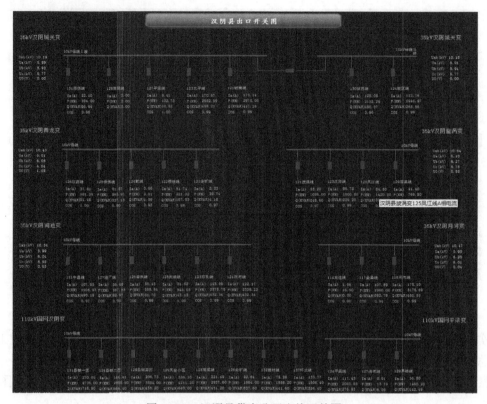

图 7-57 汉阴县供电公司出线开关图

通过 FTU 通道状态图可以监控设备运行情况，图 7-58 为 FTU 通道状态。

图 7-58 FTU 通道状态

绿色节点表示设备在线，红色节点表示设备不在线。

特色功能：

（1）告警功能分类。根据平时运行情况，将繁琐的告警信息按照重要等级进行分类，分别是 FTU 三级告警和故障指示器二级告警。图 7-59 为故障指示器告警窗口，图 7-60 为 FTU 二级告警。

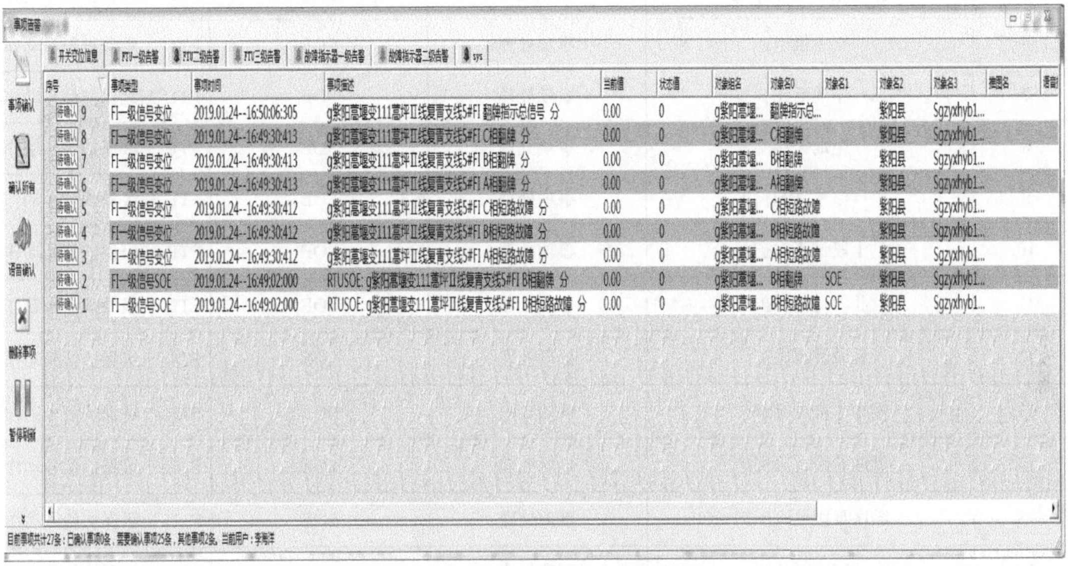

图 7-59　故障指示器告警窗口

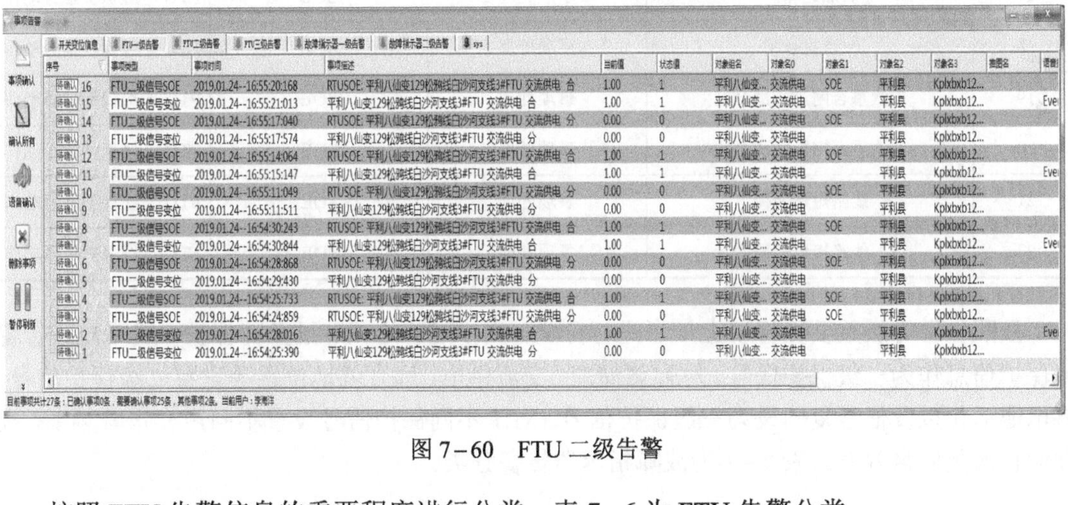

图 7-60　FTU 二级告警

按照 FTU 告警信息的重要程度进行分类，表 7-6 为 FTU 告警分类。

表 7-6　　　　　　　　　　　　FTU 告 警 分 类

序号	告警信息	事项处理方式	SOE 句	事项句
1	事故总信号	事项处理	SOE	保护信号动作
2	开关位置	事项处理	SOE	开关变位

序号	告警信息	事项处理方式	SOE 句	事项句
3	开关分位	事项处理	SOE	保护信号动作
4	弹簧未储能	事项处理	SOE	FTU 二级保护信号动作
5	操作把手远方位置	事项处理	SOE	FTU 二级保护信号动作
6	交流供电	事项处理	SOE	FTU 二级保护信号动作
7	电池活化	事项处理	SOE	FTU 三级保护信号动作
8	电池欠压	事项处理	SOE	FTU 二级保护信号动作
9	信号复归	事项处理	SOE	FTU 三级保护信号动作
10	Ⅰ段过流保护	事项处理	SOE	FTU 一级保护信号动作
11	Ⅱ段过流保护	事项处理	SOE	FTU 一级保护信号动作
12	Ⅲ段过流保护	事项处理	SOE	FTU 一级保护信号动作
13	零序Ⅰ段过流保护	事项处理	SOE	FTU 一级保护信号动作
14	零序Ⅱ段过流保护	事项处理	SOE	FTU 一级保护信号动作
15	零序Ⅲ段过流保护	事项处理	SOE	FTU 一级保护信号动作
16	过负荷保护	事项处理	SOE	FTU 一级保护信号动作
17	后加速保护	事项处理	SOE	FTU 一级保护信号动作
18	一次重合闸	事项处理	SOE	FTU 一级保护信号动作
19	二次重合闸第一次合闸	事项处理	SOE	FTU 一级保护信号动作
20	二次重合闸第二次合闸	事项处理	SOE	FTU 一级保护信号动作
21	线路短路告警	事项处理	SOE	FTU 一级保护信号动作
22	线路接地告警	事项处理	SOE	FTU 一级保护信号动作

按照告警等级重要性将以上信息进行分类，其中过流Ⅰ段、过负荷保护、线路短路告警等保护信息作为一级保护信号。对弹簧储能、交流供电、远方就地位置等设置二级保护信号。将电池活化以及信号复归设为三级保护信号。对于不同保护信号设置不同声光报警频率，提高运行人员监盘效率。表7-7为故障指示器告警分类。

表 7-7　　　　　　　　　故障指示器告警分类

序号	故障信息	事项处理方式	SOE 句	事项句
1	开入1	事项处理	SOE	FI 三级保护信号动作
2	开入2	事项处理	SOE	FI 三级保护信号动作
3	开入3	事项处理	SOE	FI 三级保护信号动作

续表

序号	故障信息	事项处理方式	SOE 句	事项句
4	开入4	事项处理	SOE	FI 三级保护信号动作
5	A 相指示器短路故障	事项处理	SOE	FI 一级保护信号动作
6	A 相指示器翻牌指示	事项处理	SOE	FI 一级保护信号动作
7	A 相指示器接地故障	事项处理	SOE	FI 一级保护信号动作
8	A 相指示器电场无压报警	事项处理	SOE	FI 二级保护信号动作
9	A 相指示器电池电压低状态报警	事项处理	SOE	FI 二级保护信号动作
10	A 相指示器重合闸瞬时性故障	事项处理	SOE	FI 一级保护信号动作
11	A 相指示器重合闸永久性故障	事项处理	SOE	FI 一级保护信号动作
12	A 相指示器通信中断	事项处理	SOE	FI 三级保护信号动作
13	B 相指示器短路故障	事项处理	SOE	FI 一级保护信号动作
14	B 相指示器翻牌指示	事项处理	SOE	FI 一级保护信号动作
15	B 相指示器接地故障	事项处理	SOE	FI 一级保护信号动作
16	B 相指示器电场无压报警	事项处理	SOE	FI 二级保护信号动作
17	B 相指示器电池电压低状态报警	事项处理	SOE	FI 二级保护信号动作
18	B 相指示器重合闸瞬时性故障	事项处理	SOE	FI 一级保护信号动作
19	B 相指示器重合闸永久性故障	事项处理	SOE	FI 一级保护信号动作
20	B 相指示器通信中断	事项处理	SOE	FI 三级保护信号动作
21	C 相指示器短路故障	事项处理	SOE	FI 一级保护信号动作
22	C 相指示器翻牌指示	事项处理	SOE	FI 一级保护信号动作
23	C 相指示器接地故障	事项处理	SOE	FI 一级保护信号动作
24	C 相指示器电场无压报警	事项处理	SOE	FI 二级保护信号动作
25	C 相指示器电池电压低状态报警	事项处理	SOE	FI 二级保护信号动作
26	C 相指示器重合闸瞬时性故障	事项处理	SOE	FI 一级保护信号动作
27	C 相指示器重合闸永久性故障	事项处理	SOE	FI 一级保护信号动作
28	C 相指示器通信中断	事项处理	SOE	FI 三级保护信号动作
29	翻牌指示总信号	事项处理	SOE	FI 一级保护信号动作

（2）事项查询。PRS3000 按照各县域变电站分类查询馈线 FTU 以及故障指示器的 SCADA 事件。

安康供电分公司事件查询类型较多，可以根据实际需求筛选不同配电终端的告警信息。

7.2.4 配网自动化系统建设实例 4

7.2.4.1 网络拓扑

按照集团公司对于配网自动化系统的建设要求，汉中供电分公司与东方电子合作，采用 buntu 系统搭建平台，开发了 DF8003d 配网自动化系统，汉中供电分公司网络拓扑结构如图 7-61 所示。

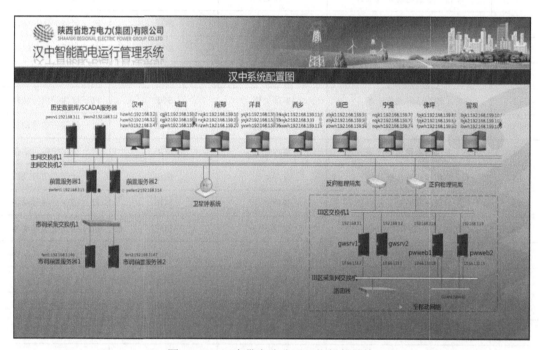

图 7-61 汉中供电分公司网络拓扑结构

7.2.4.2 硬件建设

汉中供电分公司服务器选用 3 台联想 ystem X3850x6 和 5 台惠普 DL580G7，其参数分别如表 7-8 和表 7-9 所示。

表 7-8   联想 system X3850x6 参数

设备名称	联想 System X3850x6	
处理器	Intel XeonE7-4820V2	
主板	7×半长 PCI-E	
内存	32~1536G	标配 32G
硬盘	8T	

表 7-9   惠 普 DL580G7

设备名称	惠普 DL580G7	
处理器	Intel XeonE7-4820V2	
主板	7×半长 PCI-E	
内存	32G~2T	标配 32G
硬盘	4T	

7.2.4.3 应用界面

汉中供电分公司按照集团公司"市县一体化"的配网自动化建设要求，汉中供电分公司管辖 8 个县公司。图 7-62 为汉中供电分公司配网自动化主界面。

图 7-62 汉中供电分公司配网自动化主界面

汉中供电分公司配网自动化主界面可以查询功率信息、终端在线率、系统配置图、服务器工况备份工具、实用化指标等。

通过服务器运行工况查询模块掌握设备运行情况，图 7-63 为服务器运行工况。

通过服务器运行工况了解各个服务器运行状态，CPU 负载以及硬盘占用情况。

通过功率信息掌握汉中分公司功率情况，图 7-64 为汉中供电分公司功率总加一览图。

功率总加一览图采用三级颜色负荷预警的方式，能够直观掌握各个分公司配网功率情况。各县负荷占比饼图可以了解哪个分公司的负荷占比较多。

通过终端在线率掌握汉中供电分公司配电终端在线情况，图 7-65 为汉中供电分公司终端在线统计。

图 7-63　服务器运行工况

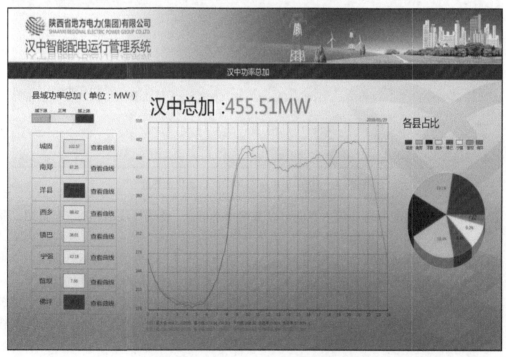

图 7-64　汉中供电分公司功率总加一览图

图7-65　汉中供电分公司终端在线统计

通过该界面可以掌握汉中供电分公司的FTU、故障指示器上线情况。

汉中供电分公司将县公司配网功率按照地电集团和国家电网进行分类，图7-66为城固配网功率总加。

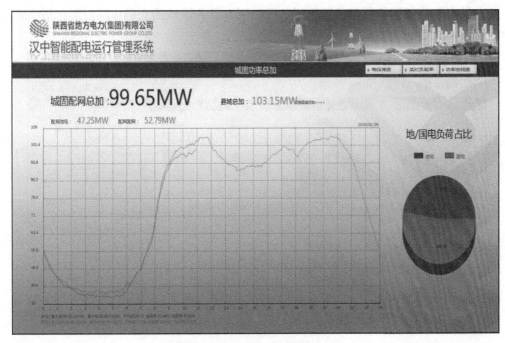

图7-66　城固配网功率总加

按照"地电蓝"和"国网绿"的饼图颜色统计该地区地电集团和国家电网负荷占比。

汉中供电分公司对县公司配电终端上线情况按照日、月、年运行情况进行统计。图7-67为南郑通道运行状态图。

图 7-67 南郑通道运行状态图

FTU 实时在线情况通过绿色和红色区分。

汉中供电分公司将各县公司的配网负载状况以及各馈线的负载情况按照三级颜色预警显示，图7-68为南郑实时负载率。

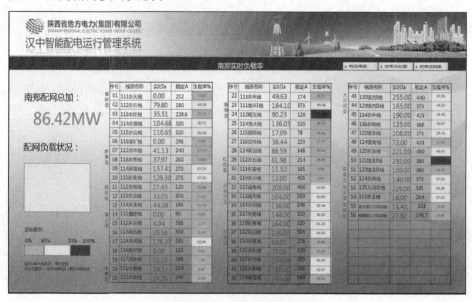

图 7-68 南郑实时负载率

该界面可以掌握各个馈线负荷运行情况。通过三级颜色负载预警了解该地区配网负荷运行情况。其中渲染图例能够直观地让运行人员掌握当前负载所属预警情况。

通过环网索引可以了解环网运行情况，图 7-69 为南郑环网图索引。

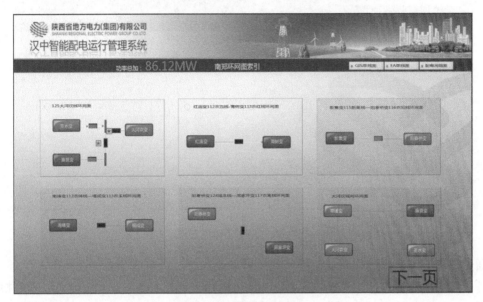

图 7-69　南郑环网图索引

通过点击图标进入环网图，图 7-70 为菊园开关站环网图。

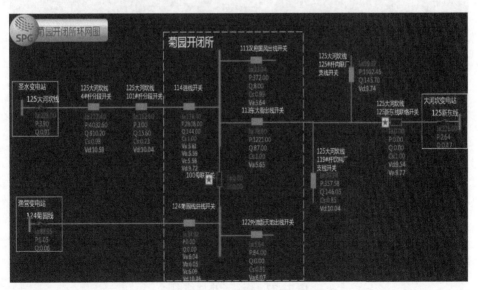

图 7-70　菊园开关站环网图

该界面 Vd 表示 AB 线电压，其中带红星矩形表示该智能开关禁止合闸操作。

汉中供电分公司为指示牌的详细情况做了一个界面，图 7-71 为南郑指示牌详情。

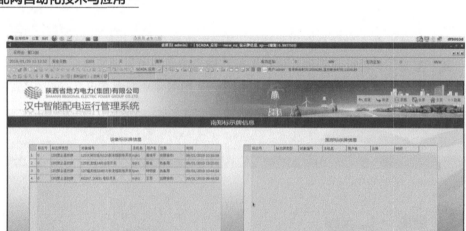

图 7-71　南郑指示牌详情

通过该界面可以掌握线路标识牌所处位置以及状态，避免运行人员误操作。

各县公司可以通过配电网络图了解 10kV 出线开关运行参数，方便运行人员掌握相关参数，图 7-72 为南郑配电网络图。

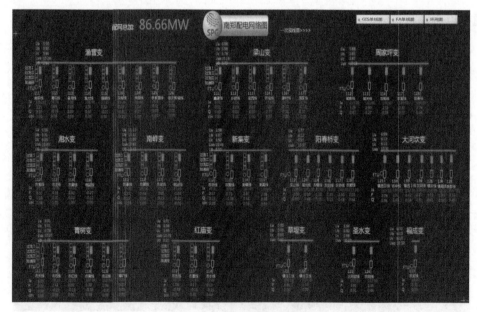

图 7-72　南郑配电网络图

通过图 7-72 可以掌握变电站 10kV 出线开关 A 相电流、有功功率、无功功率，以及母线线电压和相电压。

汉中供电分公司 GIS 单线图索引按照国家电网和地电集团变电站进行分类，图 7-73 为南郑 GIS 单线图索引。

图 7-73　南郑 GIS 单线图索引

通过该界面运行人员能够直观掌握南郑地区地电集团和国家电网变电站出线线路的实际运行情况。

按照汉中供电分公司管理要求对各县公司单线图进行简化处理，分别是 GIS 单线图和 FA 单线图。图 7-74 为 GIS 单线图。

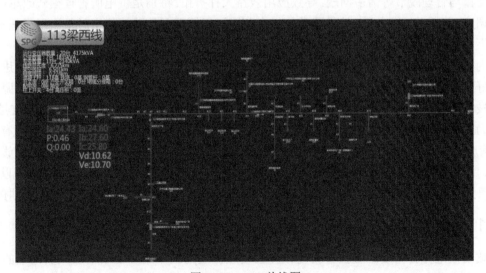

图 7-74　GIS 单线图

GIS 单线图包含 FTU、故障指示器、非智能开关。

FA 单线图只显示线路智能开关的运行参数，图 7-75 为 FA 单线图。

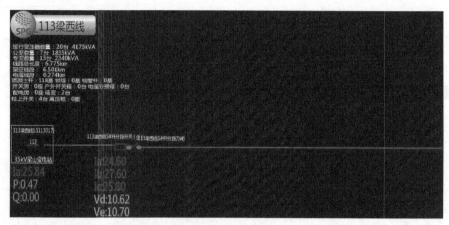

图 7-75　FA 单线图

FA 单线图中只有 FTU，其中 Vd 表示 AB 线电压，Ve 表示 BC 线电压。

7.3　配网自动化系统与负控采集系统融合应用

目前，集团公司电网运行管理实行市县分级管理模式，35kV 及以上主网由市级分公司负责运维管理，10kV 及以下配网由县级分公司负责运维管理。随着配网自动化建设的不断推进，各种新技术、新设备、新系统的不断广泛应用，配网运行管理水平得到了进一步的提升。但在日常运行维护使用中，实际还存在配网分散、信息分散、自动化设备未充分利用、技术支持与管理脱节等诸多问题，导致应用效益大打折扣。特别是供电所管理模式改革以来，县级调度、运维班、供电所、计量班等班组在配网运行管理及故障抢修中时常出现责任不清、界限不明等情况，直接影响到配网运行管理水平及故障抢修时效。

为实现一流配电网企业发展目标，建设城乡统筹、安全可靠、经济高效、技术先进、环境友好的配电网络设施和与之匹配的一流配电网企业，就必须要有与建设任务相协调的团队、技术、服务和管理，其中管理作为中间环节是实现一流配电网企业建设的重要支撑。

为此，咸阳供电分公司秉承"技术为管理服务，管理为发展服务"的理念，依托现有自动化、信息化技术平台，积极探索构建配网运行网格化管理体系，以促进一流配电网企业建设顺利实现。咸阳供电分公司在配网自动化系统与负控采集系统融合应用方面取得突出成就，现以其所辖三原县供电分公司配网工作站的建设现状以及电网运行与故障处理作为工程实例进行讲解。

7.3.1　配网工作站建设情况

咸阳供电分公司要求各县分公司依托县调成立配网工作站，在不增加人员岗位的基础上，由县调值班员、值班长和客服人员组成。原则上不额外增加人员，通过重新划分相关职能职责，组成三个班组，即调度值班组、客服话务组、配网自动化班组。

（1）调度值班组负责日常配网运行监控及故障判定、抢修协调工作，应用配网自动化系统和负控采集系统进行监视。根据配网运行设备的实时运行数据，结合配网运行状况，对配网运行情况进行分析，确保地区系统的电压质量和设备的经济运行；负责随时掌握管辖范围内的负荷变化情况，做好配网线路的负荷调整工作，并及时通知相关人员；负责审核值班员拟定的调度操作指令票，负责指挥管辖范围内的设备操作许可指令及继电保护、安全自动装置的运行调度，做好当值期间 10kV 线路和支线、配电变压器调度管理工作；负责按调度权限协调指挥管辖范围内系统事故及异常处置，发现通信、自动化系统异常及时通知有关人员处理，防止事故的扩大；确保正确、迅速恢复设备运行，值班期间特别是在气候恶劣的情况下，做好事故预想；负责受理和执行停送电申请书，办理或监护值班员办理停电申请书，执行日调度计划，下达各单位并及时检查、督促各单位严格执行；负责审核本值期间各类上报统计数据、报表及临时性信息统计上报。

（2）客服话务组负责市公司"96789"客服热线各类工单（业务）的流转对接、客户报修信息收集、停电信息发布、解答和回访工作，并将配网监控停电信息及时上报市公司"96789"客服热线；负责解答与受理客户的电话咨询、业务查询、故障报修、投诉举报及客户回访等业务；负责对受理的业务分类派发工单，并督办实施，对客户服务全过程监督管理；负责发布各类停电、预警信息。

（3）配网自动化班组负责配网自动化系统建设与维护，保障配网自动化系统能够正常运行，帮助县调值班组判断分析故障停电范围，并对县调值班组定期进行配网自动化系统培训。参与及监督自动化系统新建或扩建的有关工作；负责配网自动化设备检修计划的编制、上报和执行工作。

配网工作站负责通过配网自动化系统、负控采集系统、GIS 系统等信息化系统实时监控配网运行情况，定期分析、公布并监督其落实情况；负责对馈线数据进行统计分析，根据线路实时负荷、运行数据制订、审核、调整电网运行方式，确保电网安全、经济、高效运行；并向生技部报备案，定期上报电网运行报告。协助生技部建立、更新配网线路设备台账，分析评估设备运行状态，定期向生技部上报设备健康运行评估报告；负责调管配网运行中的设备许可操作、安全自动装置的运行以及 10kV 线路、配电变压器调管工作；负责受理客户电话询问、业务咨询、故障报修、投诉举报以及客户回访等；负责发布停电、预警等各类信息。

7.3.1.1 信息流转

配网工作站监视 10kV 及以下线路、配电变压器运行情况，并在故障时进行故障范围判断。当有用户咨询或者投诉等业务时，配网工作站也要对其进行解答。因此配网工作站要准确判断故障范围、确认故障等级，为故障抢修提供必要的信息支持，确保故障抢修班组安全、准确、高效地开展抢修工作，配网工作站需要进行广泛的信息融合，图 7-76 为配网网格化管理信息流转图。

配网工作站能够接收到的信息分为三大类：① 外部信息，包含天气、交通、道路以及通信信号强度等。② 电网运行状态，这一类信息通过配网自动化系统、负控采集系统、配电 GIS 系统监盘。③ 用户客户反馈信息，这一类信息通过"12398"能源监管热线、"96789"客服热线、客户投诉来信来访等。

以上三大类信息可分为主动性信息和被动性信息，其中电网运行状态类属于主动信息，外部信息和用户客户属于被动信息。配网工作站将这些信息进行整合分析，为配网运行管理和事故应急处置提供信息支撑。

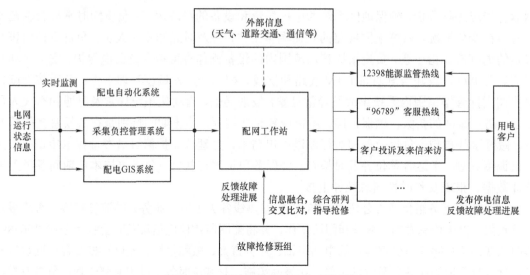

图 7-76 配网网格化管理信息流转图

7.3.1.2 信息发布

计划停电信息可通过微信公众平台、广播电视台、公司及政府门户网站、易信通平台、电话通知、停电公告栏、村委会广播、台区微信群等形式进行公告通知。

故障停电信息 10kV 客户可通过易信通平台或电话通知，0.4kV 客户可通过台区微信群通知等形式进行公告通知。图 7-77 为停电信息发布。

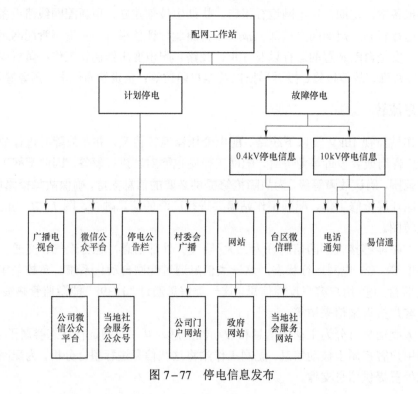

图 7-77 停电信息发布

7.3.1.3 计划管理

10kV 运维班、供电所向生产技术部上报检修计划，生产技术部审核后编制检修计划。配网工作站依照检修计划，按规定时限对外发布停电信息，并按计划时间预通知生产班组准备。生产班组按照检修计划开展停电检修工作，若计划无法按期执行则向生产技术部申请延期或取消，生产技术部审核批准后调整检修计划并告知配网工作站。配网工作站通过信息化系统对配电网停电信息进行监测，并对照检修计划判断电网停电情况。若停电为计划停电则计入计划执行率统计；若非计划停电则报生产技术部询查停电原因，生产技术部依照相关制度对故障停电、无计划作业等进行处理并将查明的停电原因通报配网工作站，配网工作站汇总数据完成供电可靠性分析。图 7-78 为计划管理流程。

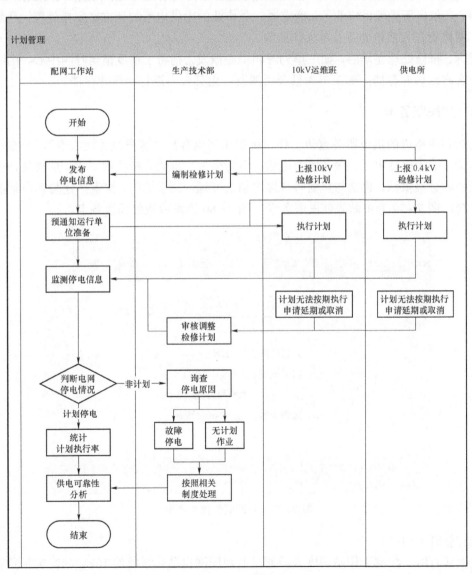

图 7-78　计划管理流程

7.3.1.4 话务管理

客户拨打"96789"客服热线进行业务咨询，应由"96789"呼叫中心客服人员直接答复。客户拨打"96789"客服热线进行投诉、报修，呼叫中心判断是否为重复投诉、报修，若非重复信息，则生成工单派发至县公司配网工作站；若为重复信息则合并工单。

若配网工作站、网格责任人（0.4kV 运维工/10kV 运维工）、供电所、10kV 运维班收到客户咨询业务后，不能拒绝答复。可以准确答复的按照相关法规制度进行答复，不能准确答复的及时向上级汇报，由上级部门安排专人答复。

网格责任人（0.4kV 运维工/10kV 运维工）供电所、10kV 运维班受理客户报修业务后，及时向配网工作站汇报，配网工作站依照故障处置流程判断处置，指导抢修同时上报"96789"呼叫中心。供电所受理报修业务，确定属三类作业的由供电所制订方案安排处置，严禁抢修班组、网格责任人擅自处置及单人作业等。

投诉、报修处理完毕后，如工单为呼叫中心派发，则将工单反馈至呼叫中心，由呼叫中心进行客户回访并存档；如工单为县公司派发，由县公司进行回访并存档。

7.3.1.5 便民服务卡

为加强网格内的供电服务宣传工作，可制作用电客户"客户服务连心卡"，公布片区联系人电话、故障报修电话、服务监督电话、电力微信二维码。按照网格化、层次化，引导客户实行故障分级报修，建立与重要客户停电信息互通、共享机制，探索搭建与客户新的信息沟通平台。图 7-79 为张贴版便民服务卡。图 7-80 为发放版便民服务卡。

图 7-79 张贴版便民服务卡

运行管理应用：

电网运行时，配网工作站调度人员通过监视配网自动化系统的 10kV 馈线实时负载率，对所管辖区的 10kV 重载线路进行管理，图 7-81 为 10kV 馈线实时负荷表。

图 7-80　发放版便民服务卡

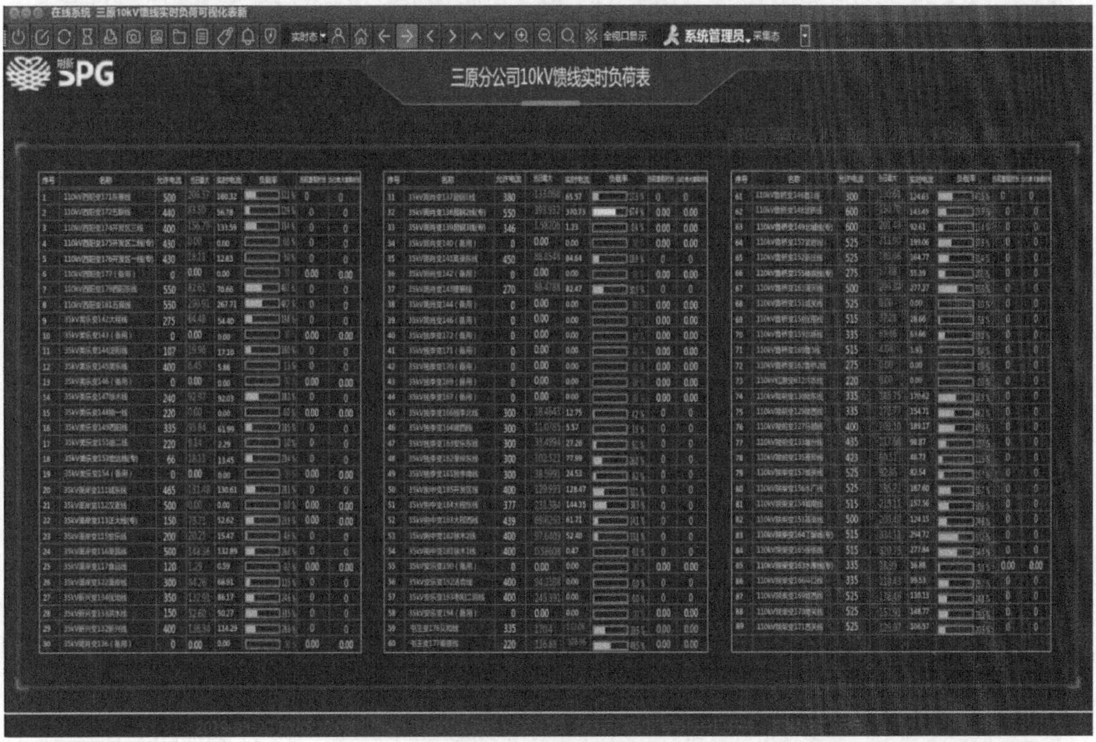

图 7-81　10kV 馈线实时负荷表

重点关注红色线路的负载率，必要时做好负荷转移工作，通过 10kV 线路环网图查找该重载线路的联络线路，图 7-82 为 10kV 线路负荷转供联络图。

从图 7-82 可以得知联络开关位置、重载线路以及负荷转移线路的智能开关位置以及负荷大小。

通过变电站简易一次接线图可以查找负荷转移线路的母线电压以及主变压器负载率是否具备接收重载线路冗余负荷的能力。图 7-83 为变电站一次接线简易图。

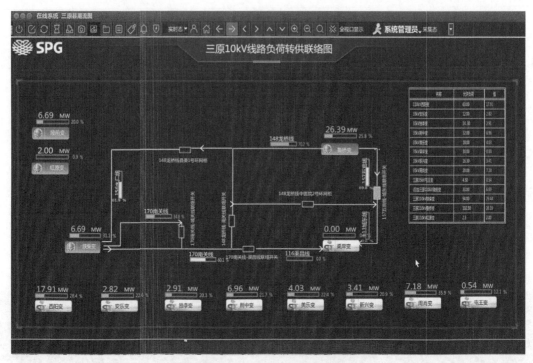

图 7-82　10kV 线路负荷转供联络图

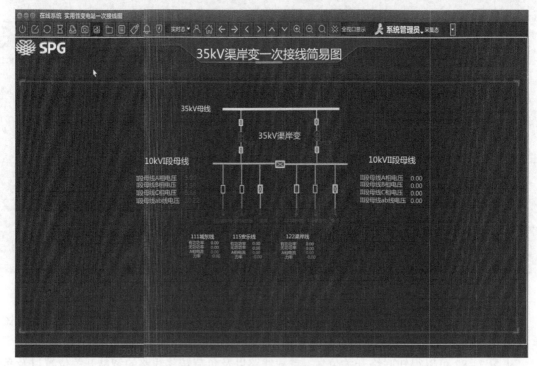

图 7-83　变电站一次接线简易图

通过计算可以得出联络线路变电站具备转移负荷能力,转移线路的变电站出线开关也具备负荷接纳能力。

负荷转移的时候有两种方法：① 传统的先拉分重载线路的智能开关，然后将联络开关置为合位。② 合环供电方式，即先将联络开关置为合位，然后断开重载线路智能开关。

7.3.2 配网运行网格化管理

配网运行网格化管理体系由决策层、管理层、执行层三部分组成。图 7−84 为配网运行网格化管理架构。

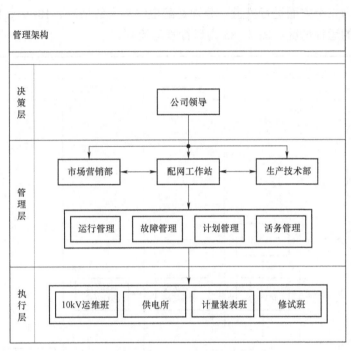

图 7−84　配网运行网格化管理架构

决策层为公司领导班子，负责网格化管理体系的总体把控及重大事项决策。管理层由配网工作站及相关管理部门组成，负责日常配网运行管理、事故应急处置及相关客户服务管理工作。其中配网工作站作为配网运行网格化管理的核心机构，其主要职能包括运行管理、事故管理、计划管理、话务管理四个方面，对电网运行方式、电网负荷、自动化装置投切、三率、采集监盘、停电计划执行、线路设备和计量故障情况以及"96789"客服热线反馈分析等内容进行通报，为配网运行管理部门的配网运行管理工作决策提供信息支撑。当发生故障时，配网工作站接到报修任务后，通过客服热线话务信息、信息化系统监测到的电网运行状态信息交叉比对判定故障点、故障大小和级别报管理部门，并协助管理部门指导相应班组进行故障处置。执行层包括 10kV 运维班、供电所、计量装表班、修试班等生产班组，负责工作的具体落实。

10kV 运维班负责 10kV 电网运维管理，供电所负责 0.4kV 电网运维管理。在此基础上根据线路走径区域、电压等级等情况，因地制宜对 10、0.4kV 电网分层网格化划分，并按照现有 10kV 运维班（组）、供电所的人员、设备、站址对应设置抢修班组，为了能更好地缩短抢修时间，提高故障处理能力，依据"不增加人员"和"管理机制不变"的原则。根据线路走径区域、电压等级等情况，因地制宜对 10、0.4kV 电网分层网格化划分，并按照现有 10kV 运维班（组）、供电所的人员、设备、站址对应设置抢修班组，馈路、台区责任到人，做到"服务有网、网中有格、格中有人"，保证抢修体系运转高效。

三原县供电分公司按照实际情况将该辖区所管10kV线路分为1个运维班和4个运维组。将 0.4kV 线路按照实际情况分为 11 个供电所。

7.3.3 运行管理

运行管理分为三个方面进行监盘，分别是配电终端上线情况、10kV 线路负载率越限情况、配电变压器的运行情况。图 7-85 为运行管理流程。

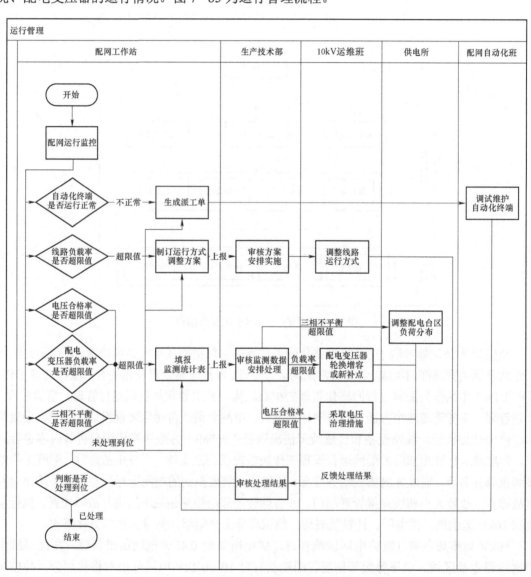

图 7-85 运行管理流程

配网工作站通过配网自动化系统、负控采集系统、配电 GIS 系统对电网运行情况进行监管。该类主动信息占据配网工作站接收信息量的 80%多，配电终端上线情况直接影响主动信息的获取。如果配电终端离线或运行状态异常，那么配网工作站生成相应派工单。由配网自动化班对终端进行维护和调试，调试完成后配网工作站通过信息化系统（生产管理系统）对处理结果进行核查。如果未处理到位则由配网自动化班继续调试处理。

配网工作站通过多系统对 10kV 线路进行监管。如果线路负载率超过限值则制订运行方式调整方案并上报至生技部，生技部对方案审核确认后安排 10kV 运维班组实施运行方式调整，配网工作站通过多系统对越限值线路进行监盘与核查。如果没有达到预期效果或者未执行到位的优化方案，由生技部重新安排实施。

配网工作站通过多系统判断电压合格率、配电变压器负载率、三相不平衡率、最大负载率是否超过限值。如果超过限值，就将相关监测数据信息统计汇总并上报生技部，生技部对监测数据审核确认后安排相关班组进行处理。配网工作站通过多系统对各个班组处理结果进行核查。如果未处理到位，那么将监测数据上报生技部，由生技部重新安排处理。

7.3.3.1 配网自动化系统

配网自动化系统对 10kV 线路进行监盘，能够分析重载线路运行情况。图 7-86 为配网自动化系统监盘。

配网工作站调度值班员通过 10kV 馈线实时可视化表对线路进行监盘。通过颜色预警，其中负载率小于 60% 为绿色，60%～70% 为黄色，70%～85% 为橙色，85% 以上为红色。值班人员只需关注红色线路，即重载线路。将重载线路报告生技部，生技部指挥各班组按照预定方案调整线路运行方式，并转移负荷。配网工作站在线路运行方式调整后继续监控。

如果重载线路没有及时得到应对，那么市调将通过电话询问的方式了解负荷应对措施。

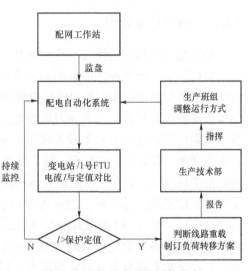

图 7-86　配网自动化系统监盘

7.3.3.2 负控采集系统

配网工作站值班员使用负控采集系统进行监盘，定期公布三相不平衡配电变压器，筛选电压合格率没有达到要求的配电变压器，公布所有台区变压器的最大负载率，将零序电流大于 70A、电压合格率不足 90%、最大负载率超过 100% 的台区配电变压器公布。上报生技部，由生技部通知相关站所。生技部安排相关站所制订整改计划进行整改。整改完成后配网工作站对相关配电变压器台区运行数据进行复核，如果整改不到位则继续公布问题台区，并由生技部继续组织整改直至台区运行情况良好。

另外，各个分公司管理供电所的职能部门不尽相同。配网工作站通过采集负控系统监测终端电压、电流及专变负载率，对数据异常的台区（客户）进行统计汇总，上报市场营销部，由市场营销部安排相关班组核查处理。

7.3.4 故障管理

故障管理通过系统主动上报故障信息和用户咨询停电原因两方面进行讨论。

7.3.4.1 主动信息处理

配网工作站主动信息的来源主要是配网自动化系统故障报警和负控采集系统随抄功能的已上送信息。配网工作站人员根据相关信息判断停电范围，并通过"96789"平台向故障影响台区发送停电信息，然后将停电信息报送至生产技术部，由生产技术部根据停电范围以及故障范围等级指挥对应抢修班组开展事故应急处理。10kV 运维班、供电所等抢修班组收到任务后按照事故应急处置预案开展事故处置，并及时向配网工作站通报抢修进度。配网工作站及时对外发布故障信息及抢修进度，并将相关信息向市公司"96789"呼叫中心进行通报。事故处理完毕后，抢修班组及时向生产技术部反馈处理结果，生产技术部对处理结果审核确认。配网工作站通过多系统对事故处理结果进行核查，如果未处理到位则报告生产技术部继续安排处理，如果处理完毕则将相关故障恢复信息向市公司"96789"呼叫中心进行报送。

7.3.4.2 被动信息处理

如果配网自动化系统没有主动动作，而客服接洽员却接到用户报送停电信息，那么此时通过负控采集系统随抄功能判断故障范围，向用户回复停电原因。并向生技部报送停电信息，由生技部根据停电范围组织 10kV 运维班组或供电所进行故障处理，10kV 运维班、供电所等抢修班组收到任务后按照事故应急处置预案开展事故处置，并及时向配网工作站通报抢修进度。配网工作站及时对外发布故障信息及抢修进度，并将相关信息向市公司"96789"呼叫中心通报。事故处理完毕后，抢修班组及时向生产技术部反馈处理结果，生产技术部对处理结果审核确认。配网工作站通过多系统对事故处理结果进行核查，如果未处理到位则报告生产技术部继续安排处理，如果处理完毕则将相关故障恢复信息向市公司"96789"呼叫中心进行报送。图 7-87 为故障管理流程。

故障管理中需要进行故障判定，需要明确的是配网自动化系统负责 10kV 线路的信息采集，负控采集系统负责 0.4kV 层面变压器计量终端的数据采集。

7.3.4.3 故障范围判定

故障范围的判定是结合配网自动化系统和负控采集系统进行多系统融合判定。在此分为配网自动化系统有故障动作和配网自动化系统没有故障动作两种情况讨论。

1. 配网自动化系统有故障动作

配网工作站收到客户报修信息后通过配网自动化系统监测线路运行状态，FTU、故障指示器动作，能够判断停电原因为 10kV 馈线跳闸所至。然后通过负控采集系统对故障范围进行复核，确认后报生产技术部，并由生产技术部指挥运维班抢修。图 7-88 为配网自动化系统故障监控流程图。

配网工作站值班员（值班长）对负控采集系统进行监盘。FTU、故障指示器动作，通过负控采集系统复核故障指示范围，若范围基本一致，则确认为 10kV 故障，否则判断为误动，继续

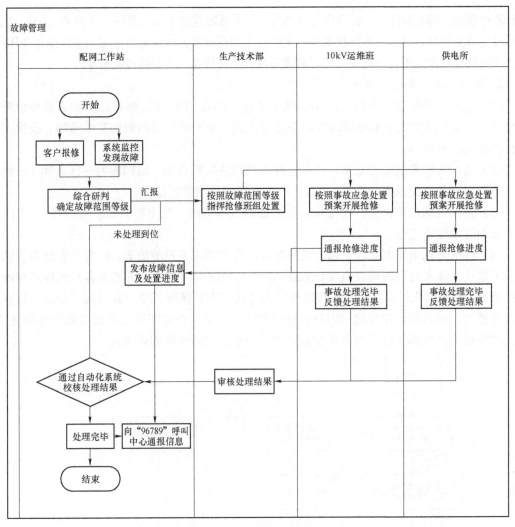

图 7-87 故障管理流程

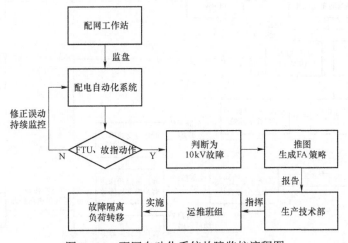

图 7-88 配网自动化系统故障监控流程图

保持监控状态。确认故障后，配电自动化系统对相关故障线路单线图推图，并报FA策略。配网工作站将故障告警信息报告生产技术部。生产技术部指挥相关运维班组（配网工作站自动化班）人工（遥控）操作配电自动化设备进行故障隔离、负荷转移，并安排故障抢修。

2. 配网自动化系统没有故障动作

（1）配网自动化系统监控故障指示器未动作、FTU 未动作，则通过负控采集系统对报修台区（专变）同支线采集终端运行状态进行监测，全部离线则判断为支线故障，报生产技术部指挥运维班抢修。

（2）支线其他终端运行正常，该台区终端离线或缺相失压，则判断为台区故障（三相跌落式熔断器断开或变压器故障等），报生产技术部指挥运维班抢修。

（3）台区终端电压正常，无电流，则判断为低压故障（配电柜总保护跳闸等），报生产技术部指挥供电所抢修。

（4）台区终端电压电流均正常，则判断为低压支线或下户故障等。如客户表计为智能电能表可通过采集系统召测同表点表计数据，若全部抄回则判断故障可能为客户漏报跳闸或内部故障等。若全部未抄回，则判断故障可能为表箱总保护跳闸或下户线故障。若除报修客户外均可抄回，则判断故障可能为客户表计烧毁等。三类作业由配网工作站通知供电所处理，其余故障报生产技术部指挥供电所抢修。图7-89为故障范围判断流程。

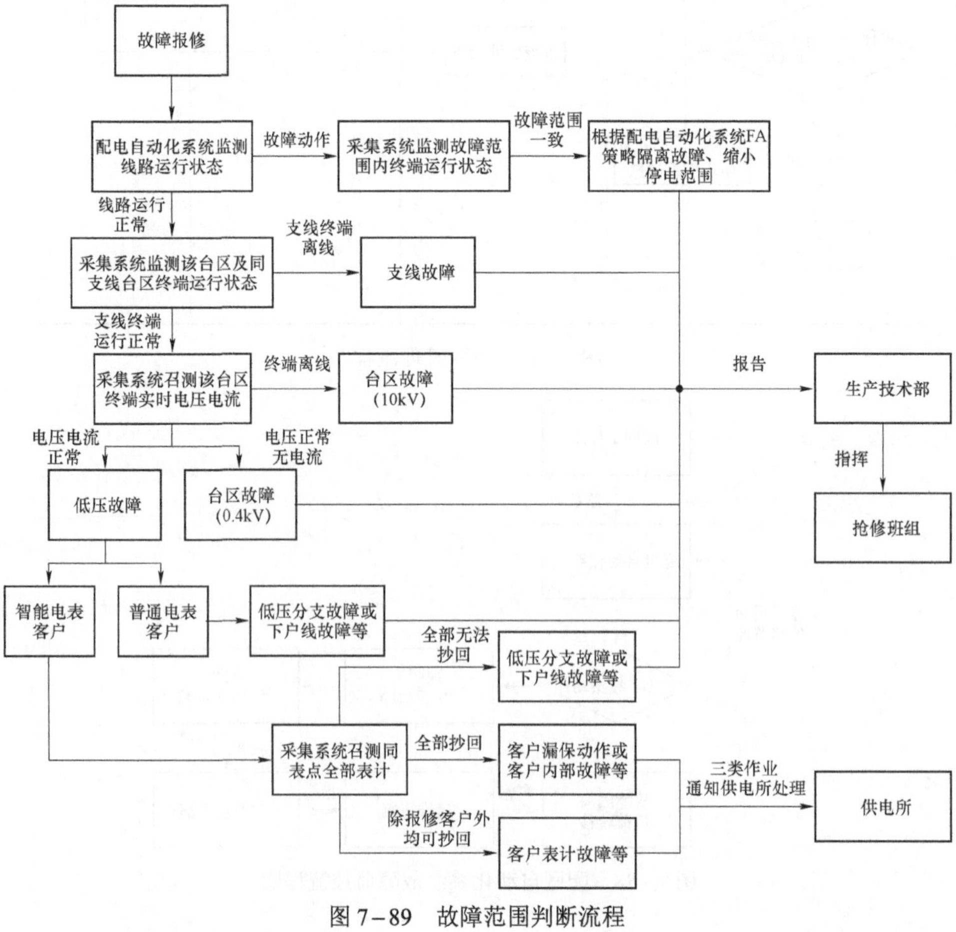

图7-89　故障范围判断流程

负控采集系统弥补了配网自动化系统只能监控 10kV 馈线的电流、电压数据的短板，在 0.4kV 线路层面进行了数据补充，将故障范围缩小至台区范围甚至到具体用户，极大提高了故障处理的精准性。

7.3.4.4 抢修工单流转

客户通过"96789"客服热线、抢修热线、片区责任人电话等形式报修故障，统一由配网工作站受理，并生成抢修工单。配网工作站通过配网自动化系统、负控采集系统等信息化系统判断确认故障范围、故障等级。配网工作站通过技术交流群将故障信息报告生产技术部，并向抢修班组派发抢修工单。生产技术部指挥抢修班组开展抢修工作。抢修班组及时向配网工作站反馈抢修进度，抢修完成及时反馈工单。配网工作站做好相关信息发布工作，并对工单进行收录留存。图 7-90 为配网运行网格化管理工单流转流程图。

工单流转实现了异常设备上传信息、运行人员接收信息、运行人员将信息处理后按照网格化管理要求分派工单管理异常设备，最终实现闭环管理。

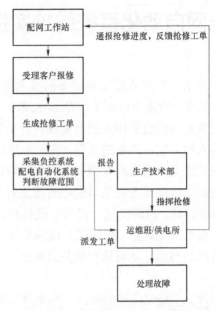

图 7-90 配网运行网格化管理工单流转流程图

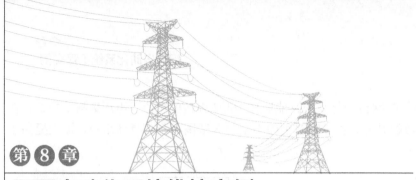

第 8 章

配网自动化系统维护实例

　　本章首先讨论配电终端如何接入配网自动化系统，所涉及的流程有准备阶段和调试阶段。对两个阶段中远程工作站和主站涉及的方面进行描述。在准备阶段中远程工作站的工作人员需要提供设备接入的前期保证，例如可以正常通信的 SIM 卡，配网自动化系统数据库中输入相关配电终端的参数，在配电终端输入与系统数据库一致的通信参数等。准备阶段中主站工作人员需要向终端负责人提供标准点表以及规约规范。在调试阶段远程工作站工作人员与配电终端或者主站与配电终端进行对点。通过配电终端接入配网自动化系统这一流程的分析和描述，梳理出这一流程中硬件和软件以及程序对配电终端上线的影响，总结出配网自动化系统常见问题。在保证上线的流程基础上，根据存在问题的表面现象去反演硬件或者软件存在的问题，从而达到维护系统的目的。

8.1　配电终端接入配网自动化系统

　　配网自动化系统建立在配电终端层的基础上，配电终端层设备有 FTU、故障指示器、DTU 等。本章将以 FTU 为例，讨论新接入一台 FTU 时，远程工作站和主站分别需要哪些工作，并以此为流程研究 FTU 上线的细节。

　　FTU 接入前需要进行准备工作和调试工作，其中准备工作分为终端准备和主站准备两方面。调试工作有现场和主站遥信上线确认、遥信量和遥测数据的对点等。

8.1.1　准备阶段

　　准备工作分为终端和主站两个方面，表 8－1 为准备工作流程。

表 8－1　　　　　　　　　　　准 备 工 作 流 程

序号	终端	主站
1	向主站索取标准点表	规定标准点表
2	向主站索取通信规约具体细节	制定通信规约具体细节
3	准备开通业务的 SIM 卡	
4	输入 IP 地址、端口号、链路地址	复制标准点表模板，建立对应终端的名称、IP 地址、端口号、链路地址
5		建立 FTU 对应间隔图，方便对点使用

　　准备工作需要制定通信点表，点表的作用是规范配电终端向主站发送数据的标准，配电终端层类型较多，其二次采集数据需要就地设置参数，通过输入已知遥测数据计算参数。点

表所括遥测量、遥信量、遥控量点表。表 8-2 为遥测量点表。

表 8-2 　　　　　　　　　　遥 测 量 点 表

序号	遥测信息名称	单位	备注（信息体地址）
0	A 相电压	kV	4001H
1	B 相电压	kV	4002H
2	C 相电压	kV	4003H
3	AB 线电压	kV	4004H
4	BC 线电压	kV	4005H
5	A 相电流	A	4006H
6	B 相电流	A	4007H
7	C 相电流	A	4008H
8	零序电流	A	4009H
9	有功功率 P	kW	400AH
10	无功功率 Q	kvar	400BH
11	功率因数		400CH
12	电池电压 Vbat	V	400DH

注　电流、温度遥测值精度取小数点后 1 位小数，频率取小数点后 3 位小数，其他遥测值精度取小数点后两位小数。

遥测量点表将 12 个遥测数据的单位、排列顺序，以及信息体地址进行规范。其中信息体地址指的是 101 规约中报文的信息体地址。表 8-3 为遥信量点表。

表 8-3 　　　　　　　　　　遥 信 量 点 表

序号	遥信信息名称	状态描述		备注
1	事故总	动作	复归	0001H
2	开关合位	合	分	0002H
3	开关分位	合	分	0003H
4	开关未储能	动作	复归	0004H
5	电池活化	动作	复归	0005H
6	交流失电	动作	复归	0006H
7	装置告警	动作	复归	0007H
8	远方位置	动作	复归	0008H
9	电池欠压	动作	复归	0009H
10	电源故障	动作	复归	000AH
11	过流Ⅰ段动作	动作	复归	000BH
12	过流Ⅱ段动作	动作	复归	000CH
13	过流Ⅲ段动作	动作	复归	000DH
14	过负荷告警	动作	复归	000EH
15	接地告警	动作	复归	000FH
16	保护投入	动作	复归	0010H

遥信量点表规范了 16 个遥信量，定义了信息体地址。表 8-4 为遥控量点表。

表 8-4 遥 控 量

序号	遥控信息名称	状态描述		备注
1	开关合位	合	分	6001H
2	电池活化	动作	复归	6002H
3	保护总复归	动作	复归	6003H

遥控量点表规范了 3 个遥控信息名称，定义状态描述，其中"合"为"1"，"分"为"0"。"动作"为"1"，"复归"为"0"。

另外，根据不同地区不同主站要求，链路地址、公共地址、信息地址、传送原因要求也不一样，这些要求都需主站制定规范，并将点表以及规约细节发送至配电终端技术人员。

远程工作站工作人员需要与运营商联系，获得一个正常业务的 SIM 卡，保证该卡能够正常收发数据。通过串口调试软件，测试 SIM 卡是否上线。

终端厂商技术人员按照主站点表以及规约要求输入 FTU 的 IP 地址、端口号、链路地址。

远程工作站工作人员需要根据要求向数据库中增加该 FTU 的资料，具体操作是，复制点表，修改名称、IP 地址、端口号、链路地址。这部分内容在本节配网自动化系统的数据建立中进行介绍。

数据库中已经有该设备的资料后，还需要远程工作站人员建立该设备的间隔图，方便后续遥信、遥测、遥控对点。图 8-1 为 156 水厂线 21 号杆分段开关间隔图。

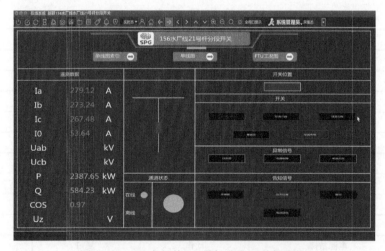

图 8-1　156 水厂线 21 号杆分段开关间隔图

开关间隔图分为开关遥测数据量、开关遥控操作点、通道状态、开关位置、开关告警等。根据集团公司要求智能开关遥控操作必须在开关间隔图中完成。

8.1.2　调试阶段

准备阶段结束后，接下来将进入调试阶段，调试阶段流程如表 8-5 所示。

表 8-5   调 试 阶 段 流 程 图

终端	主站	
启动 FTU，向主站发送建立链路请求	前置机	建立连接
采集现场数据，发送至前置机		发送和解析数据报文
	反向隔离	将数据Ⅲ区传输至Ⅰ区
	SCADA 服务器	将配电终端采集到遥测数据的原始数据转换为 10 进制数据

FTU 启动，向主站发送建立链路请求，此时前置机的三个程序启动工作，分别是 LINKSERBER、101MASTER、外网代理。其中 LINKSERVER 程序完成链路建立任务。链路建立后，101MASTER 完成发送和解析报文的任务。外网代理将解析后的报文放置在反向隔离指定的文件目录下，等待反向隔离传输文件。

反向隔离将文件传输至Ⅰ区的 SCADA 服务器后，SCADA 服务器的内网代理读取反向隔离发送的文件，进行解析并写入实时库中，此时数据为原始值，即 16 进制的数据，SCADA 服务器将原始值转化为 10 进制数据。

前置机收到链路建立要求并成功建立链路后则认为该设备已经上线。因此 FTU 的上线状态为实时状态。而故障指示器的上线并不是实时状态，需要启动Ⅰ区的状态统计程序重新计算得来。

8.2 配网自动化系统的数据建立

数据库的操作分为增、删、改、查四部分，本节讨论数据库增加内容的流程。本节以咸阳供电分公司与国电南自合作开发的配网自动化系统 DS6000 为例介绍数据建立过程。

配网自动化系统录入数据库分为两部分：一部分是配电终端录入，即 FTU 和故障指示器录入。另一部分是 GIS 单线图录入。配网自动化数据库录入如图 8-2 所示。

图 8-2 配网自动化数据库录入

其中配电终端录入使用数据库工具，GIS 单线图录入使用 GIS 导入工具。

8.2.1 配电终端录入数据库

8.2.1.1 FTU 录入数据库

点击左下角 SPG 图像，选择维护程序栏的数据库工具，进入数据库配置器，如图 8-3 所示。

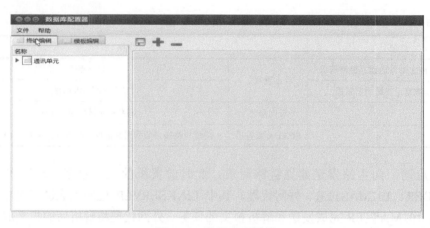

图 8-3　数据库配置器

点击通信单元左边三角键，展开通信单元树目录，点击长武县左边三角键，将长武县的树目录展开。鼠标右键点击长武县，选择模板添加终端，数据库配置器如图 8-4 所示。

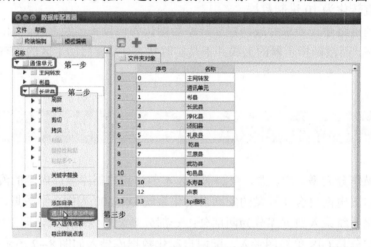

图 8-4　数据库配置工具

根据添加 FTU 所属厂商选择名称，填写 FTU 的终端名称，A 网 IP 地址，A 网端口号，模板导入如图 8-5 所示。

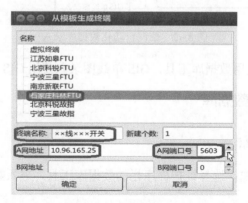

图 8-5　模板导入

数据库生成后，按照链路地址，A 网 IP 地址、端口号输入相应数值，FTU 数据配置如图 8-6 所示。

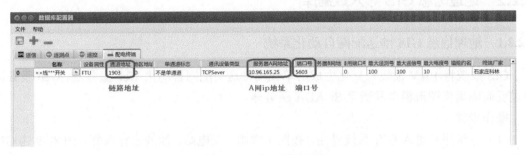

图 8-6　FTU 数据配置

填写完毕后，点击左上角保存按键。

8.2.1.2　故障指示器录入数据库

数据库配置器中，点击通信单元左边三角键，展开通信单元树目录，点击长武县左边三角键，将长武县的树目录展开。鼠标右键点击长武县，选择模板添加终端，方法同 FTU 接入。

根据添加故障指示器所属厂商选择名称，填写故障指示器的终端名称、A 网 IP 地址、A 网端口号，故障指示器模板导入如图 8-7 所示。

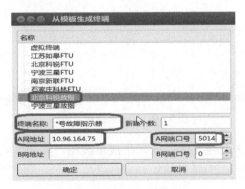

图 8-7　故障指示器模板导入

数据库生成后，按照链路地址，A 网 IP 地址、端口号输入相应数值，数据库输入开关信息如图 8-8 所示。

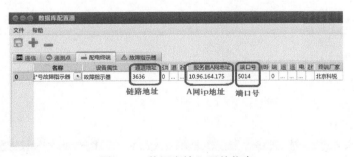

图 8-8　数据库输入开关信息

填写完毕后，点击左上角保存按键。

8.2.2 地理信息 GIS 导入数据库

8.2.2.1 地理信息 GIS 推送配网自动化系统

GIS 系统将 10kV 馈线正交化生成的单线图推送至配网自动化 Web 服务器，Web 服务器通过反向隔离将图形模型发送至 SCADA 服务器。

操作步骤：

（1）登录账户进入 GIS 系统界面，按照运维组、变电站、馈线进行选择，图 8-9 为 GIS 系统树目录。

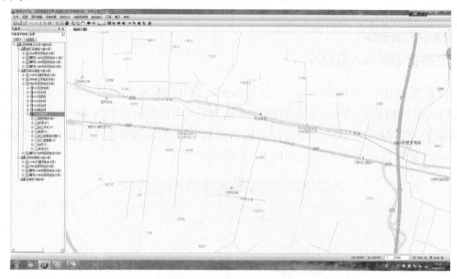

图 8-9　GIS 系统树目录

（2）右键馈线名称 121 石西 Ⅱ 线，选择生成单线图，如图 8-10 所示。

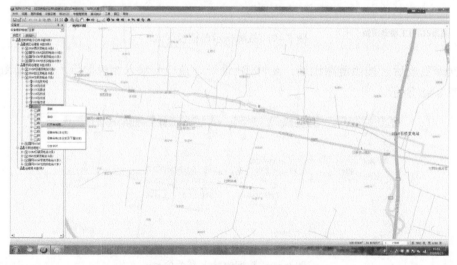

图 8-10　GIS 系统生成单线图

（3）点击左上角文件，展开对话框点击同步线路图模到配网自动化系统，GIS 系统单线图如图 8-11 所示。

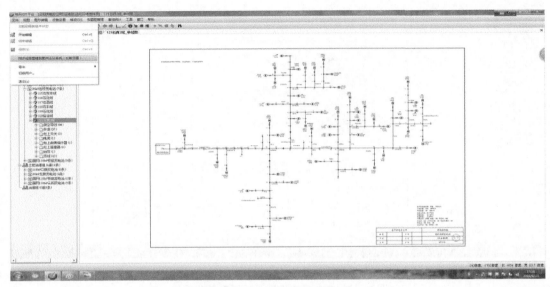

图 8-11　GIS 系统单线图

（4）弹出对话框、待处理的对象列表，按照 10kV 馈线所在变电站进行勾选，点击数据同步，勾选变电站，如图 8-12 所示。

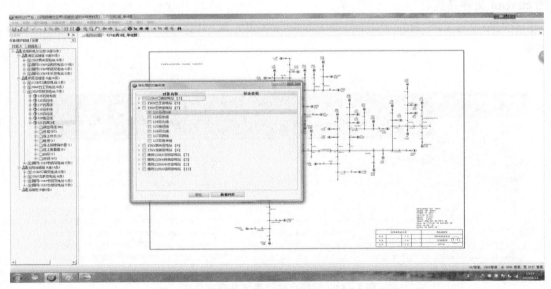

图 8-12　勾选变电站

（5）单线图成功传入配网自动化系统 Web 服务器后，会出现模型变更通知成功（绿色），确认数据同步完成，GIS 系统推图至配网自动化系统如图 8-13 所示。

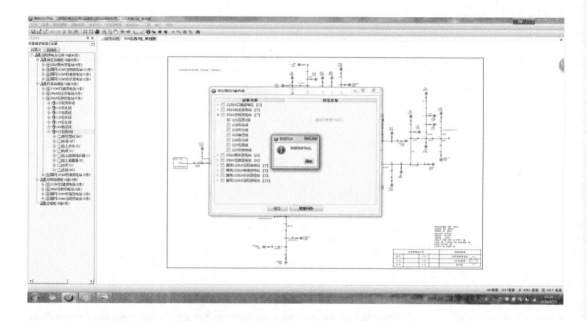

图 8-13　GIS 系统推图至配网自动化系统

8.2.2.2　地理信息 GIS 导入数据库

当单线图通过 GIS 系统推送至配网自动化 Web 服务器后，通过共享机制，存放在 share 的 cimxml 文件夹里。

查询路径为 CPS_Project/ubuntu/data/share/cimxml/，配网自动化系统共享文件夹如图 8-14 所示。

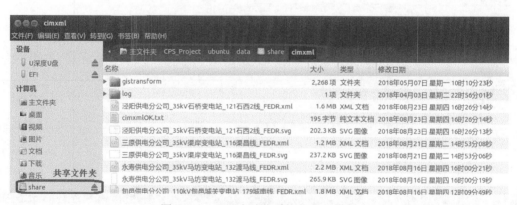

图 8-14　配网自动化系统共享文件夹

点击图 8-15 GIS 服务功能图中左下角 SPG 图标，选择维护程序里的 GIS 导入。

图 8-15　GIS 服务功能图

输入密码后，弹出具有选择模型导入和导入路径等功能的对话框——GIS 服务，如图 8-16 所示。

图 8-16　GIS 服务对话框

点击模型选择，在弹出的对话框中选择需要导入数据库的单线图模型，图 8-17 为单线图模型列表。

图 8-17　单线图模型列表

点击导入路径，弹出对话框中选择相应 GIS 县公司名称，图 8-18 为各公司名称列表。

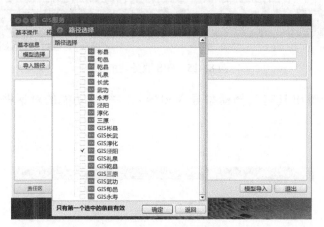

图 8-18　各公司名称列表

点击责任区，勾选相应县局名称，图 8-19 为责任区划分。

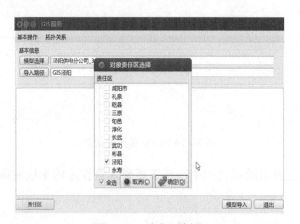

图 8-19　责任区划分

点击模型导入，弹出馈线首端点选择，勾选连接设备类型列有开关字样以及名称列有单线图数字名称的一行，关联出线开关，如图 8-20 所示。

图 8-20　关联出线开关

点击图 8-20 中的选择，单线图导入数据库中。导入完成后，需要拓扑关系检查。点击拓扑关系，选择拓扑校验，如图 8-21 所示。

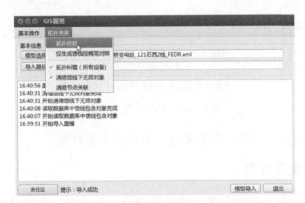

图 8-21　拓扑校验

弹出路径选择对话框，勾选 GIS 县局单线图所在变电站，点击确定，图 8-22 为变电站列表。

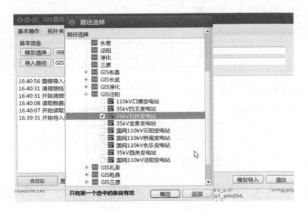

图 8-22　变电站列表

拓扑关系检查无误后关闭 GIS 服务对话框，完成单线图导入数据库任务。

8.2.3 设备关联

配网自动化系统包含两类数据：一类是 GIS 单线图模型，另一类是配电终端台账。

GIS 单线图模型包括变电站、线路、杆塔、智能开关、非智能开关、故障指示器等图元，其中智能开关和故障指示器没有实际遥信、遥测以及故障变位信息。

配电终端 FTU、故障指示器有遥信、遥测、故障变位信息。但是并没有反映到实际 GIS 单线图中。因此需要手动将这两类数据进行关联，使得 GIS 单线图的智能开关、故障指示器以及变电站出线开关能够准确显示相关遥信、遥测等数据。另外，GIS 单线图的非智能开关、隔离开关等需要关联至虚拟终端，完成在 GIS 单线图的分合置位功能，改变拓扑着色，关联设备关系图如图 8-23 所示。

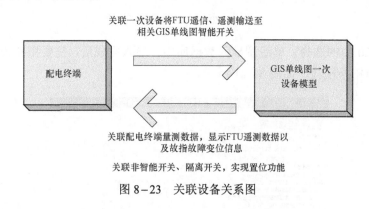

图 8-23 关联设备关系图

设备关联信息使用两个工具，即数据库工具和画图编辑器。

8.2.3.1 数据库工具使用关联

数据库工具完成配电终端的导入、修改和删除。数据库工具通过关联一次设备实现与 GIS 单线图智能开关模型的遥信、遥测数据绑定。

数据库工具关联一次设备分为两类：一是主网转发，关联 10kV 馈线出线开关；二是馈线 FTU。一次设备关联图如图 8-24 所示。

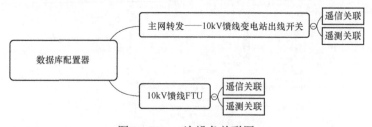

图 8-24 一次设备关联图

数据库工具启动，点击左下角 SPG 图标，选择维护程序，点击数据库工具，进入数据库配置器。

1. 主网转发关联一次设备

（1）遥信关联。在数据库配置器中依次点击通信单元、主网转发的三角图元，选择××县主网转发，在遥信中关联一次设备选择实际投运线路出线开关，右键选择批量关联，如图 8-25 所示。

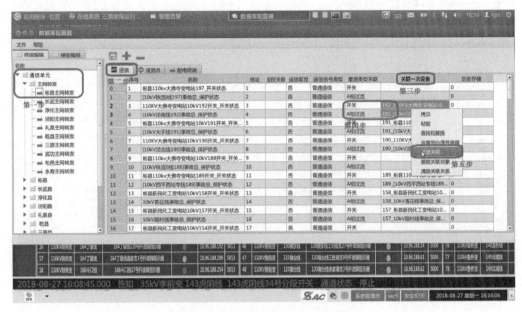

图 8-25　主网转发关联一次设备

弹出对话框中区域选择 GIS××县，厂站选择出线开关所属变电站，电压等级选择 10kV，选择间隔，点击查询，如图 8-26 所示。

在名称一栏中选择馈线所属数字编号，进行关联。

（2）遥测点关联。数据库配置器中依次点击通信单元、主网转发的三角图元，选择××县主网转发，在遥测点中关联一次设备选择实际投运线路出线开关数据，右键选择批量关联，如图 8-27 所示。

弹出对话框中区域选择 GIS××县，厂站选择出线开关所属变电站，电压等级选择 10kV，点击查询，如图 8-26 所示。名称一栏选择线路所属数字名称，此过程同遥信关联一次设备。

2. 馈线 FTU

在数据库配置器中依次点击××县、××线路的三角图元，选择××线路×号分段开关，在遥信中关联一次设备选择实际投运线路开关，右键选择批量关联，如图 8-28 所示。

图 8-26　主网转发关联间隔

弹出对话框中区域选择 GIS××县，厂站选择出线开关所属变电站，电压等级选择10kV，选择馈线，点击查询，如图 8-29 所示。

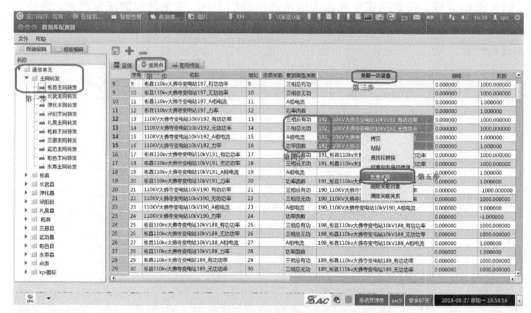

图 8-27　主网转发关联遥测点

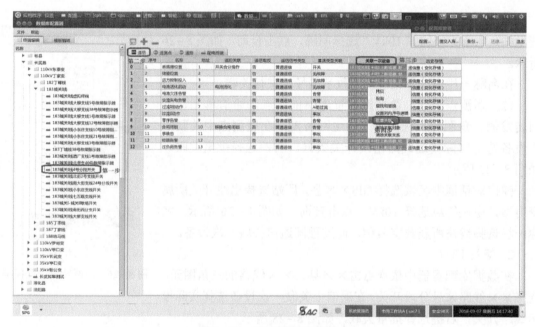

图 8-28　FTU 遥信量关联

图8-29 FTU 关联馈线

在数据库配置器中依次点击××县、××线路的三角图元，选择××线路×号分段开关，在遥测中关联一次设备选择实际投运线路开关，右键选择批量关联，FTU 关联遥信数据图8-30所示。

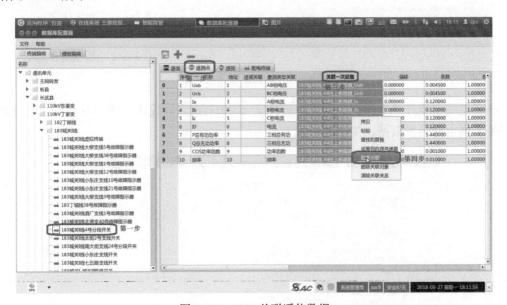

图8-30 FTU 关联遥信数据

弹出对话框中区域选择GIS××县，厂站选择出线开关所属变电站，电压等级选择10kV，选择馈线，找出馈线 FTU 所属线路名称，点击查询，如图 8-29 所示。此过程同遥信关联一次设备。

8.2.3.2 画图编辑器使用关联

画图编辑器进行关联分为三种情况：① 关联 GIS 单线图变电站出线开关和馈线 FTU 的遥测数据。② 关联故障指示器故障信息。③ 关联 GIS 单线图非智能开关等至虚拟终端。

情况一：关联 GIS 单线图变电站出线开关及馈线 FTU 遥测数据。

进入画面编辑器，选择系统图、GIS、××县、××馈线，进入 GIS 单线图的编辑模式，图 8-31 为画图编辑器树目录。

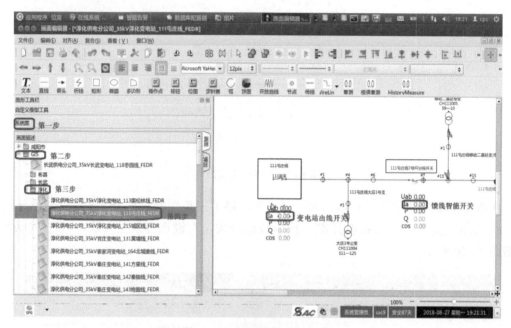

图 8-31　画图编辑器树目录

在变电站出线开关处遥测数据处，选择 I_a 0.00 右击关联设备，弹出对话框，选择该出线开关所属主网转发数据，如图 8-32 所示。

图 8-32　画图编辑关联主网转发遥测数据

点击确定，完成遥测数据的关联。

关联馈线 FTU 遥测数据，选择馈线开关图元下方遥测数据 I_a 0.00 点击右键，关联设备，弹出对话框，选择××县、××变电站、××馈线、××开关、A 相电流，如图 8-33 所示。

图8-33　画图编辑关联 FTU 遥测数据

点击确认，完成遥测数据的关联。

情况二：关联故障指示器。

在画面编辑器中故障指示器图元 🔴，选择××县、××变电站、××线路、××故障指示器、故障指示器，如图8-34所示。

点击确认，完成故障指示器故障信息关联。

情况三：关联虚拟终端。

在画面编辑器里点击系统图、GIS、淳化，找到××县××变电站××线路_FEDR，如图8-35所示。

进入单线图画面编辑状态后，点击查看，选择自动创建二次设备，如图8-36所示。

弹出创建二次设备对话框，其中设备名称中包含有故障指示器、智能开关、变电站10kV 出线开关、跌落式熔断器、非智能开关这五类设备。图8-37为设备关联逻辑图。

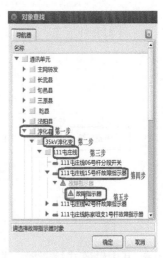

图8-34　关联故障指示器

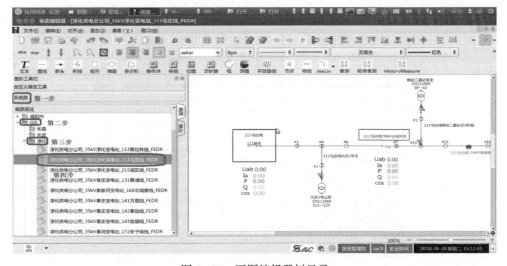

图8-35　画图编辑器树目录

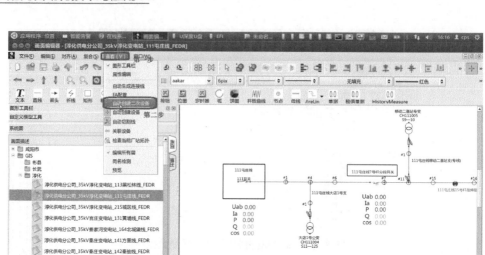

图 8-36　创建二次设备

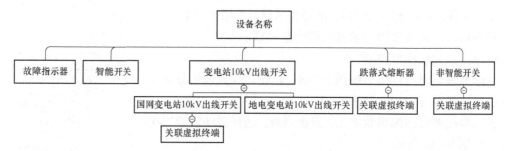

图 8-37　设备关联逻辑图

其中跌落式熔断器、非智能开关、国网变电站 10kV 出线开关需要关联虚拟终端。在弹出对话框中勾选跌落式熔断器、非智能开关，如图 8-38 所示。

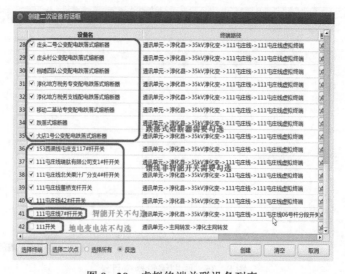

图 8-38　虚拟终端关联设备列表

点击选择终端，弹出对话框 schemaker，将勾选对象关联至馈线所在虚拟终端，如图 8-39 所示。

选择好虚拟终端后，点击确定，在创建二次设备对话框中，点击创建按钮，完成虚拟终端关联。

8.2.4 GIS 拓扑着色

当 FTU 关联一次设备，非智能开关、跌落式熔断器关联虚拟终端后，GIS 单线图上从电源点依次向线路末端置位为开关合位，代表线路带电状态的绿色将依次代替黑色线路。如果出现无法置位的开关，则是没有关联一次设备或者没有关联虚拟终端。GIS 单线图上置位开关合位，可以一目了然观察未着色线路情况，查找未关联开关。

图 8-39 关联虚拟终端

在线系统中打开 GIS 单线图，进入××供电分公司、××变电站、××线路界面。

需要人工置位共有四类：一是跌落式熔断器，二是变电站出线开关，三是馈线智能开关，四是非智能开关。

（1）设置跌落式熔断器分合位置，如图 8-40 所示。选择设置熔断器状态，点击合位，此时单线图上所有跌落式熔断器状态为合位，如图 8-41 所示。

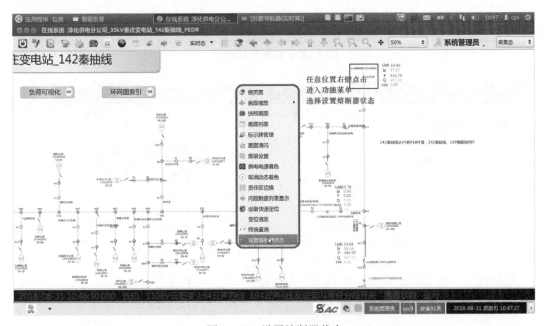

图 8-40 设置熔断器状态

跌落式熔断器分位与合位状态，如图 8-42 所示。

（2）设置变电站出线开关分合位置，如图 8-43 所示。

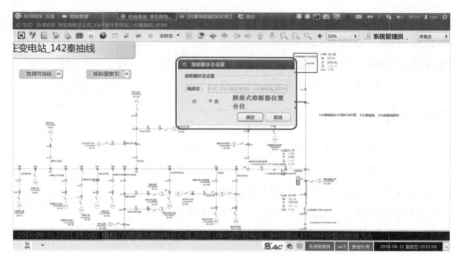

图 8-41　设置熔断器位置

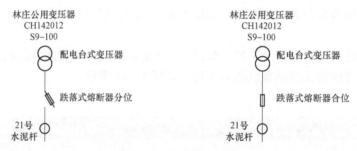

图 8-42　熔断器状态图

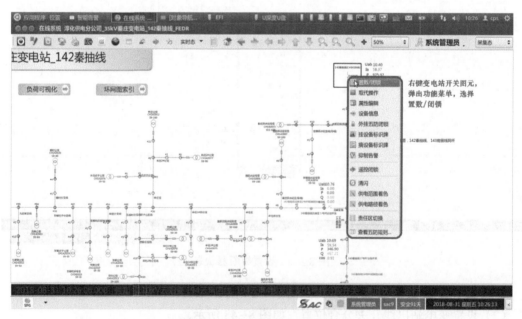

图 8-43　置位变电站出线开关

弹出功能框，其中复位代表 0，即分位；动作代表 1，即合位，选择动作，如图 8-44 所示。

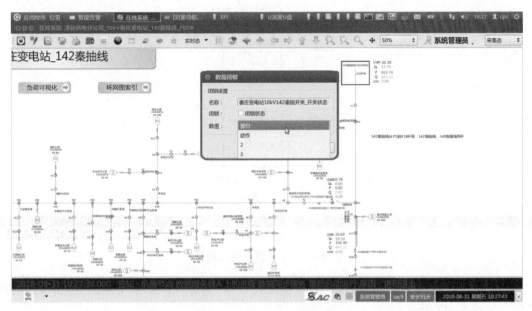

图 8-44　置位出线开关动作

变电站出线开关合闸后，等待稍许时间，前段线路将会出现代表带电的绿色。

（3）在线路未着色地方找到开关，此开关为智能开关，开关状态为分，如图 8-45 所示。右键点击智能开关图元，弹出对话框，选择置位/闭锁，如图 8-46 所示。

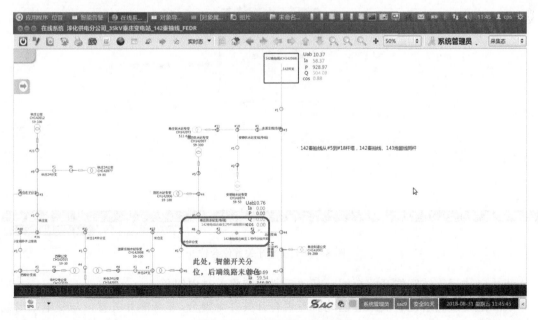

图 8-45　智能开关合位状态

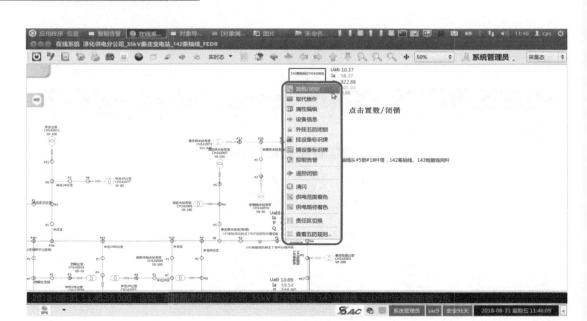

图 8-46　智能开关置位选择

弹出画面，开关合位遥信状态，其中复位代表 0，即分位；动作代表 1，即合位，选择动作，如图 8-47 所示。

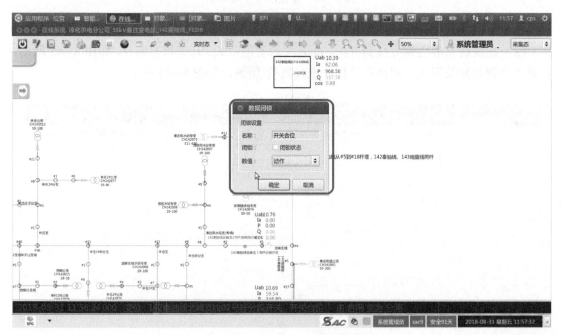

图 8-47　智能开关置位合位

点击动作后，该智能开关合闸，开关后段线路将着带电绿色。

（4）通过线路着色查找未着色地区是否有开关并无置合，非智能开关置位与变电站出线开关置位一样，参考图 8-43 置位变电站出线开关，参考图 8-44 置位出线开关动作。

8.2.5　工具应用

8.2.5.1　实时库工具查询在线情况

遥测数据查询一共有四种方法：① GIS 单线图开关查询遥测数据，如图 8-48 为单线图查询。② 开关间隔图查询遥测数据。③ 实时库工具查询遥测数据。④"三遥"工具查询遥测数据。

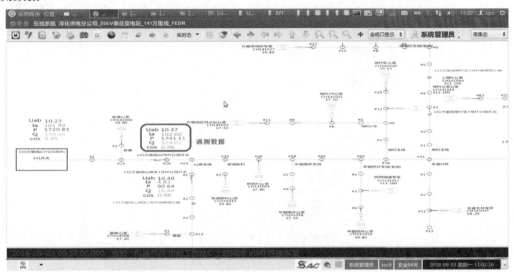

图 8-48　单线图查询

点击开关名称进入间隔图界面，如图 8-49 所示。

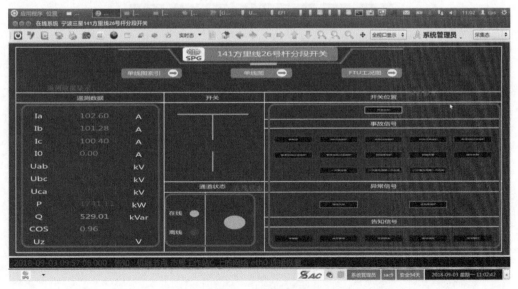

图 8-49　间隔图

其中方法二、三、四还可以查询遥信状态。

实时库工具使用方法：

点击左下角 SPG，选择系统运行，点击实时库浏览，如图 8-50 所示。

图 8-50　实时库查询方法

根据需要查询对象依次展开树目录，双击××线××号杆分段开关，图 8-51 是实时库显示设备在线情况。

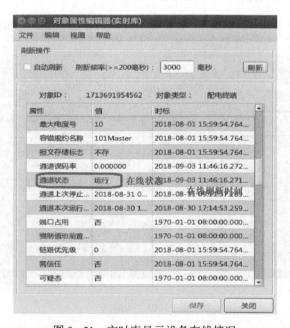

图 8-51　实时库显示设备在线情况

FTU 在线状态通过属性列表查看通道状态，故障指示器在线状态通过属性列表查看在线状态。

点击××线××号杆分段开关的三角键，进入××线××号杆分段开关子目录，包含遥测点、遥信以及遥控点。点击遥测点旁边三角键，选择线路 A 相电流，如图 8-52 所示查询 FTU A 相电流。

双击线路 A 相电流，弹出对话框，图 8-53 为 A 相电流显示。

图 8-52　查询 FTU A 相电流

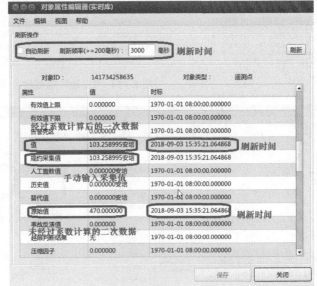

图 8-53　A 相电流显示

原始值为未经系数处理的二次值，值为经过系数处理后的一次值。规约采集值为手动输入采集值、改变值的数据。

实时库刷新特点：FTU 上传原始值，实时库可及时查看到。

8.2.5.2　"三遥"监视工具查询运行情况

数据监视工具使用方法：

点击左下角 SPG 图样，进入系统运行，点击"三遥"监视，按照待查询设备所在树目录，依次展开，图 8-54 为"三遥"监视树目录。

"三遥"监视工具有遥信、遥测数据查询，点击遥测，出现遥测数据，在查询对象树目录处右键弹出任务栏，选择总查询，完成数据总召，总召"三遥"监视数据如图 8-55 所示。

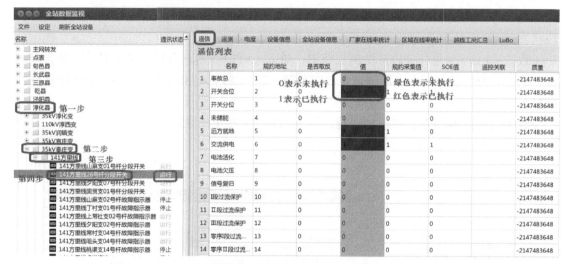

图 8-54 "三遥"监视树目录

图 8-55 总召"三遥"监视数据

其中 FTU 遥测数据没有发生变化时，值时间不会更新。

8.3 FA 配 置

FA 配置需要使用 FA 配置、配置库工具、数据库配置三种工具。其中 FA 配置设置 FA 投入状态、开关额定电流以及开关类型。配置库工具设置开关量测类型关联对象。数据库配置设置 GIS 开关图元类型。配置 FA 逻辑关系图如图 8-56 所示。

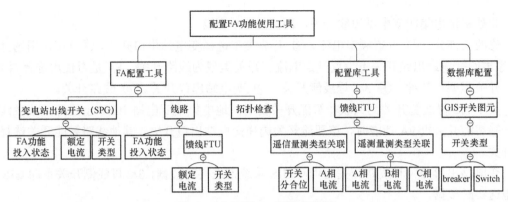

图 8-56　配置 FA 逻辑关系图

8.3.1　FA 配置工具使用

点击左下角 SPG 图元，选择维护程序，点击 FA 配置，启动 FA 配置工具如图 8-57 所示。

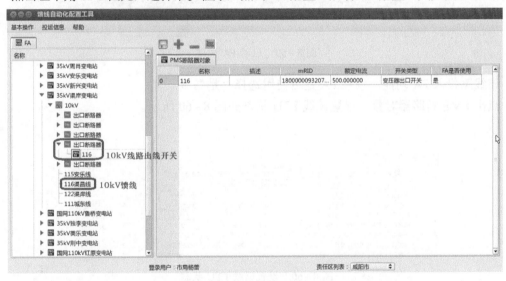

图 8-57　启动 FA 配置工具

选择需要配置线路前，需要分国家电网变电站出线和地电集团变电站出线。

国家电网变电站出线线路需在 10kV 线路第一基智能开关处配置 FA 功能。地电集团变电站出线线路需在变电站 10kV 出线开关处配置 FA 功能。此处演示地电集团变电站线路开关配置。本次配置为地电集团变电站线路。

双击出口断路器 116，右侧显示内容，SPG 变电站线路开关配置如图 8-58 所示。

图 8-58　SPG 变电站线路开关配置

此处是地电集团变电站出线开关，因此投 FA 功能。

修改三部分：① 设置额定电流。② 开关类型选择变电站出口开关。③ FA 使用选择是（国家电网变电站出线开关不设置额定电流、开关类型为线路开关、FA 是否使用选择否）。

开关类型有三种：① 3/2 母线侧开关。② 变电站出口开关。③ 线路开关。

其中 3/2 母线侧开关为关联非智能开关使用。地电集团变电站 10kV 出线开关或者线路第一基智能开关投 FA 功能时，该智能开关选择变电站出口开关。其他线路智能开关选择线路开关。

变电站出口开关和线路开关均可向 GIS 系统推送实时数据，3/2 母线侧开关不向 GIS 系统推送实时数据。

双击 10kV 馈线名称 116 渠昌线，启动 FA 选项如图 8－59 所示。

馈线
PMS发电机对象
馈线段
PMS断路器对象
PMS熔断器对象
名称
描述
mRID
FA是否使用
0
116渠昌线
1830000017750...
是
选择
是

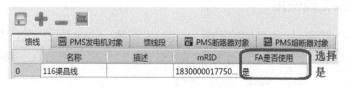

图 8－59　启动 FA 选项

该线路投入 FA 功能，馈线 FA 是否使用选择“是”。

点击 PMS 断路器对象，设置馈线 FTU 状态如图 8－60 所示。

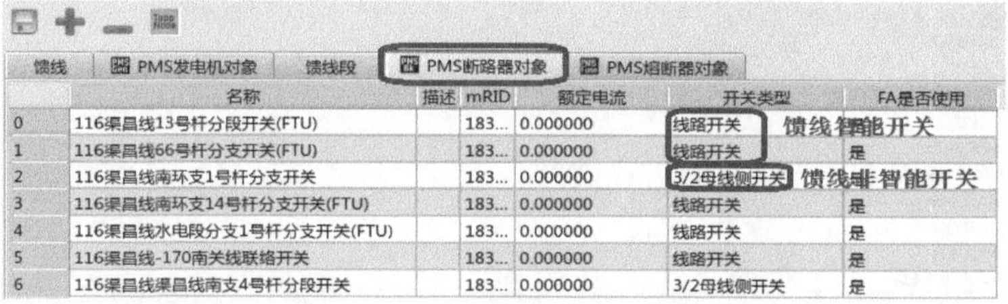

馈线
PMS发电机对象
馈线段
PMS断路器对象
PMS熔断器对象
名称 | 描述 | mRID | 额定电流 | 开关类型 | FA是否使用
0 | 116渠昌线13号杆分段开关(FTU) | 183... | 0.000000 | 线路开关
1 | 116渠昌线66号杆分支开关(FTU) | 183... | 0.000000 | 线路开关 | 是
2 | 116渠昌线南环支1号杆分支开关 | 183... | 0.000000 | 3/2母线侧开关
3 | 116渠昌线南环支14号杆分支开关(FTU) | 183... | 0.000000 | 线路开关 | 是
4 | 116渠昌线水电段分支1号杆分支开关(FTU) | 183... | 0.000000 | 线路开关 | 是
5 | 116渠昌线-170南关线联络开关 | 183... | 0.000000 | 线路开关 | 是
6 | 116渠昌线渠昌线南支4号杆分段开关 | 183... | 0.000000 | 3/2母线侧开关 | 是
馈线智能开关
馈线非智能开关

图 8－60　设置馈线 FTU 状态

地电集团变电站 10kV 线路已经在出线开关设置过额定电流，因此线路智能开关不需设置额定电流，开关类型设置为线路开关。非智能开关不需设置额定电流，开关类型为 3/2 母线侧开关（国网变电站线路的馈线 PMS 断路器对象中第一基智能开关需要设置额定电流，开关类型选择变电站出口开关）。

8.3.2　配置库工具使用

左下角点击 SPG 图元，维护程序中选择数据库工具，设置配置器 FTU 参数如图 8－61 所示。

FA 功能需要将开关位置和过流Ⅰ段进行配置，即开关由跳闸信号和过流Ⅰ段告警信息同时触发，将启动 FA 程序。此开关（南京新联）的开关位置和过流Ⅰ段遥信位置为开关合位和过流Ⅰ段，量测类型关联为开关和 A 相过流。

点击遥测点，设置遥测点量测类型关联如图 8-62 所示。

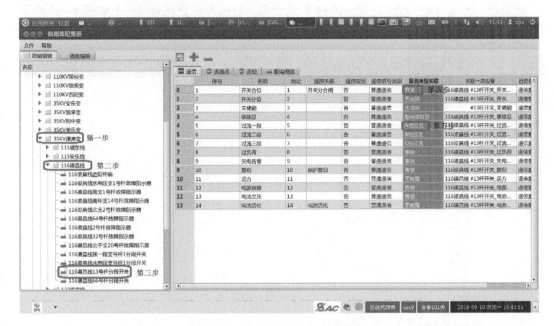

图 8-61　设置配置器 FTU 参数

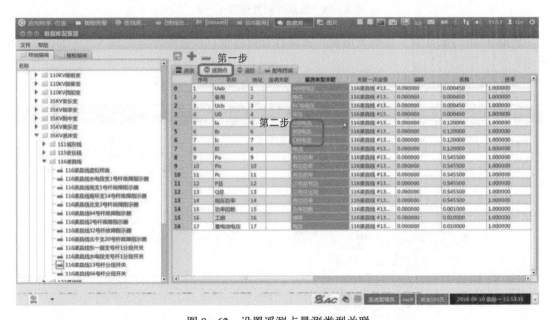

图 8-62　设置遥测点量测类型关联

遥测点需要在量测类型关联中设置 I_a、I_b、I_c，即 A 相、B 相、C 相电流。

8.3.3　数据库配置

在终端命令中输入：./ConfigurationManager –e config –u sac –p sac –d dataserver1 –admin

yes。进入数据库配置，依次点击工程对象库、一次设备、PMS 根对象、PMSroot、区域对象、咸阳市、区域对象、GIS 三原、PMS 厂站对象，数据库配置流程（一）如图 8-63 所示。

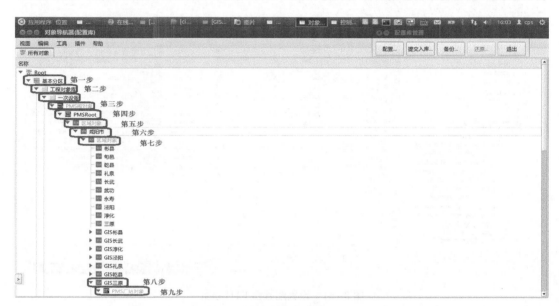

图 8-63　数据库配置流程（一）

PMS 厂站对象目录下找到变电站，依次打开树目录，数据库配置流程（二）如图 8-64 所示。

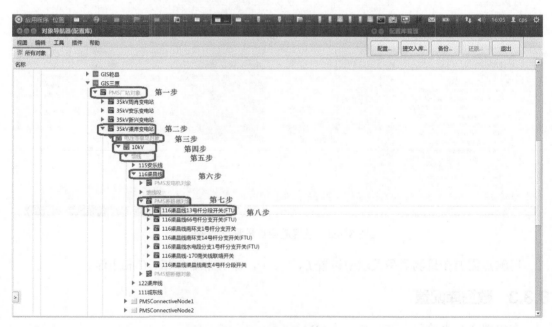

图 8-64　数据库配置流程（二）

双击开关名称，弹出对话框，如图 8-65 所示。

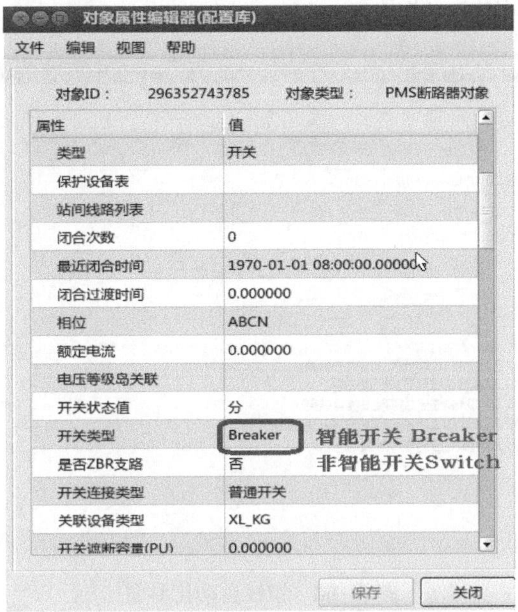

图 8-65　设置配置数据库开关类型

智能开关的开关类型设置为 Breaker，非智能开关的开关类型设置为 Switch。

在 FA 配置工具中选择 拓扑检查 拓扑检查，检查 GIS 单线图图元的拓扑关系，并在共享文件夹下生成 topo 文件。

点击运行主机，选择运行主机，如图 8-66 所示。

选择需要拓扑检查的线路，如图 8-67 所示。

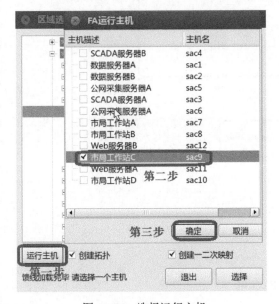

图 8-66　选择运行主机

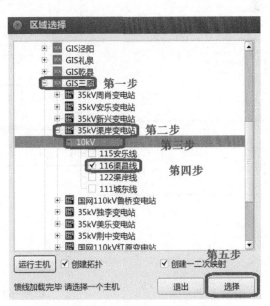

图 8-67　设置拓扑检查

确定拓扑关系后，点击左下角 SPG 图标，选择系统运行，点击 FA 服务，输入密码后，启动馈线自动化界面，如图 8-68 所示。

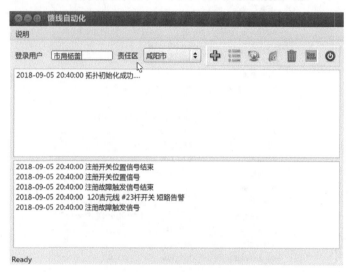

图 8-68　馈线自动化界面

启动服务后，FA 功能即可使用。

通过实时库，设置 116 渠昌线出线开关的开关状态为开关跳闸、过流 I 段动作，116 渠昌线 13 号分段开关过流 I 段动作，触发 FA 条件。

馈线自动化中出现 FA 隔离与执行方案，如图 8-69 所示。

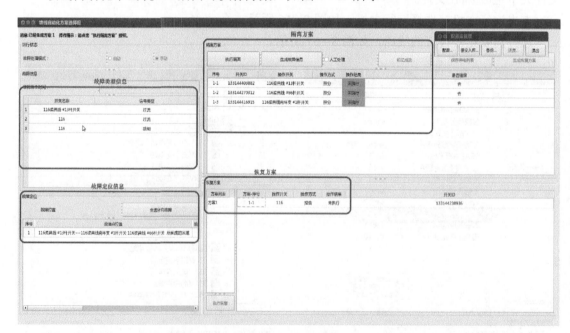

图 8-69　FA 策略

通过实验模拟 13 号杆分段开关发生过流 I 段，并使得变电站出线开关发生跳闸和过流

Ⅰ段，触发 FA 策略。图 8-69 为发生故障后的馈线自动化反馈故障判定与隔离方案。

8.4 配网自动化系统设备调试

8.4.1 常见串口及其转换方法

RS232 在第 2 章已经介绍，本节不再赘述。本节主要介绍 USB、RJ45 的接口定义、逻辑电平以及转换方法。

8.4.1.1 RS232 转 USB

通用串行总线（universal serial bus，USB）简称为"通串线"，是一个外部总线标准，用于规范电脑与外部设备的连接和通信，是应用在 PC 领域的接口技术。USB 接口支持设备的即插即用和热插拔功能。USB 是在 1994 年底由英特尔、康柏、IBM、Microsoft 等多家公司联合提出的。外观上计算机一侧为 4 针公插，设备一侧为 4 针母插。表 8-6 为 USB 引脚定义。

表 8-6 USB 引脚定义

针脚	名称	说明	接线颜色
1	VCC	+5V 电压	红色
2	D-	数据线负极	白色
3	D+	数据线正极	绿色
4	GND	接地	黑色

USB 接口分为 A 型、B 型，以及公口、母口。图 8-70 为 USB 引脚与图形实物。

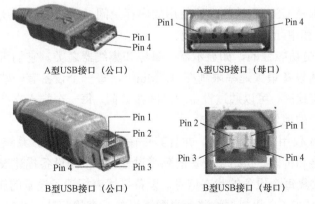

图 8-70 引脚与图形实物

图 8-71 为 USB 实物图。

图 8-71　USB 实物图

图 8-71 中从左往右依次为：miniUSB 公口（A 型插头）、miniUSB 公口（B 型插头）、USB 公口（B 型）、USB 母口（A 型插座）、USB 公口（A 型插头）。表 8-7 为 miniUSB 引脚定义。

表 8-7　　　　　　　　　　　miniUSB 引 脚 定 义

针脚	名称	说明	接线颜色
1	VCC	电源 +5V	红
2	DATA -	数据线负极	白
3	DATA +	数据线正极	绿
4		A 型：与地相接	
		B 型：不接地（空）	
5	GND	接地	黑

USB 作为一种新的 PC 协议，使外设到计算机的连接高效、便利。这种接口适合于多种设备，不仅具有快速、即插即用、支持热插拔的特点，还能同时连接多达 127 个设备，解决了资源冲突、中断请求（IRQs）和直接数据通道（DMAs）等问题。

因此，越来越多的开发者欲在产品中使用这种 USB 标准接口。而 RS232 是单个设备接入计算机时经常采用的一种接入方式，其硬件实现简单，因此很多设备采用这种通信方式。

USB 规范描述了总线特征、协议定义、编程接口以及其他设计和构建系统时所需要的特性。USB 是一种主从总线，工作时 USB 主机处于主模式，设备处于从模式。USB 系统所需要的唯一系统资源是 USB 系统软件所使用的内存空间、USB 主控器所使用的内存地址空间（I/O 地址空间）和中断请求（IRQ）线。

USB 设备可以是功能性的，如显示器、鼠标和集线器之类。它们可以在低速或者高速设备之间运用，低速设备最大速率限制在 1.5Mbit/s，每一个设备有一些专有寄存器，也就是端点在进行数据交换时，可以通过设备驱动间接访问。每一个端点支持几种特殊的传输类型，并且有一个唯一的地址和传输方向。

不同的是端点 0 仅用作控制传输，并且其传输可以是双向的。系统上电后，USB 主机负责检测设备的连接和拆除、初始化设备的列举过程，并根据设备描述表安装设备驱动后自动重新配置系统，收集每个设备的状态信息。设备描述表标识了设备的属性、特征，并描述了设备的通信要求，USB 主机根据这些信息配置设备、查找驱动，并且与设备通信。

典型的 USB 数据传输是由设备驱动开始的，当它需要与设备通信时，设备驱动提供内存缓冲区，用来存放设备收到或者即将发送的数据。USB 驱动提供 USB 设备驱动和 USB 主控制器之间的接口，并将传输请求转化为 USB 业务，转化时需要与带宽要求及协议结构保持一致。如果某些传输是由大块数据构成的，这时候需要先将其划分为几个数据再进行传输。

具有相似功能的设备可以组成一类，这样便于分享共有的特性和使用共同的设备驱动程序。每个类可以定义其自己的描述符，如：HID 类描述符和 Report 描述符，HID 类是由人控制计算机系统的设备组成的，它定义了一个描述 HID 设备的结构，并且表明了设备的通信要求。HID 设备描述符必须支持端点输入中断，固件也必须包括一个报告描述符，表明接收和发送数据的格式。在 IC 卡门禁考勤系统引入 RS232 到 USB 的接口转换模块后，从系统所具有的特性来看，应该属于 HID 设备。因此两种特殊的 HID 类请求必须被支持：SetReport 和 GetReport。这些请求使设备能接收和发送一般的设备信息给主机。在没有中断输出终端时，SetReport 是主机发送数据给 HID 设备的唯一方式。

RS232，即"数据终端设备（DTE）和数据通信设备（DCE）之间串行二进制数据交换接口技术标准"，该标准规定采用一个 25 个脚的 DB-25 连接器，对连接器的每个引脚的信号内容加以规定，还对各种信号的电平加以规定。后来 IBM 的 PC 机将 RS232 简化成了 DB-9 连接器，从而成为事实标准。而工业控制的 RS232 口一般只使用 RXD、TXD、GND 三条线。RS232 转 USB 如图 8-72 所示。

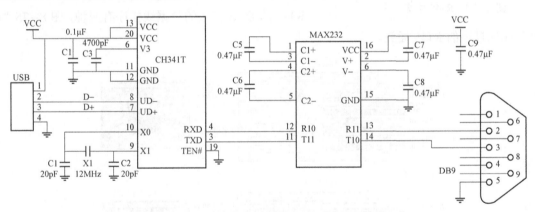

图 8-72　RS232 转 USB

F1 用 0.5A 自恢复保险；C1、C4 为 10μF，C2、C3 为 0.1μF；D4～D6 可以不用，打算从坏三菱 PLC 通信口上拆 3 只来用。RS232 转 USB 实物图如图 8-73 所示。

图 8-73　RS232 转 USB 实物图

245

8.4.1.2 RS232 转 RJ45

1. RJ45 的简介

RJ45 是布线系统中信息插座（通信引出端）连接器的一种，连接器由插头（接头、水晶头）和插座（模块）一起组成，插头有 8 个凹槽和 8 个触点。其中 RJ 是 Registered Jack 的意思，即"注册的插座"。在 FCC（美国联邦通信委员会标准和规章）中 RJ 是描述公用电信网络的接口，计算机网络的 RJ45 是标准 8 位模块接口的俗称。

2. RJ45 的引脚定义

常见的 RJ45 接口有两类：一类是 DTE（数据终端设备），另一类是 DCE（数字通信设

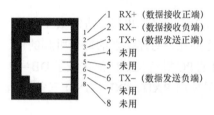

1 RX+（数据接收正端）
2 RX-（数据接收负端）
3 TX+（数据发送正端）
4 未用
5 未用
6 TX-（数据发送负端）
7 未用
8 未用

图 8-74 RJ45 引脚定义

备）。其中 DTE 设备包含以太网网卡、路由器以太网接口。DCE 设备通常指调制解调器、多路复用或者数字设备。图 8-74 为 RJ45 引脚定义。

DTE 类型和 DCE 类型引脚定义是对立的一组。即 DTE 定义 "TX"，那么相同位置的 DCE 定义为 "RX"。DTE 俗称为 "公头"，DCE 为 "母头"。

RJ45 的 DTE 接头的数据线排序有两种，图 8-75 为两种排线顺序的 RJ45 插头。

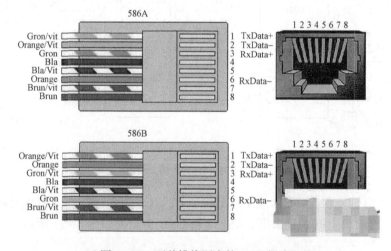

图 8-75 两种排线顺序的 RJ45 插头

RJ45 网线插头俗称"水晶头"，由 8 芯做成，广泛应用于局域网和 ADSL 宽带上网用户的网络设备，作为五类线或者双绞线的连接。具体应用时以上两种连线方式分别称为 T568A 线序和 T568B 线序。其中绿白、绿、橙白、蓝、蓝白、橙、棕白、棕线序为 T568A 方式，橙白、橙、绿白、蓝、蓝白、绿、棕白、棕线序为 T568B 方式。

根据不同的应用情况，网络设备的连接方式分为交叉型和直通型。

所谓交叉型是指网线的一端和另一端与 RJ45 网线插头的接法不同，一端按照 T568A 线序接，另一端按照 T568B 线序接，即有几根网线在另一端是先做了交叉才接到 RJ45 插头上的。主要用于主机与主机的连接，设备与设备的连接：① 电脑→电脑，对等网连接。即两台电脑之

间只通过一条网线连接就可以互相传递数据。② 集线器→集线器。③ 交换机→交换机。

直通型是指两端网线线序均为 T568B 方式，主要用于主机和设备的连接，即 DTE 和 DCE 的连接：① 电脑→ADSL 猫。② ADSL 猫→ADSL 路由器的 WAN 口。③ 电脑→ADSL 路由器的 LAN 口。④ 电脑→集线器或交换机。

3. RS232 转 RJ45

RS232 分为 DB9 针和 DB25 针，其中 9 针和 25 针有针型和孔型两种。相同针号、不同的形状的 RS232 插头，读取引脚的顺序是不同的。图 8-76 为不同 RS232 插头引脚定义。

简而言之，针型插头的引脚从上排到下排分别由左向右依次读取；孔型插头的引脚从上排到下排分别由右向左依次读取。

如图 8-77 为不同类型 RS232 插头转 RJ45 插头接线方式。

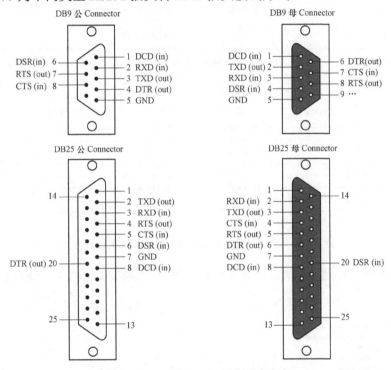

图 8-76 不同 RS232 插头引脚定义

RS232 转 RJ45 应用场合比较多，最广泛的应用是用于路由器或者交换机 CONSOLE 口配置。

8.4.2 串口调试

本节介绍串口调试的检验方法，以及用无线通信模块检验 SIM 卡是否正常工作的方法，最后通过数据线设置配电终端参数。

8.4.2.1 RS232 转 USB 的检验

（1）将 RS232 转 USB 数据线与电脑端相连，确认电脑已经安装串口驱动，能够在设备

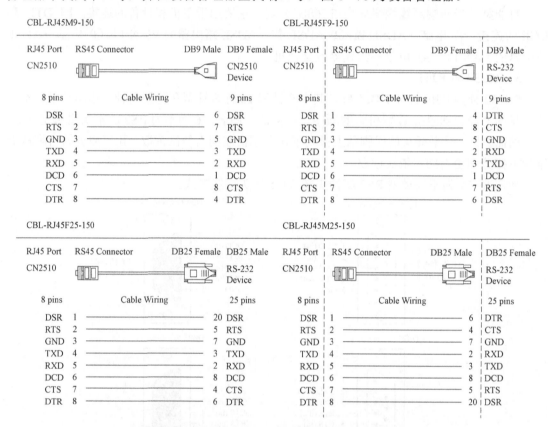

管理器中找到串口号，并在设备管理器查找端口号。图 8-78 为设备管理器。

图 8-77　不同类型 RS232 插头转 RJ45 插头接线方式

图 8-78　设备管理器

（2）打开串口软件，进行测试。图8−79为串口测试软件。在串口测试软件上设置波特率、数据位、停止位、奇偶校验位，选择串口号进行调试。

图8−79　串口测试软件

（3）通过短接RS232插头的2号和3号引脚，实现发送数据和接收数据的闭环处理，图8−80为RS232插头引脚实物图。

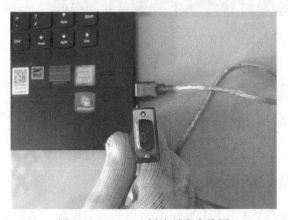

图8−80　RS232插头引脚实物图

（4）点击打开串口，在发送栏中输入"10101011"。图8−81为串口调试数据发送界面。

（5）点击发送按钮，其中黑色窗口表示接收栏。如果黑色窗口出现"10101011"，那么说明这根数据线能够正常使用。图8−82为串口调试软件接收界面。

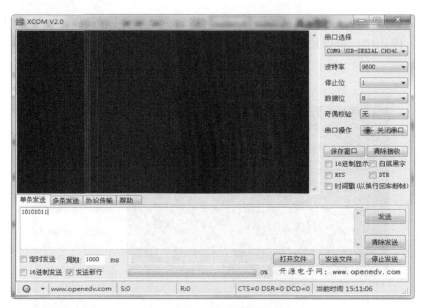

图 8-81　串口调试数据发送界面

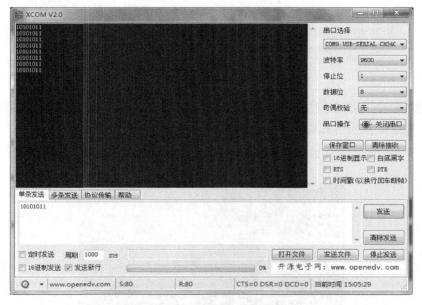

图 8-82　串口调试软件接收界面

8.4.2.2　无线通信模块检验 SIM 卡收发数据

目前无线通信模块类型主要有 Inhand 和宏电两大类模块，这里将介绍 Inhand 和宏电两大模块检验 SIM 卡数据业务。另外咸阳供电分公司、三原供电分公司通过宁波三星故障指示器数据终端检验 SIM 卡数据业务。

1. Inhand 模块

Inhand 模块有 8 个 TTL 引脚、4 个工作状态指示灯，其中 8 个 TTL 引脚可以分为电源引脚、TTL 输入输出信号引脚以及接地引脚。图 8-83 为 Inhand 实物图。

（1）连接 Inhand 与电脑。通过 TTL 转 USB 数据线将 Inhand 与电脑连接，并为 Inhand 用 12V 直流电源供电，安装 GSM 天线。图 8-84 为 Inhand 连接图。

图 8-83　Inhand 实物图

图 8-84　Inhand 连接图

（2）电脑的设备管理器查找端口号。

（3）打开 inhand 调试软件。打开调试软件后，左边有五个功能按钮，点击连接设备，图 8-85 为 Inhand 设备连接窗口。

图 8-85　Inhand 设备连接窗口

设置波特率、串口号，并点击连接。也可通过设置按钮配置 Inhand 通信模块参数。图 8-86 为 Inhand 配置工具设置窗口。

图 8-86　Inhand 配置工具设置窗口

点击本地串口设置，图 8-87 为本地串口设置。

图 8-87　本地串口设置

通过本地串口设置波特率、数据位、停止位、校验位等 Inhand 的通信参数。

通过企业网关相关设置，图 8-88 为企业网关设置图。

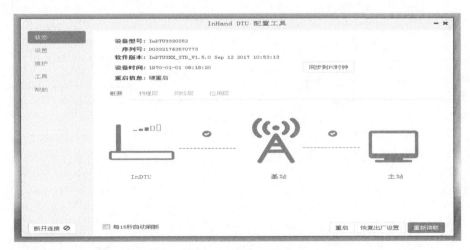

图 8-88　企业网关设置图

通过企业网关设置与该 Inhand 匹配的 FTU 的设备号，即主站数据库的链路地址号。

（4）SIM 卡业务正常。连接结束后，SIM 卡业务是否正常，通过两点能够判断，一个是 Inhand4 个状态灯（电源灯红色常亮，网络和 SIM 绿色灯同时闪烁，右边状态灯常亮），另一个是调试软件的界面。图 8-89 为 Inhand 状态。

图 8-89　Inhand 状态

253

从 Inhand 状态可以看出 Inhand 到移动基站的数据正常，基站到前置机的数据正常。图 8-90 为物理层数据。

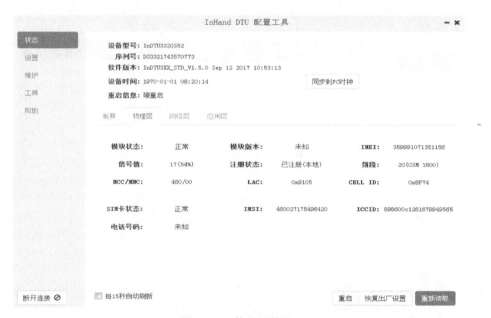

图 8-90　物理层数据

物理层数据可以显示该 SIM 卡所在地的信号强度以及 SIM 卡相关参数。图 8-91 为网路层数据。

图 8-91　网路层数据

网路层数据显示该 SIM 卡绑定的 IP 地址。该地址是地电集团与移动公司的收费业务地址。图 8-92 为应用层数据。

	连接状态	延时	丢包率
中心1	已连接	0ms	0/200
中心2	未连接	0ms	0/200
中心3	未连接	0ms	0/200
中心4	未连接	0ms	0/200
中心5	未连接	0ms	0/200

图 8-92　应用层数据

应用层数据显示 SIM 卡与前置服务器连接状态，延时以及丢包率。

2. 宏电模块

宏电模块支持 RS232、RS485、RS422、TTL 数据线与电脑通信，该模块有电源、数据、网络工作状态的指示灯。图 8-93 为宏电模块连接图。

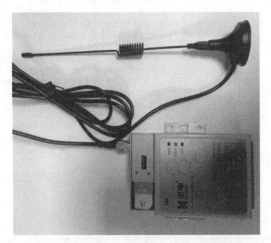

图 8-93　宏电模块连接图

（1）将宏电模块与电脑相连。宏电模块提供 4 种不同的通信方式，这里使用 TTL 方式

与电脑通信，采用 12V 直流电源供电。在设备管理器查找串口的端口号。

（2）打开宏电模块调试软件。调试宏电模块之前，要设置串口波特率等，打开设置功能，点击串口信息。在串口信息窗口设置波特率、串口号。图 8-94 为串口信息窗口。

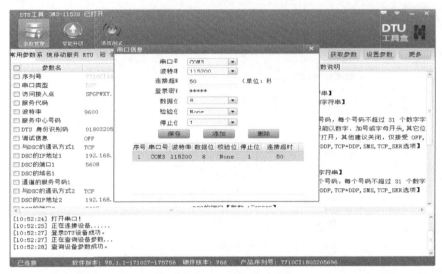

图 8-94　串口信息窗口

（3）点击常用参数。常用参数中输入访问接入点、DSC 的 IP 地址，该地址为配网自动化主站前置机的 IP 地址。图 8-95 为常用参数。

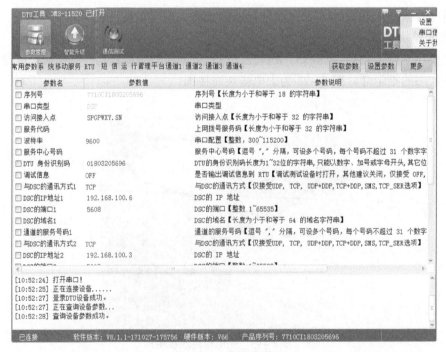

图 8-95　常用参数

（4）点击移动服务。移动服务中修改访问接入点（APN），根据使用 SIM 卡实际情况在网络类型中填写 CDMA、EDGE、WCDMA、TD-SCDMA、AUTO，一般选择 AUTO。图 8-96 为移动服务。

图 8-96　移动服务

（5）检查 SIM 卡业务是否正常。宏电模块的调试软件不能像 Inhand 的调试软件那样显示 SIM 卡的业务是否正常，因此通过宏电模块运行灯检测 SIM 卡的业务是否正常。图 8-97 为宏电模块正常工作。

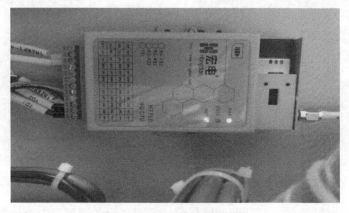

图 8-97　宏电模块正常工作

宁波三星故障指示器通信模块检测 SIM 卡收发数据是否正常需要用 TTL 转 USB 数据线，该模块的使用是三原县供电分公司配网自动化班班长在长期的实践中总结出的方法。图 8-98 为 TTL 转 USB 数据线。

（1）连接 GSM 天线。宁波三星故障指示器有上行链路和下行链路，其中上行链路是指通信终端至运营商基站的通信链路，下行链路是指通信终端至故障指示器的通信链路。本次调试 SIM 卡收发数据采用上行链路。图 8-99 为 GSM 天线与通信终端连接方式。

图 8-98　TTL 转 USB 数据线　　　　　图 8-99　GSM 天线与通信终端连接方式

通信终端由电源模块、采集模块、通信模块、数据处理单元组成。其中电源模块提供 12V 直流电源，通信模块处理上行链路以及下行链路的数据转发，采集模块将故障指示器采集的电流电压进行处理并发送至数据处理单元，数据处理单元负责数据的计算和存储。

（2）连接 TTL 数据线。通信终端中 TTL 数据线连接点有两处，一处是上行 GSM，另一处是下行 FP 射频通信，此处需要连接上行 GSM。图 8-100 为连接 TTL 上行连接点。

（3）向通信模块供电。连接数据线后，向通信模块供电，采用 12V 直流电源供电，如图 8-101 所示。

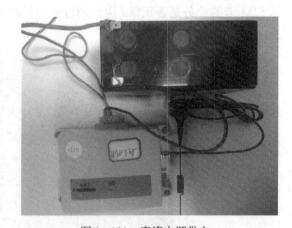

图 8-100　连接 TTL 上行连接点　　　　　图 8-101　直流电源供电

（4）打开串口调试软件。打开调试软件前，需要在设备管理器中查询数据线的端口号。然后在串口调试软件中设置端口号、波特率、校验位、数据位、停止位等。图 8-102 为串口调试工具。

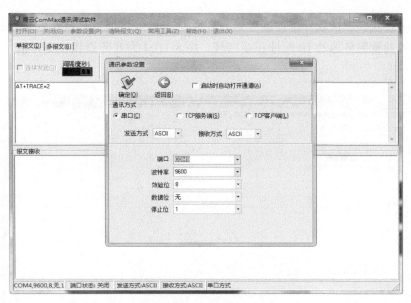

图 8-102　串口调试工具

（5）基站查找。串口调试工具设置完毕后，断开通信终端电源，再次启动通信终端电源，调试软件记录通信终端发送和接收的数据，图 8-103 为通信终端发送数据。

图 8-103　通信终端发送数据

通信终端发送数据之后，将接收到 Modem、SIM、Network 的信息，这些信息的收到意味着 SIM 卡与基站的数据建立。

（6）业务查找。调试软件中将继续接收到 SIM 卡的业务信息，包含本卡的 IP 地址，以及本卡访问的前置服务器的 IP 地址和端口号。图 8-104 为业务查找报文详情。

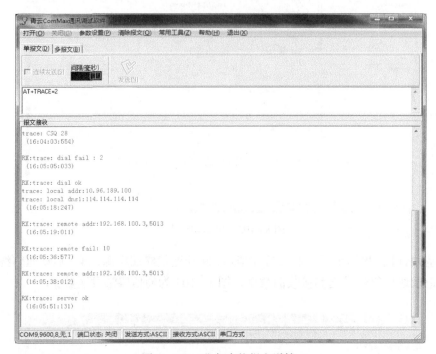

图 8-104　业务查找报文详情

收到 SERVER OK 的报文后，表明本 SIM 卡数据业务正常。

另外在这里将 SIM 卡的业务进行简单介绍，SIM 卡本身具有一个类似网卡 MAC 地址的一串号码，这个号码是一张卡一条串号的，独一无二。另外这张卡还有一个电话号码，物联网卡的电话号码 147 开头，在这张卡的开通业务范围里有一个和配网自动化系统前置服务器相关的 IP 地址。顺序是拿到 SIM 卡后移动会将该卡的序列号与电话号码进行绑定，然后将电话号码与开通业务内的 IP 号进行绑定，这样就可以实现 SIM 卡的数据正常收发。

8.4.2.3　配电终端参数的设置

通过 RJ45 连接将电脑与 FTU 连接，在电脑中通过调试软件，对 FTU 的参数进行设置。图 8-105 为 FTU 调试软件。

（1）点击上召，打开调试参数。上召数据的目的是将 FTU 的数据传输至调试软件中。图 8-106 为 FTU 上召窗口。

（2）修改地址。通过调试软件，修改装置地址，即主站认定的链路地址。网络 1 的 IP 地址和子网掩码表示 FTU 的 RJ45 网卡地址。图 8-107 为 FTU 地址修改。

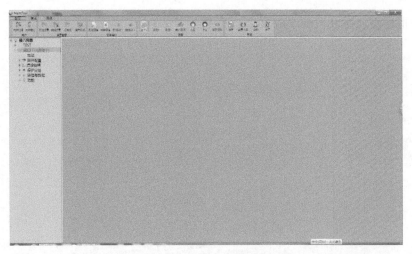

图 8-105　FTU 调试软件

图 8-106　FTU 上召窗口

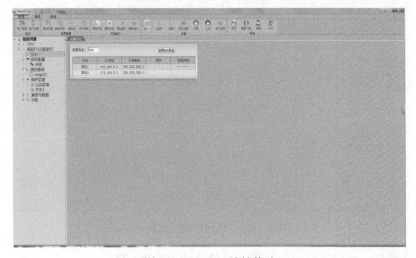

图 8-107　FTU 地址修改

修改虚拟备组，图 8-108 为虚拟备组配置。

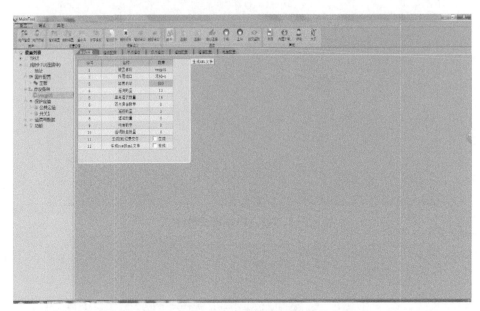

图 8-108 虚拟备组配置

修改装备地址，该地址即主站数据库输入的链路地址。

（3）修改保护定值。通过调试软件修改保护定值，在保护定值一栏中点击开关 1，选择保护定值。图 8-109 为保护定值修改界面。

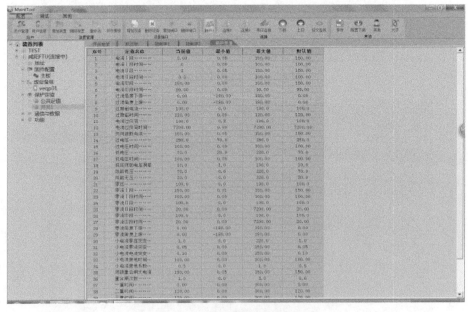

图 8-109 保护定值修改界面

（4）下载数据。将修改好的数据通过下载功能传输至 FTU。

8.5 配网自动化系统常见问题

配网自动化系统网路框架中不同区域内的开关站、配电室、柱上开关、支线开关等县城信息的采集，分别由不同区站负责，各个区站分别对各自单元进行监控并执行上级下发的控制命令。实现具有遥测、遥信、遥控的配网自动化系统功能，实现对检测区域的监测。

但是可靠的电源、可靠的配电网网架、可靠的规划设计方案、可靠的线路布局等都是配网自动化系统可靠性的挑战。常见问题集中在智能开关控制分合，二次 FTU 上传遥测、遥信、遥控的报文正确长传，以及通信系统、通信介质、通信设备等。因此可靠的主站层、远程工作站层、配电终端层是配网自动化系统正常运行的基本保证。

8.5.1 FTU 设备不上线

FTU 设备不上线是配网自动化系统的一个最常见问题，FTU 的上线是配网自动化主站通过统计 FTU 与前置机建立链路时来统计设备在线情况。

根据 FTU 硬件构成可以分析出电源模块是否正常工作、通信模块是否得电。当检查了所有硬件之后，如果设备仍然没有上线，那么就要考虑 SIM 卡是否欠费。通过前一节的 SIM 卡数据收发的检验方法判断。若 SIM 卡也没有欠费，此时，设备仍然没有上线，那么就应该联系 FTU 设备厂商进行技术支持。另外安装 FTU 的地方比较偏僻，山区等地方运营商基站覆盖可能会有空白。安装前应该提前测试运营商无线网络的通信质量。

县级调度值班人员在远程工作站接收到 FTU 掉线的声音和颜色预警时，通知配网自动化班运维人员进行检查。此时需要在"三遥"监视工具中查询设备在线情况，如果设备掉线，那么就要派人去现场查询情况。

维护人员到了现场之后，通过观察设备的电源灯等情况判断设备 TV 航空插头是否正常供电。图 8-110 为 FTU 面板的运行灯。

该设备的电源指示灯和运行灯均正常，此时需要手动调整面板上的远方、就地按钮。如果右边的通信指示灯闪烁，表明该设备向主站发送了遥信变位信息，此时的设备通信模块正常。

一般情况下，FTU 不上线可分为电源模块、通信模块两个方面的问题。面板观察之后，如果发现相关指示灯不工作，则表明 FTU 的电源模块或者通信模块有故障。确保安全的情况下，打开面板观察内部通信模块、电池模块的工作情况。图 8-111 为 FTU 内部线路。

图 8-111 中电池模块在右下角和右侧，左侧为通信模块。如果面板上电源指示灯不工作的话，点击电池激活按钮，启动备用蓄电池为 FTU 供电。图 8-112 为备用蓄电池。

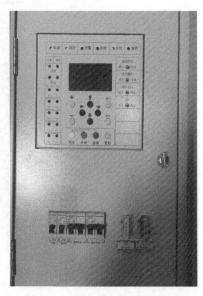

图 8-110 FTU 面板的运行灯

图 8-111　FTU 内部线路

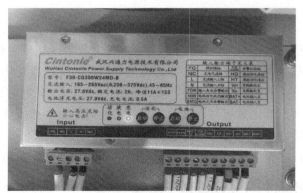
图 8-112　备用蓄电池

　　图 8-112 中电池放电是指蓄电池为 FTU 供电，充电是指外部 TV 通过航空插头为 FTU 提供电源，并为蓄电池充电。活化是指蓄电池以低于放电电压向 FTU 放电。

　　如果备用电池放电后，面板上电源运行灯正常工作，联系远程工作站工作人员确认 FTU 上线。可以判断此时故障为 TV、航空插头电源供电问题。此时观察通信模块的运行灯正常闪烁。图 8-113 为通信模块。

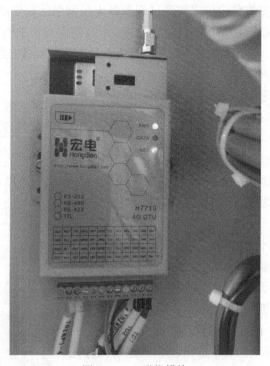
图 8-113　通信模块

该通信模块有三个指示灯，分别是电源、数据、网络。其中电源和网络指示灯常亮则表明该模块正常工作，如果数据指示灯闪烁，则表明该模块为前置机发送数据。

如果指示灯亮，而网络灯不亮的话，表明通信模块得到了供电，但是 SIM 卡没有网络，此时需要检查 SIM 卡的业务是否正常。

8.5.1.1 电源模块

电源模块常见的问题是 TV 采集电压的航空插头虚接，FTU 安装在户外，风吹雨淋 TV 采集电压的航空插头会出现虚接现象。

FTU 采用电压互感器在 10kV 线路上采集电压，并将其转换为 220V/100V 电压，航空插头有三类，分别是 6、14、26 芯。

一、二次融合 FTU 模块采用罩式装置，其重要组成部分为线损采集模块和航空插头，且航空插头接口包括供电源及线电压输入接口（6 芯，1 个）、电流输入接口（6 芯防开路，1 个）、控制信号、零序电压接口（14 芯，1 个）、以太网接口（1 个，备用）。开关侧采用 2 根电缆、1 个 26 芯航空插头从开关本体引出零序电压、电流及控制信号，接入到 FTU 的航空插头；采用 2 根电缆提供供电电源、线电压信号（采用电磁式 TV 取电）。

接口要求：航空插头与开关本体连接的电缆在 FTU 侧分别连接到电路输入、控制信号航空插头；与 TV 电源相连的电缆在 FTU 侧连接到供电电源和电压信号航空插头。图 8-114 为航空插头。

当航空插头插反或者虚接时，各个引脚不能发挥作用，此时应该在线路停电时做好措施，对其进行验电并进行重新插拔安装。

电源模块另一个问题是铅酸蓄电池出现漏电。

铅酸蓄电池（Lead-acid Battery）是电极主要由铅及其氧化物制成，电解液是硫酸溶液的一种蓄电池。放电

图 8-114 航空插头

状态下，正极主要成分为二氧化铅，负极主要成分为铅。充电状态下，正负极的主要成分均为硫酸铅。分为排气式蓄电池和免维护铅酸电池。用万用表测量蓄电池电压。

电池主要由管式正极板、负极板、电解液、隔板、电池槽、电池盖、极柱、注液盖等组成。排气式蓄电池的电极是由铅和铅的氧化物构成，电解液是硫酸的水溶液。主要优点是电压稳定、价格便宜。缺点是比能低（即每公斤蓄电池存储的电能）、使用寿命短、日常维护频繁。老式普通蓄电池一般寿命在 2 年左右，而且需定期检查电解液的高度并添加蒸馏水。但是随着科技的发展，铅酸蓄电池的寿命变得更长而且维护也更简单了。

铅酸蓄电池最明显的特征是其顶部有可拧开的塑料密封盖，上面还有通气孔。这些注液盖是用来加注纯水、检查电解液和排放气体之用。按照理论上说，铅酸蓄电池需要在每次保养时检查电解液的密度和液面高度，如果有缺少，就需添加蒸馏水。但随着蓄电池制造技术的升级，铅酸蓄电池发展为铅酸免维护蓄电池和胶体免维护电池，铅酸蓄电池使用中无需添加电解液或蒸馏水。主要是利用正极产生氧气可在负极吸收达到氧循环，从而可防止水分减

少。铅酸水电池大多应用在牵引车、三轮车、汽车启动等，而免维护铅酸蓄电池应用范围更广，包括不间断电源、电动车动力、电动自行车电池等。铅酸蓄电池根据应用需要分为恒流放电（如不间断电源）和瞬间放电（如汽车启动电池）。

FTU 控制回路采用两个铅酸蓄电池并联的方式通电，即 24V 电压，通过万用表结合各自厂商的图纸，可以判断铅酸蓄电池是否处于正常工作状态。

8.5.1.2　通信模块

FTU 无线模块通常使用宏电模块和 Inhand 模块。该模块使用电压为 12V，如果模块的电源指示灯不正常工作，则表明该模块没有得到供电。

通信模块常见问题是通信模块天线松动。一般情况下，无线模块要配置 GSM 无线通信天线，得到该天线的功能。该天线为全向型天线，也就是说 360° 均有辐射，垂直方向图上表现为有一定宽度的波束。一般情况下波瓣宽度越小，增益越大。全向天线在移动通信系统中一般应用于郊县大区制的站型，覆盖范围大。通俗地讲就是有了天线后，无线设备的电磁波信号才能更好发送出去。

做好一定安全措施后，现场人员可以调试该天线，观察面板上设备的无线运行指示灯，并配合主站工作人员判断报文是否发出。

另一个问题是通信模块供电不足，无法正常工作。如果通信模块没有得到正常工作电压，那么工作人员可通过通信面板上设备运行灯直观观察到。

最后，SIM 卡欠费也是一个常见问题。当硬件设备检查完毕后，发现 FTU 依然不上线，此时应该联系运营商沟通是否 SIM 卡欠费。

8.5.2　FTU 设备遥控预选不成功

设备遥控预选不成功主要因为终端发送报文出错、运营商网络故障、主站程序或者硬件问题三个方面。

当县级调度人员操作 FTU 进行遥控预选时，经过预选等待后，无法预选。图 8-115 为遥控预选界面。

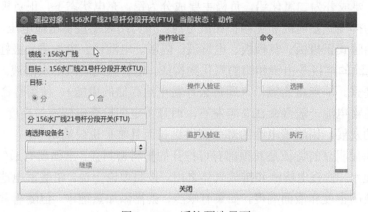

图 8-115　遥控预选界面

主站人员通过前置服务器查看报文。如果主站没有 TX2E 0600 的报文，那么此时的问题则为前置服务器的故障，需要重启 LINKSERVER 101MASTER 程序。如果依然无法发送相关报文，则联系主站厂商进行处理。

　　如果主站发送了 TX2E 0600 的报文，而终端没有发送 2E0700，此时怀疑设备掉线，或者移动通信问题。

　　如果主站发送了 TX2E 0600 的报文，而终端发送了 2E4700 的报文，则为终端问题。此时需要联系 FTU 终端厂商进行调试。